高等职业院校机电类专业“十三五”系列规划教材

机 械 制 图

JI XIE ZHI TU

主 编 郑淑琴 陈 凯
副主编 袁 博 邹凤珍 孙 亮

合肥工业大学出版社

内容提要

本教材是组织四所高职学院优秀教师，针对高职高专学生编写的教材。教材突出应用性，以培养学生尺规绘图实践能力为重点，适量删减了画法几何中部分图解的内容，加强图示能力的培养，力求提高教材的科学性、实践性、先进性和实用性。

本教材共分九章，包括制图基本知识、投影基础、基本立体视图、组合体视图、轴测图、机件的表达方法、标准件和常用件、零件图和装配图。在每章前有"本章导读"，在每章后有"本章小结"和"思考题"，并配有单独的机械制图习题集。

本教材可作为高职高专机械类、非机械类各专业机械制图的教材，也可供其他类型学校相关专业选用。

图书在版编目(CIP)数据

机械制图/郑淑琴，陈凯主编．—合肥：合肥工业大学出版社，2017.5

ISBN 978-7-5650-3302-5

Ⅰ.①机… Ⅱ.①郑…②陈… Ⅲ.①机械制图—高等职业教育—教材 Ⅳ.①TH126

中国版本图书馆CIP数据核字(2017)第053137号

机械制图

主 编 郑淑琴 陈 凯　　副主编 袁 博 邹凤珍 孙 亮

出 版	合肥工业大学出版社	版 次	2017年5月第1版
地 址	合肥市屯溪路193号	印 次	2017年5月第1次印刷
邮 编	230009	开 本	787毫米×1092毫米 1/16
电 话	理工教材编辑部：0551-62903204	印 张	13.5
	市场营销部：0551-62903198	字 数	306千字
网 址	www.hfutpress.com.cn	印 刷	安徽昶颉包装印务有限责任公司
E-mail	hfutpress@163.com	发 行	全国新华书店

ISBN 978-7-5650-3302-5　　定价：28.00元

前　言

在工科院校中，机械制图是相关专业培养高级技能型人才必须学习的一门主要课程，同时也是每个从事工程技术相关专业的人员必须学习和熟练掌握的基本技能。

本教材突出应用性，以培养学生的徒手绘图、尺规绘图实践能力为重点，注重二者的有机融合，基础理论“以必需、够用为度”，适量删减了画法几何中部分图解的内容，加强图示能力的培养，力求提高教材的科学性、实践性、先进性和实用性。本书突出以下主要特点：

1. 体系结构严谨。本教材调整了传统的结构体系，如将画法几何与机械制图有机结合，采取了先图示、后图解、再图示的安排，并在一开始就建立三视图的概念；将有关工程知识如表面粗糙度、极限与配合、常见工艺结构等相关内容单独设置，集中进行讲授。这些结构的调整既符合教学规律，又可提高教学效果。

2. 注重先进性。本教材所有标准全部采用国家颁布的最新标准，充分体现机械制图学科的发展。

3. 以立体表达方式为主干，从“体”出发阐述正投影基本规律，将传统的点、线、面融入立体的投影中，提高学生的三维空间分析能力和构图能力。

4. 采用立体化教学，传统教学手段和现代教学手段相结合。

5. 加强实践环节训练。与本教材配套的《机械制图习题集》题型多，有思考题、有尺规作图题、有选择题。特别是组合体的作业，注重题目的难度和梯度。

6. 加强构型设计。构型设计有利于培养形体想象、空间思维和创造能力。本书在组合体中介绍了有关构型设计方法。

7. 增强了徒手绘图的训练。徒手绘图是进行现代工程技术设计尤其是创意设计的一种必需的能力。与本书配套的习题集加重了徒手绘图的练习，尺规绘图的训练。

本教材是组织四所高职院校优秀教师，面向高职高专学生编写的教材。教材由长江职业学院郑淑琴担任第一主编，襄阳职业技术学院陈凯担任第二主编；武汉城市职业学院袁博担任第一副主编，湖北轻工职业技术学院邹凤珍担任第二副主编，池州职业技术学院孙亮担任第三副主编；长江职业学院赵喜鸽、李少文喆参编。具体编写分工如下：绪论、第一章、第二章、第三章和附录部分由郑淑琴负责编写，第四章、第五章、第六章由陈凯负责编写，第七章、第八章由袁博负责编写，第九章由邹凤珍负责编写，图形由赵喜鸽、李少文喆收集。全书由郑淑琴负责统稿，编写过程中得到了各兄弟院校领导、专家的大力支持和帮助，在此表示感谢。与本教材配套的《机械制图习题集》同时出版。

由于编者水平有限，教材中难免会存在错误和不足，请读者批评指正！

编　者

2017 年 4 月

目　录

绪　论

1　本课程研究对象和性质

图形和语言、文字等一样，是承载信息进行交流的重要媒体。在工程界为准确表达一个物体的形状，主要用的工具就是图形。

在现代工业的生产中，为了正确表示出机器、仪器、设备及建筑物的形状、大小、规格和材料等内容，通常将物体按一定的投影方法和技术规定表达在图纸上，这种根据正投影原理、标准或有关规定，表示工程对象，并有必要技术说明的图就称图样。

工程图样是人们表达和交流技术思想的重要工具，是现代工业生产中的一项重要技术文件。无论是机器的设计、制造、维修、检验或是船舶、桥梁等工程的设计与施工，都必须依赖图样才能进行。设计者通过图样表达设计的对象，生产者依据图样了解设计要求并组织、制造产品。图样已成为人们表达设计意图和交流技术思想的工具。因此，工程图样常被称为工程界的技术语言。这种工程界的技术语言既是人类语言的补充，也是人类的智慧和语言在更高发展阶段上的具体体现。

由于图样已成为在社会生产中人们传递技术信息和思想的媒介与工具，已广泛用于机械、电气、建筑等领域，因此，凡是从事工程技术工作的人员必须掌握这种技术语言，具备绘制和阅读工程图样的能力。而绘制工程图样的方法有手工绘制和计算机绘制两种，随着计算机的迅速发展，绘图技术必将逐步实现自动化，工程技术人员除掌握手工绘图能力外，还应具有计算机绘图能力。

因此，“工程图学”作为一门学科，历来是人类重要的学习内容和研究内容之一。机械制图是工程图学中的重要组成部分。由于专业的不同，本书主要讲授机械制图。

2　本课程学习的主要任务

本课程是高等工科学校中一门重要技术基础课，其目的是培养学生具备绘图能力、看图能力和空间想象能力。

主要任务是：

(1)学习用正投影法投射空间物体的基本理论和方法；

(2)培养绘制和阅读工程图样的基本能力；

(3)培养对三维形状与相关位置的空间逻辑思维能力和形象思维能力(培养空间想象能力);

(4)培养尺规绘图、徒手绘图、计算机绘图的三种绘图能力;

(5)培养自学能力、分析问题和解决问题的能力;

(6)培养认真负责的工作态度和严谨细致的工作作风。

3 学习方法

机械制图是一门实践性很强的技术基础课。本课程自始至终研究的是空间几何元素形体与其投影之间的对应关系,绘图和读图是反映这一对应关系的具体形式,因此在学习过程中,应注意如下几点:

(1)应掌握基本概念、基本理论和基本方法,由浅入深地进行绘图和读图的实践,多画、多读、多想,不断地由物画图,由图想物,逐步提高空间逻辑思维能力和形象思维能力。

(2)本课程实践性极强。在掌握基本概念和理论的基础上,必须通过做习题、绘图和读图实践,才能学会和掌握运用理论去分析和解决实际问题的正确方法和步骤,以及实际绘图的正确方法、步骤和操作技能,养成正确使用尺规绘图工具或计算机,按照正确方法、步骤绘图的习惯。

(3)工程图样既然是工程界的交流语言,就应遵循《技术制图》国家标准,因此,在学习过程中,应树立"严格遵守标准"的观念,认真贯彻执行国家标准。

(4)由于工程图样在生产实际中起着很重要的作用,其中任何一点差错都会给生产带来不必要的损失。因此作图时要认真细致,严格要求,树立对生产负责的思想,严格遵守机械制图的国家标准,培养良好的工作作风。

通过本门课的学习和训练,为学生进一步提高绘图和看图能力打下必要的理论基础与实践基础。随着后续课程的学习,以及通过实践的经验积累,才能逐步地达到设计与绘制合理的生产图纸要求。

1 制图基本知识

基本要求：1. 熟悉机械制图的国家标准和绘图工具的使用方法；

2. 掌握几何作图的原理、方法和步骤；

3. 掌握尺寸标注的方法；

4. 了解手工绘图的技巧。

重点：几何作图、尺寸标注。

难点：绘制平面图形。

工程图样是现代工业生产中重要的技术文件，是工程界表达和交流技术思想的共同语言。因此图样必须遵守国家标准，正确使用绘图的方法。本章主要介绍国家标准《技术制图》和《机械制图》中关于图纸幅面格式、比例、字体、图线、尺寸标注；尺规绘图、徒手绘图的方法和步骤。

1.1 尺规绘图工具及仪器的使用方法

绘制图样按使用工具的不同，可分为尺规绘图、徒手绘图和计算机绘图。尺规绘图是借助图板、丁字尺、三角板、绘图仪器进行手工绘图的一种方法。虽然目前技术图样已使用计算机绘制，但尺规绘图既是工程技术人员的必备基本技能，又是学习和巩固图学理论知识不可缺少的方法，必须熟练掌握。

1.1.1 图板、丁字尺

图板是用来铺放图纸的矩形木板，它的表面必须平坦、光滑，左右两导边必须平直，如图 1-1 所示。

丁字尺是由尺头和尺身构成，尺身有刻度的一边是工作边，尺身工作边必须保持平直、光滑，尺头的内侧边和尺身工作边必须垂直。丁字尺用于绘制水平线的。画图时，应使尺头的内侧边紧靠图板左侧的导边，上下移动即可由尺身的工作边画出水平线。

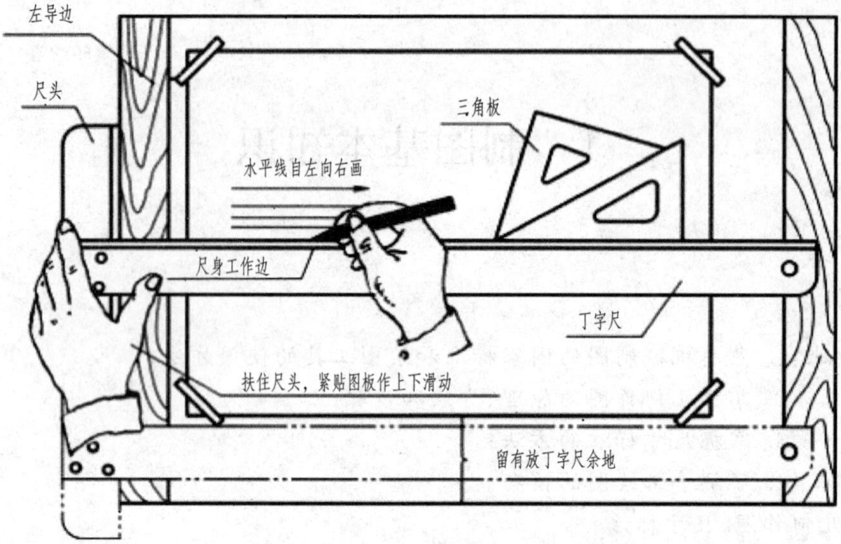

图 1-1　图板、丁字尺

1.1.2　三角板

三角板可直接用于画直线，也可与丁字尺配合画出与水平线成 90°、45°、30°、60°的直线。若同时使用两块三角板，还可绘制与水平线成 15°、75°的倾斜线，如图 1-2 所示。

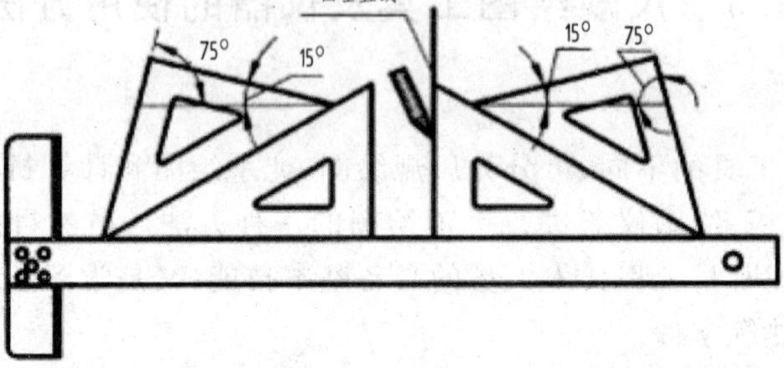

图 1-2　三角板、丁字尺的配合使用

1.1.3　比例尺

比例尺有三棱式和板式两种，常用三棱式比例尺(简称三棱尺)。三棱尺有三个尺面六种比例的刻度：1∶100、1∶200、1∶300、1∶400、1∶500、1∶600 等，如图 1-3(a)所示。比例尺上的数字以米(m)为单位。比例尺的用途是：绘图时按要求的比例，直接在比例尺上用分规量取要画线段的长度；读图时根据图样比例，用相应的比例尺去度量图样上的距离，可直接读出其实际长度。图 1-3(b)表示用 1∶200 的比例尺度量同比例尺图样上的两个圆及其中心距时，可在比例尺上直接读出小圆直径为 2m、大圆直径为 4m、中心距为 8m。

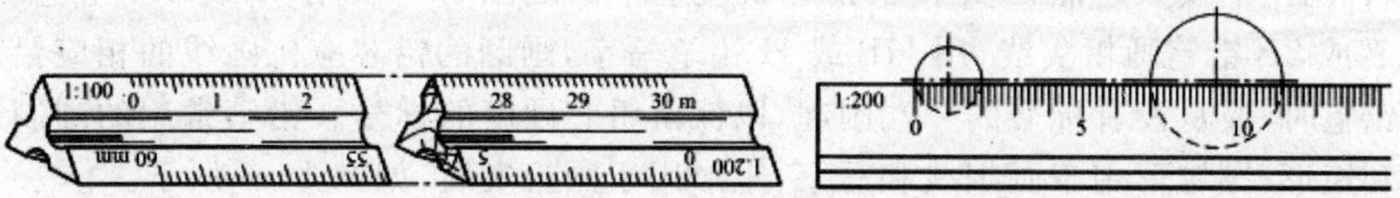

（a）　（b）

图 1-3　比例尺

1.1.4　分规

分规的两腿均装有钢针，当分规两腿合拢时，两针尖应合成一点，如图 1-4(a)所示，分规主要用于量取尺寸和等分线段，如图 1-4(b)所示。

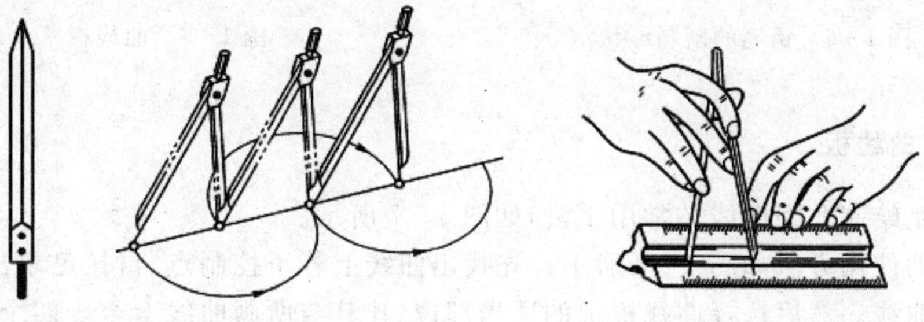

（a）　（b）

图 1-4　分规

1.1.5　圆规

圆规主要用于画圆和圆弧。一般有大圆规、弹簧圆规和点圆规三种。使用时，应先调整针脚，使针尖略长于铅芯，且插针和铅芯脚都与纸面大致保持垂直。画大圆弧时，可加上延长杆，如图 1-5 所示。

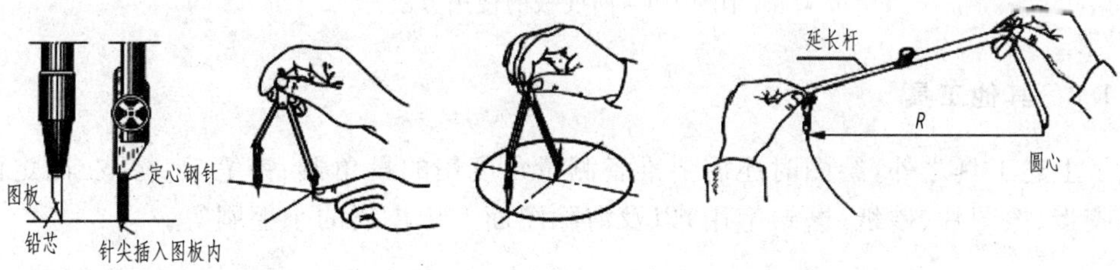

（a）　（b）

图 1-5　圆规的使用方法

1.1.6　铅笔

铅笔是绘图过程中用来画线的工具，铅笔根据铅芯软硬程度不同分为 H～6H、HB 和

B～6B共13种规格。H前数字越大,表示铅芯越硬,画出的线条越淡。B前数字越大,表示铅芯越软,画出的线条越黑,HB表示铅芯软硬适中。画图时建议用H或2H铅笔画细线,用HB、B或2B铅笔画粗实线,用HB或H铅笔写字,画圆的铅芯应比画线的相应铅芯软一号。削铅笔时,应从没有标号的一端削起,以保留铅芯硬度的标号。铅笔常用的削制形状有圆锥形和矩形,圆锥形用于画细线和写字,矩形用于画粗实线,如图1-6所示。

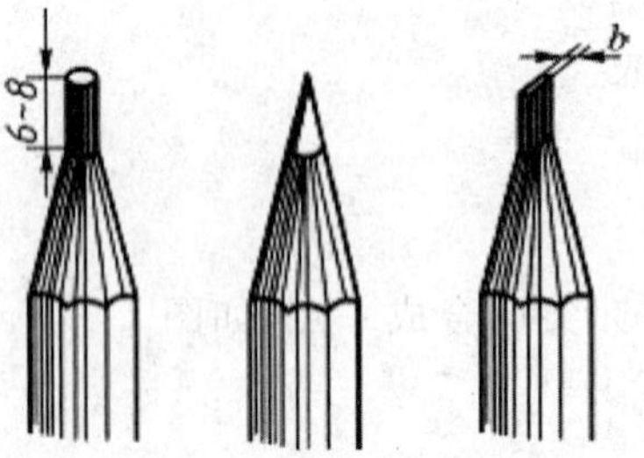

图1-6 铅笔的削制形状

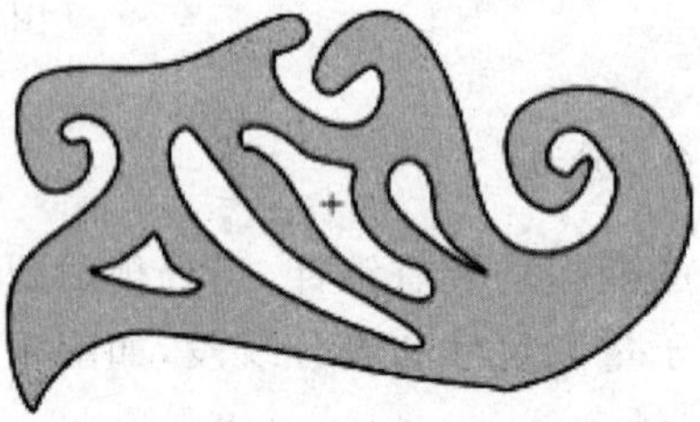

图1-7 曲线板

1.1.7 曲线板

曲线板是绘制非圆曲线的常用工具,如图1-7所示。

曲线板的使用方法如图1-8所示。先找出曲线上若干控制点,再按已求出的各点徒手轻轻勾描出曲线。然后选择曲线板上的适当部位,让其与所画曲线上至少四个点相吻合,再沿着曲线板的边缘自第1点起画至第3、4点的中间。继续移动曲线板,使之与曲线上自第3点起至第6点吻合,再接前段画至第5、6点中间。如此延续直至画完整段曲线。

根据若干个已知点，选择曲线板合适的弧段，吻合四个点，分段描绘出圆滑的曲线段

图1-8 曲线板的使用方法

1.1.8 其他工具

除了上述工具之外,绘图时还需要准备测量角度用的量角器、铅笔刀、橡皮、固定图纸用的透明胶带、擦图片、砂纸(磨铅笔用)以及清除图面上橡皮屑的小毛刷等。

1.2 制图国家标准简介

为了科学地进行生产和管理,必须对图样画法、尺寸标注等做统一的规定。我国于1959年首次发布了《机械制图》国家标准,对图样做了统一规定。为适应经济和科学技术发展的需要，我国先后于 1970 年、1974 年、1984 年、1993 年重新修订《机械制图》国家标准，20 世纪 90 年代，为了与国际接轨，国家质量技术监督局依据国际标准化组织制订的国际标准，制订并颁布了《技术制图》和《机械制图》国家标准，通常称为制图标准，简称“国标”，用 GB 或 GB/T 表示（GB 为强制性国家标准；GB/T 为国家推荐标准）。

1.2.1　图纸幅面及格式（GB/T 14689—1993）

1）图纸幅面

图纸的基本幅面有五种，分别用幅面代号 A0、A1、A2、A3、A4 表示，绘制技术图样时，应优先采用如表 1－1 所示规定的基本幅面。

表 1－1　图纸幅面代号及尺寸

<table>
<tr><th rowspan="2">幅面代号</th><th>幅面尺寸</th><th colspan="3">周边尺寸</th></tr>
<tr><th>$B \times L$</th><th>a</th><th>c</th><th>e</th></tr>
<tr><td>A0</td><td>841×1189</td><td rowspan="5">25</td><td rowspan="3">10</td><td rowspan="2">20</td></tr>
<tr><td>A1</td><td>594×841</td></tr>
<tr><td>A2</td><td>420×594</td><td rowspan="3">10</td></tr>
<tr><td>A3</td><td>297×420</td><td rowspan="2">5</td></tr>
<tr><td>A4</td><td>210×297</td></tr>
</table>

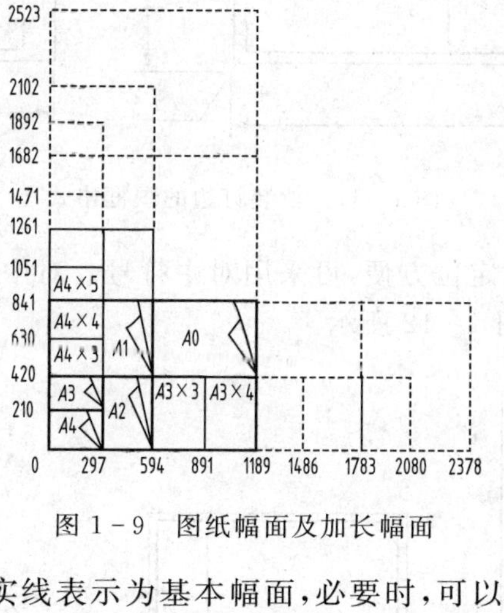

图 1－9　图纸幅面及加长幅面

如图 1－9 所示，图中粗实线表示为基本幅面，必要时，可以按规定加长幅面，但加长后的幅面尺寸是有基本幅面的短边整数倍增加后而形成的。细实线和虚线为加长幅面。

2）图框格式

在图纸上必须用粗实线画图框，其格式分为不留装订边和留有装订边两种，但同一产品的图样只能采用一种格式。

不留装订边的图纸其图框格式如图 1－10 所示；留有装订边的图纸，其图框格式如图 1－11所示。

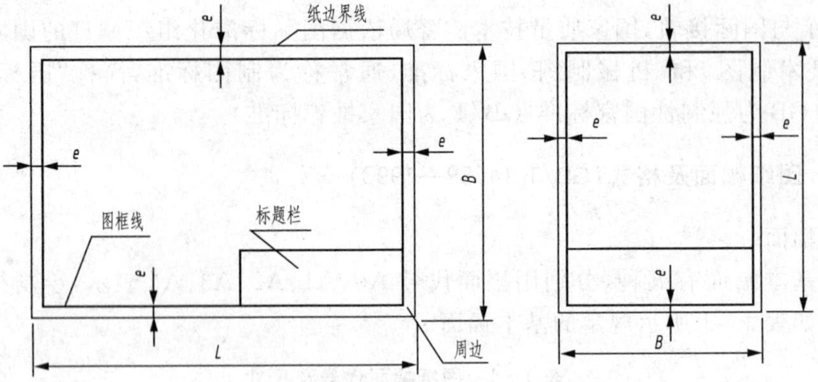

图 1-10　不留装订边的图框格式

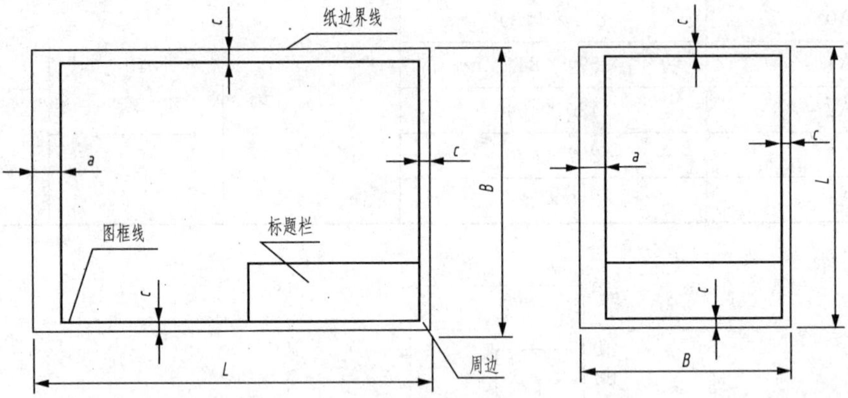

图 1-11　留装订边的图框格式

为了复印和微缩摄影时定位方便,可采用对中符号。对中符号是从纸边界画入图框内约 5mm 的一段粗实线,如图 1-12 所示。

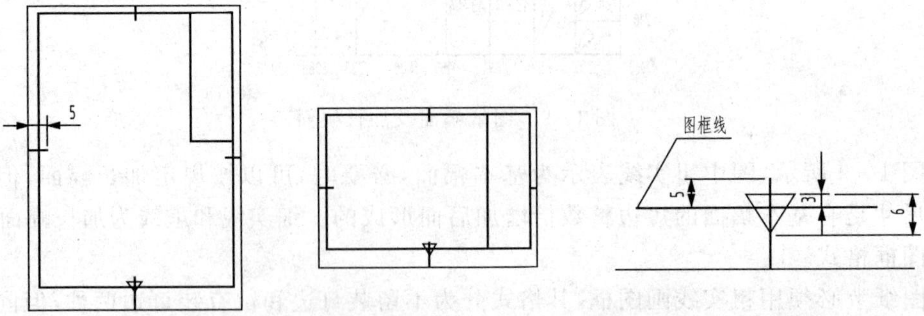

（a）　　　　　　（b）

图 1-12　对中符号和方向符号

3)标题栏

每张技术图样中均应画出标题栏。标题栏的位置一般位于图纸的右下角,如图 1－10、图 1－11 所示,看图的方向一般应与标题栏中文字的方向一致。为了使用预先印好图框的图纸,明确绘图和看图的图纸方向,当看图的方向与标题文字方向不一致时,应在图纸的下边对中符号处画出一个方向符号,如图 1－12(a)所示。方向符号是用细实线绘制的等边三角形,其大小和所处位置如图 1－12(b)所示。

标题栏的格式国家标准(GB/T 10609.1—1989)已做了统一规定,如图 1－13 所示,在生产设计中应遵守这种格式。为简便起见,学生制图作业建议采用图 1－14 所示的标题栏格式。

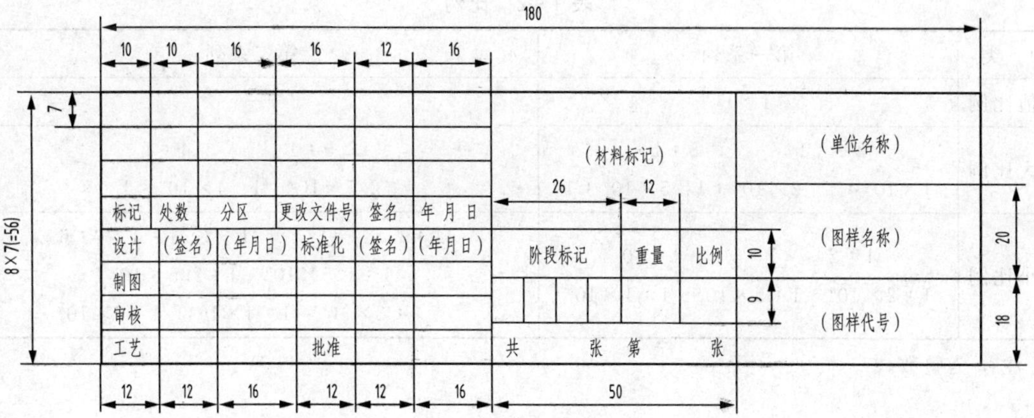

图 1－13　工程用标题栏

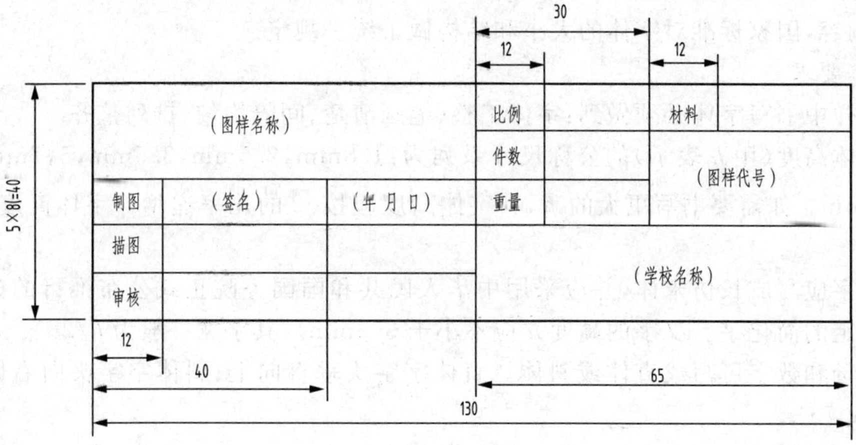

图 1－14　学生用标题栏

1.2.2　比例(GB/T 14690—1993)

比例是指图中图形与其实物相应要素的线性尺寸之比。比例用符号“：”表示,如 1：1、2：1、1：2 等,比例按其比值大小分为:

① 原值比例：比值为 1 的比例，即 1∶1。

② 放大比例：比值大于 1 的比例，如 2∶1 等。

③ 缩小比例：比值小于 1 的比例，如 1∶2 等。

绘制图样时，应由表 1-2 规定的系列中选取适当的比例。优先选择第一系列，必要时允许选取第二系列，为了能从图样上得到实物大小的真实概念，应尽量采用 1∶1 的比例绘图。当形体不宜采用 1∶1 绘制图样时，也可用缩小或放大比例画图，但不论放大或缩小，标注尺寸时都必须标注形体的实际尺寸。比例一般应标注在标题栏的比例栏中，必要时，可在视图名称的下方或右侧标注比例，如$\frac{A}{1:100}$、$\frac{B—B}{25:1}$、$\frac{\text{平面图}}{1:100}$等。

表 1-2　比例

种　类	第一系列	第二系列
原值比例	1∶1	—
放大比例	2∶1　5∶1 1×10^n∶1　2×10^n∶1　5×10^n∶1	2.5∶1　4∶1 2.5×10^n∶1　4×10^n∶1
缩小比例	1∶2　1∶5　1∶10 1∶2×10^n　1∶5×10^n　1∶1×10^n	1∶1.5　1∶2.5　1∶3　1∶4　1∶6 1∶1.5×10^n　1∶2.5×10^n 1∶3×10^n　1∶4×10^n　1∶6×10^n

注：n 为整数。

1.2.3　字体(GB/T 14691—1993)

在图样中除了表示物体形状的图形外，还必须用文字、数字和字母表示物体的大小及技术要求等内容，国家标准对字体的大小和结构做了统一规定。

1)基本要求

(1)图样中书写字体必须做到：字体工整、笔画清楚、间隔均匀、排列整齐。

(2)字体高度(用 h 表示)的公称尺寸系列为：1.8mm，2.5mm，3.5mm，5，7mm，10mm，14mm，20mm。如需要书写更大的字，其字体高度应按$\sqrt{2}$的比率递增。字体高度代表字体的号数。

(3)汉字应写成长仿宋体，并应采用中华人民共和国国务院正式公布推行的《汉字简化方案》中规定的简化字。汉字的高度 h 应不小于 3.5mm。其字宽一般为 $h/2$。

(4)字母和数字可写成直体或斜体。直体字字头垂直向上；斜体字字头向右倾斜，与水平基准线成 75°。

2)字体示例

(1)汉字示例

10 号字

字体工整　笔画清楚　间隔均匀　排列整齐

7 号字

横平竖直注意起落结构均匀填满方格

5 号字

技术制图机械电子汽车航空船舶土木建筑矿山井坑港口纺织服装

(2)拉丁字母示例(A 型斜体)

ABCDEFGHIJKLMNO

PQRSTUVWXYZ

abcdefghijklmno

pqrstuvwxyz

(3)阿拉伯数字示例

0123456789

(4)罗马数字

I II III IV V VI VII VIII IX X

(5)希腊字母示例

αβγδεζηθϑικλμν

ξοπρστυφφχψω

3)字体的综合应用

(1)用作指数、极限偏差等的数字及字母,一般应采用小一号的字体。示例如下:

$$10^{3} \quad S^{-1} \quad D_{1} \quad T_{d} \quad \phi 20^{+0.010}_{-0.023} \quad 7^{\circ}{}^{+1^{\circ}}_{-2^{\circ}} \quad \frac{3}{5}$$

(2)图样中的数字符号、计量单位符号以及其他符号、代号,应分别符合国家有关法令和标准的规定。示例如下:

$$l/\mathrm{mm} \quad m/\mathrm{kg} \quad 460\,\mathrm{r/min} \quad 220\,\mathrm{V} \quad 5\,\mathrm{M} \quad 380\,\mathrm{kPa}$$

(3)其他标注示例如下:

$$\phi 25\frac{H6}{m5} \quad \frac{II}{2:1} \quad \overset{6.3}{\triangledown} \quad R8 \quad 5\% \quad \overset{3.50}{\triangledown}$$

1.2.4 图线(GB/T 4457.4—2002)

图线是起点和终点间以任意方式连接的一种几何图形,形状可以是直线或曲线,连续线或不连续线。

1)图线型式及应用

国家标准 GB/T 17450—1998 中规定了 15 种基本线型及若干种基本线型的变形,需要时可查国家标准。绘制机械图样使用 8 种基本图线(见表 1-3)。

表 1-3 图线(GB/T 4457.4—2002)

<table>
<tr><th>名 称</th><th>线 型</th><th>代号 No</th><th colspan="2">线宽 d/mm</th><th colspan="2">主要用途及线素长度</th></tr>
<tr><td>粗实线</td><td></td><td>01.2</td><td>0.7</td><td>0.5</td><td colspan="2">可见棱边线,可见轮廓线</td></tr>
<tr><td>细实线</td><td></td><td>01.1</td><td rowspan="4">0.35</td><td rowspan="4">0.25</td><td colspan="2">尺寸线,尺寸界线,部面线,引出线,重合断面的轮廓线,过渡线</td></tr>
<tr><td>波浪线</td><td></td><td>01.1</td><td colspan="2">断裂处的边界线,视图与部视图的分界线</td></tr>
<tr><td>双折线</td><td></td><td>01.1</td><td colspan="2">断裂处的边界线,视图与部视图的分界线</td></tr>
<tr><td>细虚线</td><td></td><td>02.1</td><td>不可见棱边线,不可见轮廓线</td><td rowspan="2">画长 12d
短间隔长 3d</td></tr>
<tr><td>粗虚线</td><td></td><td>02.2</td><td>0.7</td><td>0.5</td><td>允许表面处理的表示线</td></tr>
<tr><td>细点画线</td><td></td><td>04.1</td><td rowspan="2">0.35</td><td rowspan="2">0.25</td><td>轴线,对称中心线,分度圆(线),孔系分布的中心线,部切线</td><td rowspan="3">长画长 24d,短间隔长 3d,点长小于等于 0.5d</td></tr>
<tr><td>细双点画线</td><td></td><td>05.1</td><td>相邻辅助零件的轮廓线,可动零件的极限位置轮廓线,中断线</td></tr>
<tr><td>粗点画线</td><td></td><td>04.2</td><td>0.7</td><td>0.5</td><td>限定范围表示线</td></tr>
</table>

机械图样中,图线宽度分粗细两种,其比例为 2∶1,按图样的大小和复杂程度,在下列数

系中选择：0.13mm，0.18mm，0.25mm，0.35mm，0.5mm，0.7mm，1mm，1.4mm，2mm，粗线宽度优先采用 0.7mm，0.55mm。

不连续独立部分称为线素，如点、长度不同的画和间隔。手工绘图时线素宜符合表 1-3 规定。图线应用实例如图 1-15 所示。

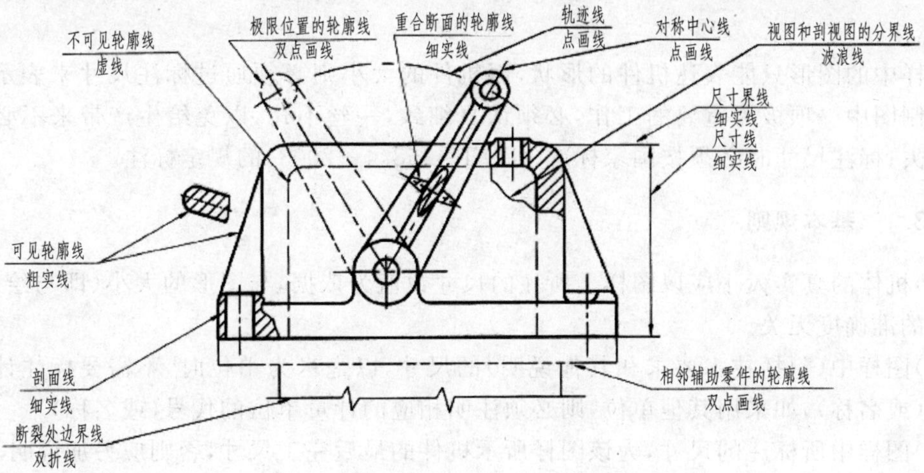

图 1-15　图线应用示例

2)图线画法

(1)同一图样中，同类图线的宽度应一致，虚线、细点画线及双点画线的线段长度和间隔应各自均匀相等。

(2)两条平行线之间的最小间隙不得小于 0.7mm。

(3)点画线或双点画线的首末两端应是线段而不是点。点画线(或双点画线)相交时，其交点应为线段相交，如图 1-16(a)所示；在较小图形上绘制细点画线或双点画线有困难时，可用细实线代替，如图 1-16(b)所示。

(4)点画线、虚线与其他图线相交时都应是线段相交，不能交在空隙处，如图 1-16(c)所示中 B 处所画图线。

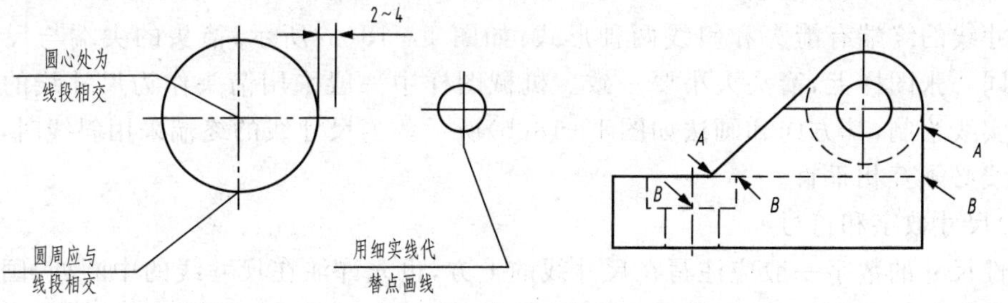

(a)　(b)　(c)

图 1-16　图线的画法

(5)当虚线处在粗实线的延长线上时，应先留空隙，再画虚线的短画线，如图 1-16(c)所示中 A 处所画图线。

1.3 尺寸标注

图样中的图形只能表达机件的形状，而机件的大小则必须通过标注尺寸来表示。标注尺寸是制图中一项极为重要的工作，必须认真细致，一丝不苟，以免给生产带来不必要的困难和损失；标注尺寸时必须按国家标准(GB/T 4458.4—2003)的规定标注。

1.3.1 基本规则

(1)机体的真实大小应以图样上所注的尺寸数值为依据，与图形的大小(即与绘图比例)及绘图的准确度无关。

(2)图样中(包括技术要求和其他说明)的尺寸，以毫米为单位时，不需要标注计量单位的代号(或名称)，如采用其他单位，则必须注明相应的计量单位的代号(或名称)。

(3)图样中所标注的尺寸，为该图样所示机件的最后完工尺寸，否则应另加说明。

(4)机件的每一尺寸，一般只标注一次，并应标注在反映该结构最清晰的图形上。

1.3.2 尺寸的组成

如图 1-17 所示，一个完整的尺寸应由尺寸界线、尺寸线(含尺寸线的终端)及数字和符号等组成。

(1)尺寸界线

尺寸界线用细实线绘制，并应自图形的轮廓线、轴线或对称中心线引出。轮廓线、轴线、对称中心线也可作尺寸界线。

(2)尺寸线

尺寸线用细实线单独绘制，不能用其他图线代替，一般也不得与其他图线重合或画在其延长线上。

(3)箭头的形式和画法

尺寸线的终端有箭头和斜线两种形式：如图 1-18(a)所示，箭头的尖端与尺寸界线接触。在同一张图样上，箭头大小要一致。机械图样中一般采用箭头作为尺寸线的终端。斜线用细实线绘制，其方向和画法如图 1-18(b)所示。当尺寸线的终端采用斜线时，尺寸线与尺寸界线必须互相垂直。

(4)尺寸数字和符号

线性尺寸的数字一般应注写在尺寸线的上方，也允许注在尺寸线的中断处，国标中还规定了一组表示特定含义的符号，作为对数字标注的补充说明。如标注直径时，应在尺寸数字前加注“Φ”；标注半径时，应在尺寸数字前加注符号“R”。表 1-4 给出了一些常用的符号，标注尺寸时，应尽量使用符号和缩写词。

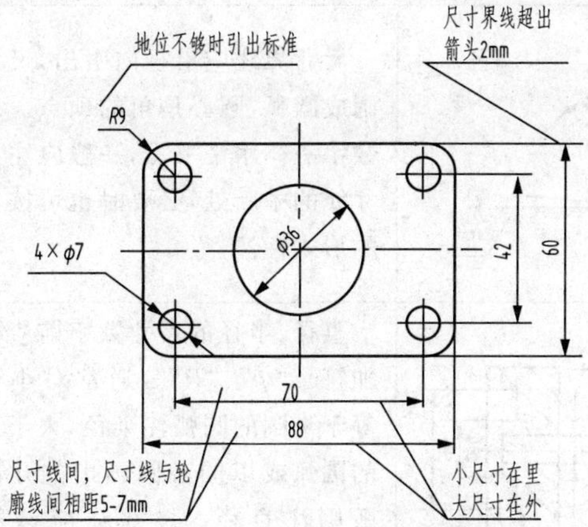

图 1－17　尺寸的组成

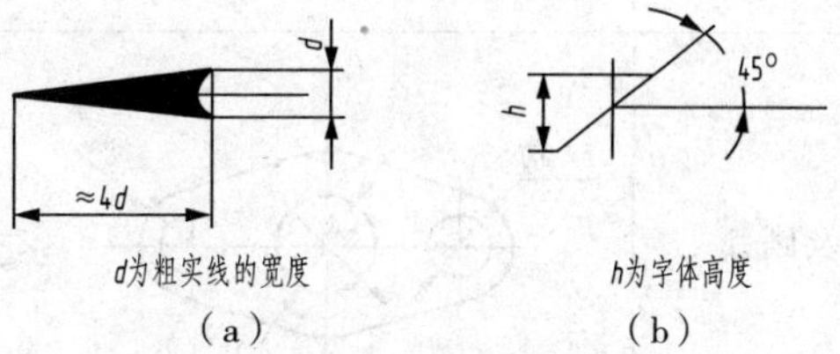

图 1－18　尺寸线终端形式

表 1－4　标注尺寸的符号（GB/T 4458—2003）

名　称	直径	半径	球直径	球半径	厚度	正方形	45°倒角
符号或缩写词	*Φ*	*R*	*SΦ*	*SR*	*t*	□	*C*
名　称	深度	沉孔或锪平	埋头孔	均布	弧长	斜度	锥度
符号或缩写词	↧	⌴	⌵	EQS	⌒	∠	▷

1.3.3　常见尺寸标注示例

常见尺寸标注见表 1－5。

表 1－5　尺寸标注示例

标注内容	图　例	说　明
线性尺寸的数字方向	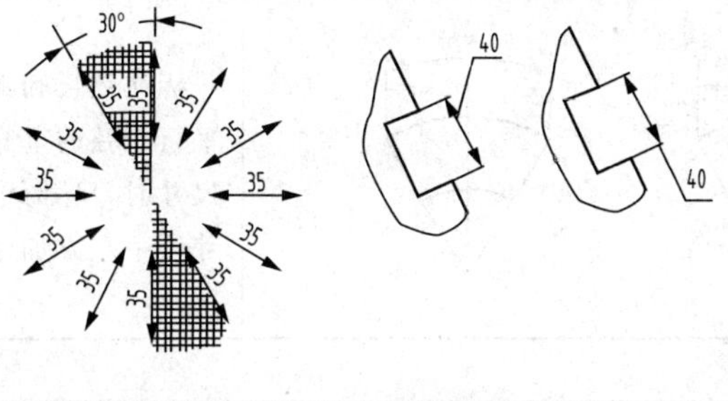	尺寸数字应按左图所示的方向注写，并尽可能避免在图示 30°范围内标注尺寸，当无法避免时可按右边两图的形式标注。

（续表）

标注内容	图　例	说　明
角度	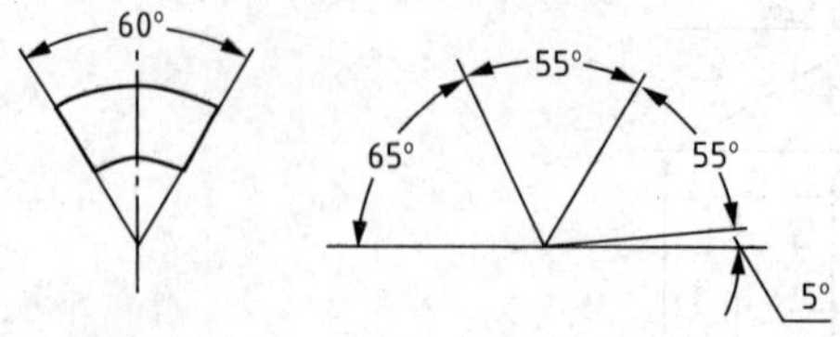	尺寸界线应沿径向引出，尺寸线画成圆弧，圆心是角的顶点。尺寸数字一律水平书写，一般应注在尺寸线的中断处，必要时也可按右图的形式标注。
圆及圆弧	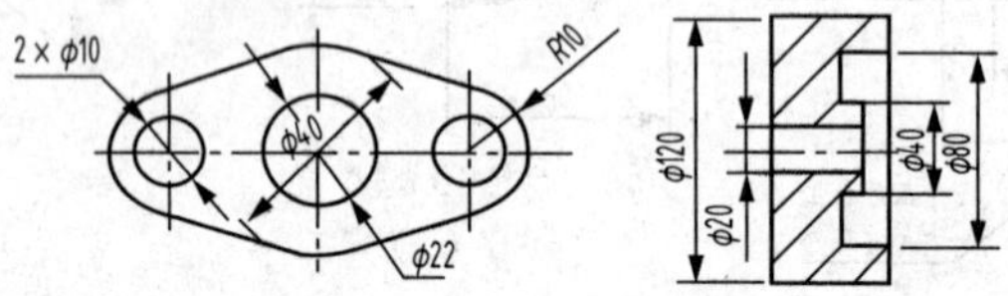	直径、半径的尺寸数字前应分别加符号“Φ”、“*R*”。通常对小于或等于半圆的圆弧注半径，大于半圆的圆弧或以同心圆画出的几段圆弧则注直径。尺寸线应按图例绘制。
大圆弧	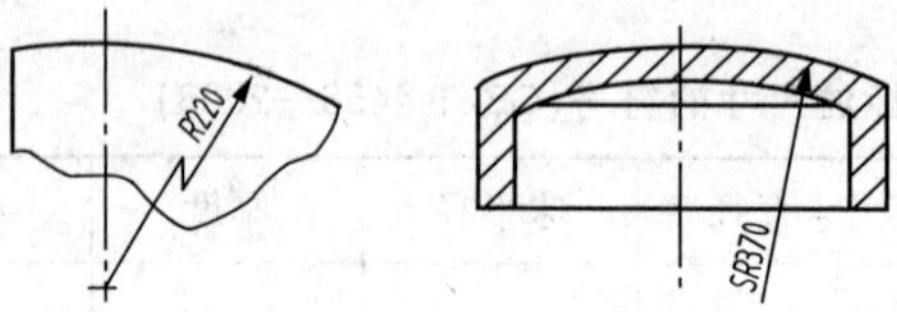	大圆弧无法标出圆心位置时，可按此图例标注。
小尺寸	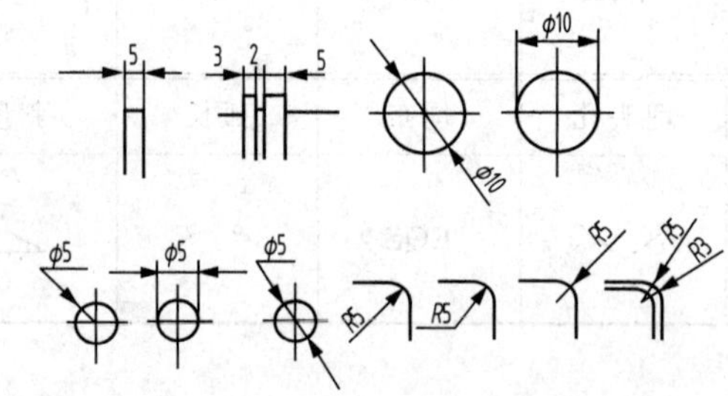	没有足够位置画箭头时，箭头可画在尺寸界线的外侧，或用小圆点代替两个箭头：尺寸数字也可写在外侧或引出标注，圆和圆弧的小尺寸，可按这些图例标注。
球面	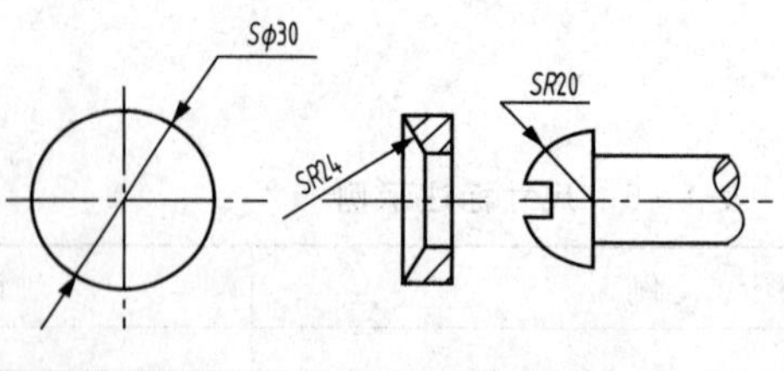	标注球面的尺寸，如左侧两图所示，应在 Φ 或 *R* 前加注“*S*”。对于螺钉，铆钉头部，轴和手柄的端部等，在不致引起误解的情况下，可省略符号“*S*”，如右图。
弦长和弧长	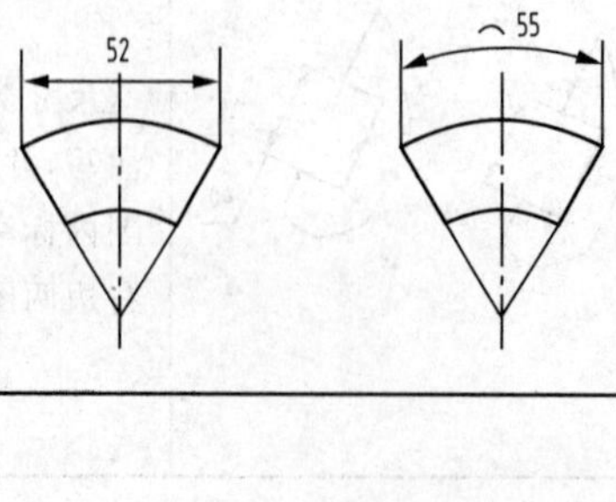	标注弦长和弧长时，尺寸界线应平行于弦的垂直平分线，标注弧长尺寸时，尺寸线用圆弧，并应在尺寸数字左方加注符号“⌒”。

（续表）

标注内容	图　例	说　明
对称机件只画出一半或大于一半时	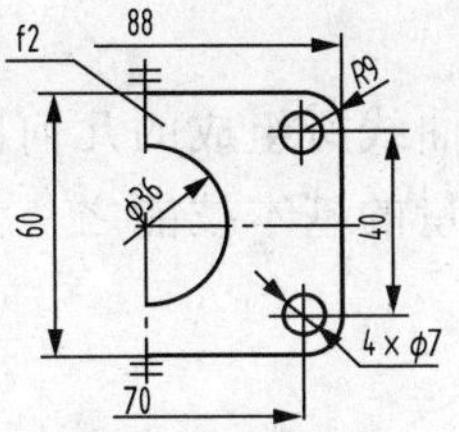	尺寸线应略超过对称中心线可断裂处的边界线，仅在尺寸线的一端画出箭头。图中在对称中心线两端分别画出两条与其垂直的平行细实线是对称符号。
板状零件		标注薄板状零件的尺寸时，可在厚度的尺寸数字前加注符号“t”。
光滑过渡处的尺寸	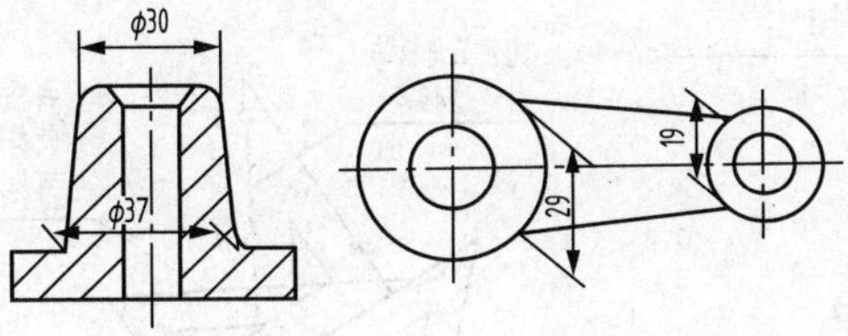	在光滑过渡处，应用细实线将轮廓线延长，并从它们的交点引出尺寸界线。 尺寸界线一般应与尺寸线垂直，为了使图形清楚，必要时允许尺寸界线与尺寸倾斜。
正方形结构	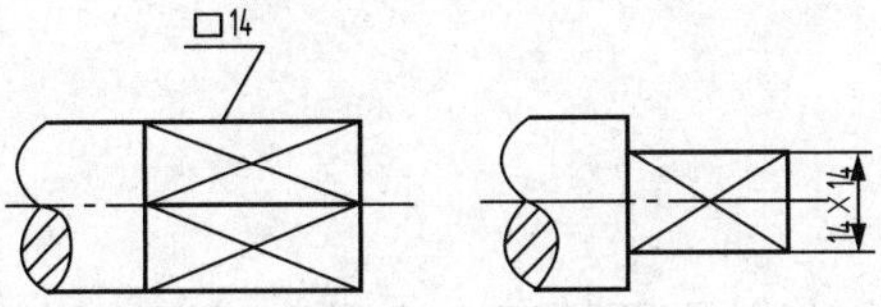	标注断面为正方形结构的尺寸时，可在边长尺寸数字前加注符号“□”，或用 14×14 代替□14。 图中相交的两条细实线是平面符号（当图形不能充分表达平面时，可用这个符号表示平面）。
斜度和锥度	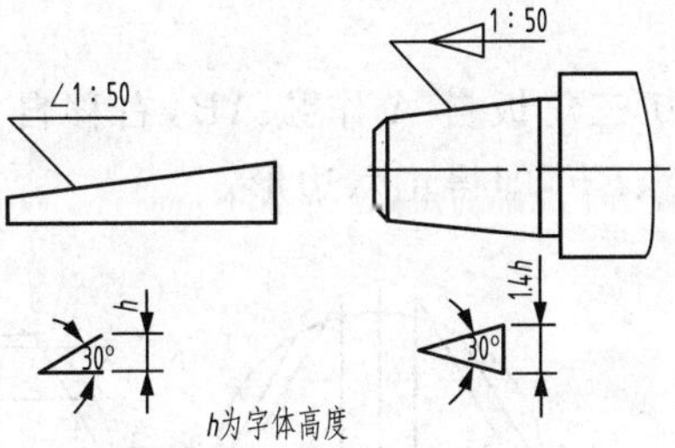	斜度和锥度分别用“∠”和“◁”表示，图形中符号的方向应与斜度，锥度的方向一致，符号图线宽度为 $d=\frac{1}{10}h$。
均布孔	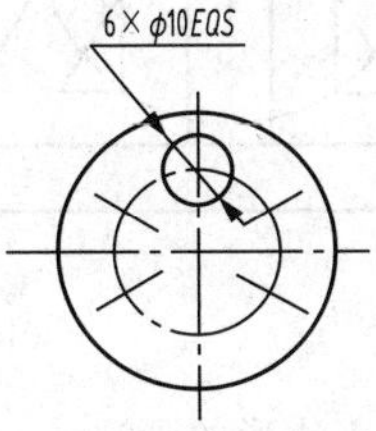	均匀分布的孔，加注 EQS

1.4　几何作图及平面图形的画法

工程图样的图形是由直线、圆弧和其他曲线所组成的几何图形。因此，熟练掌握几何图形的作图方法，是提高绘图速度保证图面质量的基本技能之一。

1.4.1　平行线和垂直线

作任意角度的一系列平行线及垂直线可用两块三角板配合完成，如图 1-19 所示。

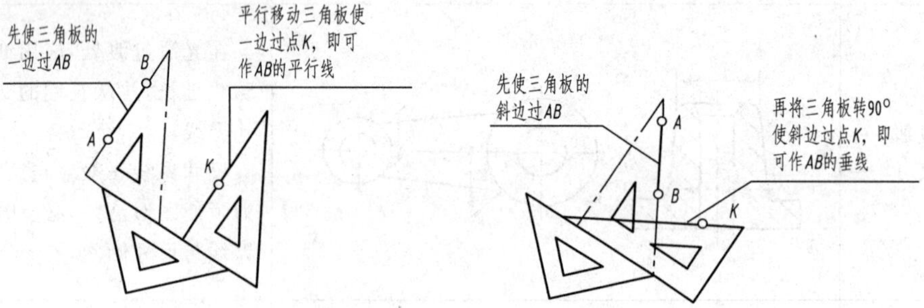

图 1-19　平行线、垂直线

1.4.2　正六边形的画法

在后面学习紧固件螺栓、螺母时，经常需要画正六边形。正六边形的画法有二种。

画法一：如图 1-20(a)所示，以 A 和 B 分别为圆心，以已知圆半径为半径，截圆于 1、2、3、4，依次连接各点，即得正六边形。

画法二：如图 1-20(b)所示，用 60°三角板自 A 作弦 AB，右移自 D 作弦 DE，旋转三角板作 AF、CD 两弦。以丁字尺连接 BC、EF，即得正六边形。

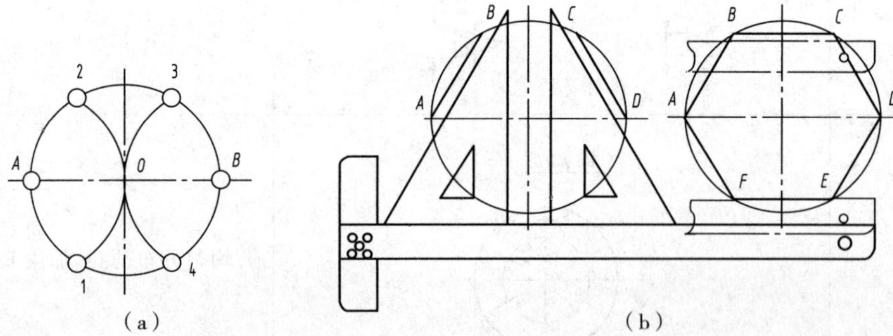

图 1-20　正六边形的画法

1.4.3 斜度

斜度表示一直线(或平面)对另一直线(或平面)的倾斜程度,在图样中以 1 : n的形式标注,图 1-21 为斜度的作图方法。

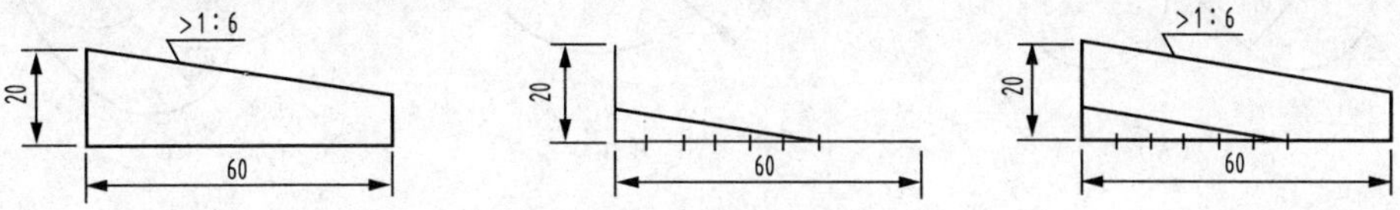

(a)　　　　(b)　　　　(c)

图 1-21　斜度的画法

1.4.4 锥度

锥度表示正圆锥的底圆直径与圆锥高度之比,在图样中以 1:n 的形式标注,图 1-22 为锥度的作图方法。

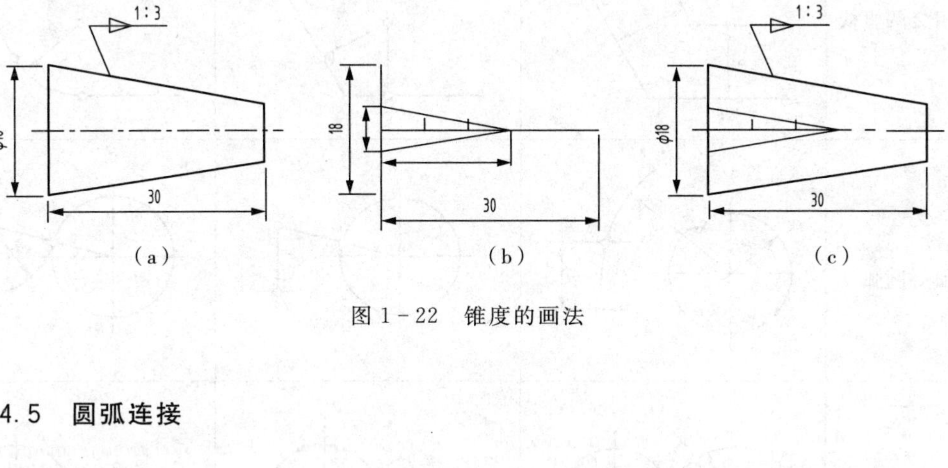

(a)　　　　(b)　　　　(c)

图 1-22　锥度的画法

1.4.5 圆弧连接

在绘制工程图样中,用一已知半径的圆弧(连接弧)同时光滑连接两已知线段(直线或圆弧)称为圆弧连接。作图时,连接弧半径常是已知的,而连接弧的圆心和连接点(切点)需要作图确定。

圆弧连接的基本作图原理:

①与已知直线相切,半径为 R 的圆弧,其圆心轨迹是与已知直线平行且距离等于 R 的两条直线,切点是选定圆心向已知直线作垂线的垂足,如图 1-23(a)所示。

②与已知圆弧(圆心 O_1,半径 R)外(或内)切,半径为 R_1 的圆弧,其圆心轨迹是以 O_1 为圆心,以 R_1+R(或"R_1-R")为半径的已知圆弧的同心圆。切点是选定圆心 O 与 O_1 的连心线(或延长线)与已知圆弧的交点,如图 1-23(b)、(c)所示。

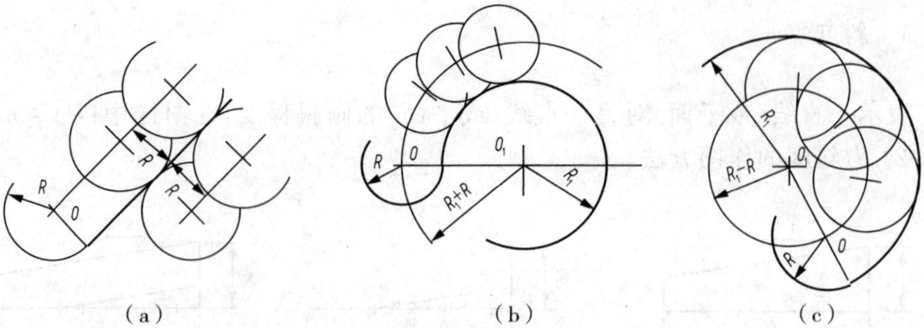

图 1-23 圆弧连接的作图原理

各种圆弧连接的方法见表 1-6。

表 1-6 圆弧连接

连接要求	作图方法和步骤		
	求圆心	求切点 K_1,K_2	画连接圆弧
连接相交两直线	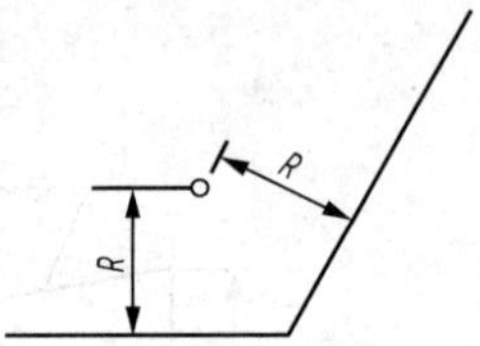	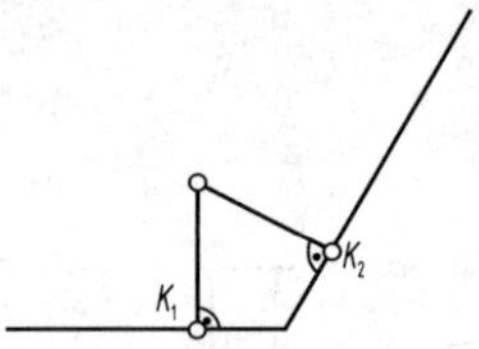	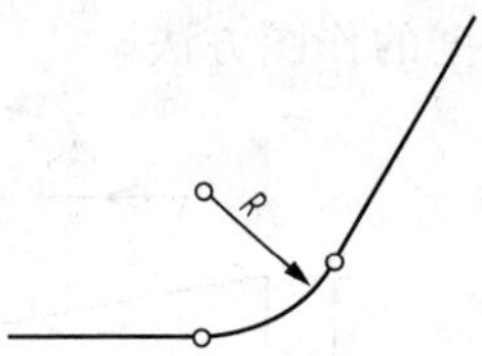
连接一直线和一圆弧	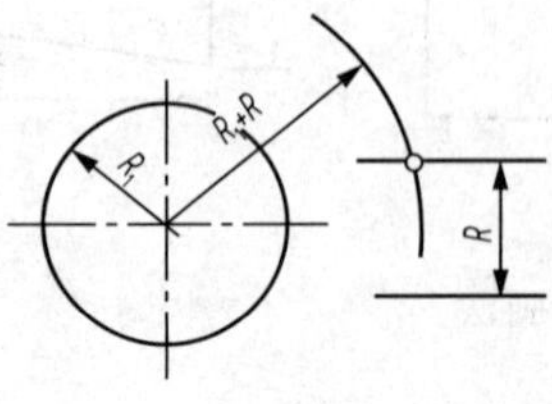	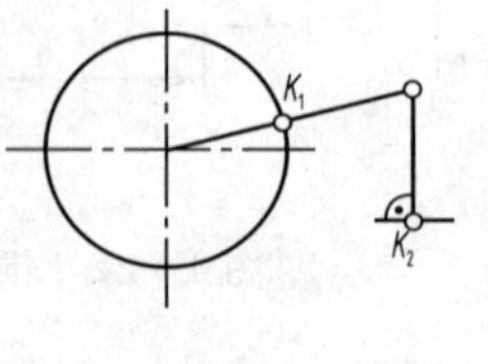	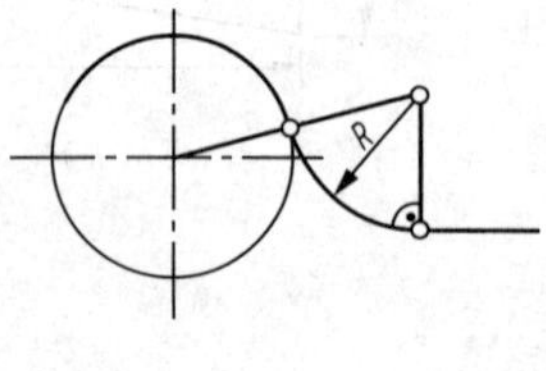
外接两圆弧	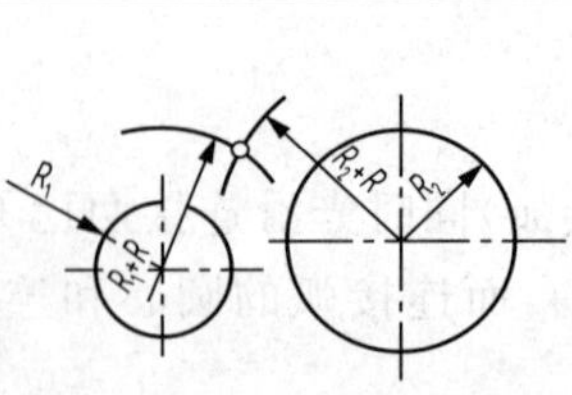	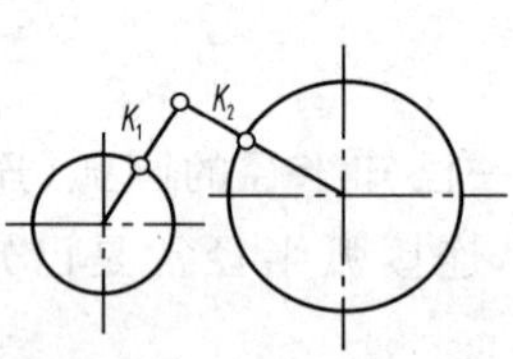	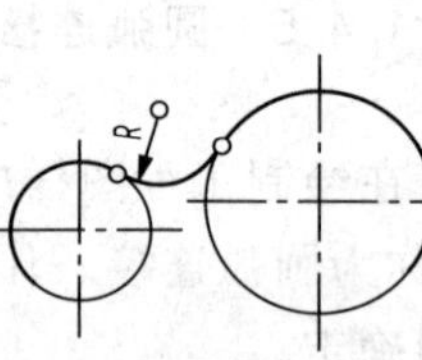
内接两圆弧	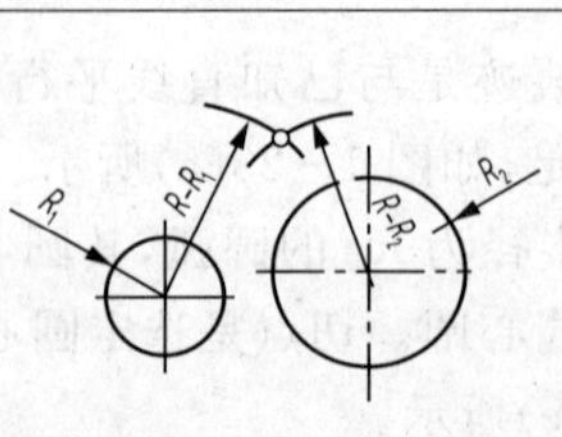	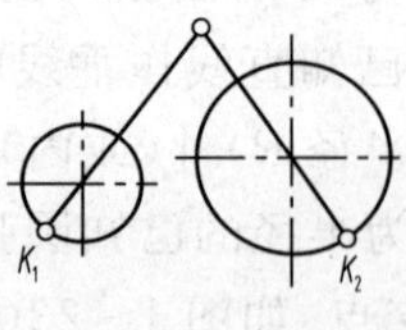	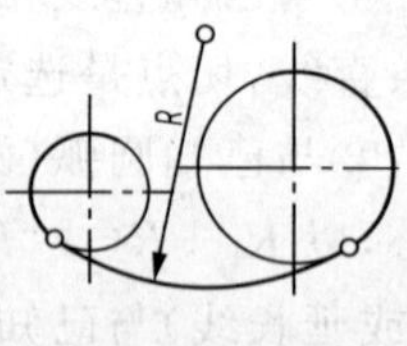

（续表）

连接要求	作图方法和步骤		
	求圆心	求切点 K_1，K_2	画连接圆弧
内外接两圆弧	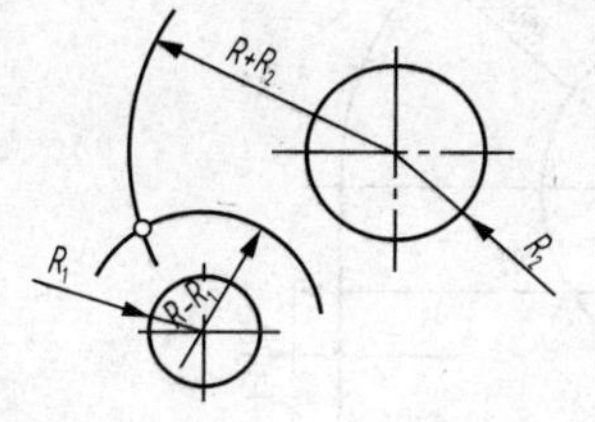	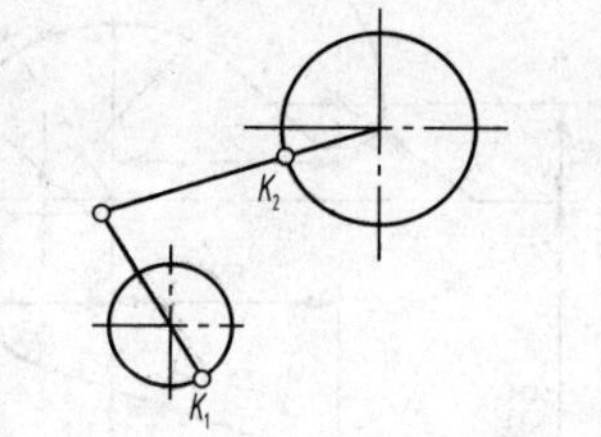	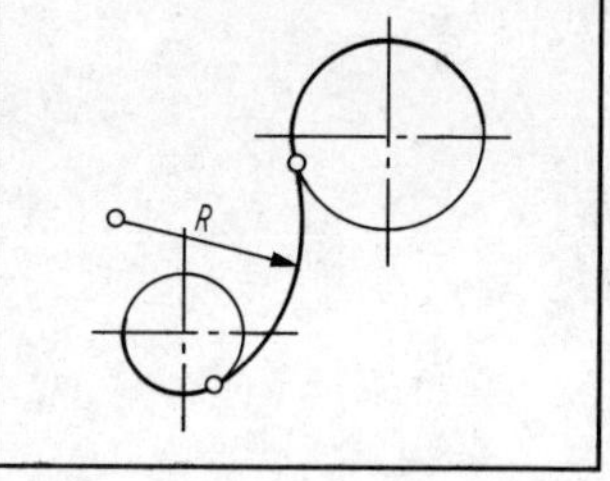

1.4.6　**椭圆的画法**

椭圆为常见的非圆曲线，在已知长、短轴的条件下，椭圆的画法有两种：

① 同心圆法作椭圆：如图 1-24 所示，以 O 为圆心，分别以长半轴 OA 和短半轴 OC 为半径画圆，将圆周做 12 等份（当然等份数越多，画出的椭圆越准确），自大圆交点作铅垂线，小圆交点作水平线，即可相应地求得椭圆上一系列点，然后用曲线板连成椭圆。

② 四心圆法作椭圆：如图 1-25 所示，已知长轴 AB 和短轴 CD，连 AC，取 $CF=OA-OC$，作 AF 的中垂线，交长轴于 O_1，交短轴于 O_2，并找出 O_1 和 O_2 的对称点 O_3 和 O_4；分别以 O_1、O_2、O_3、O_4 为圆心，以 O_1A、O_2C、O_3B、O_4D 为半径绘制圆弧，光滑连成近似椭圆。

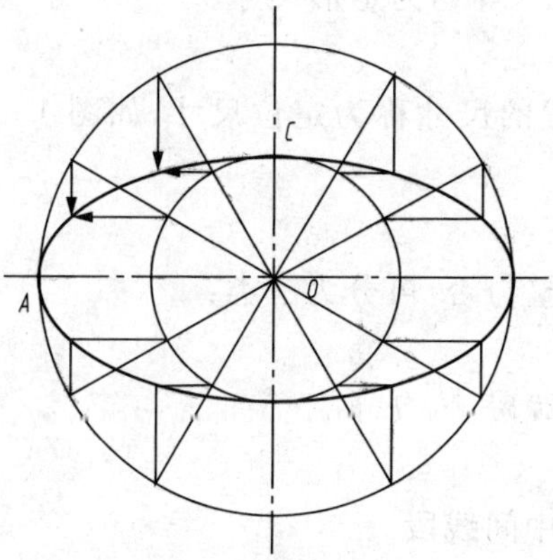

图 1-24　同心圆法作椭圆

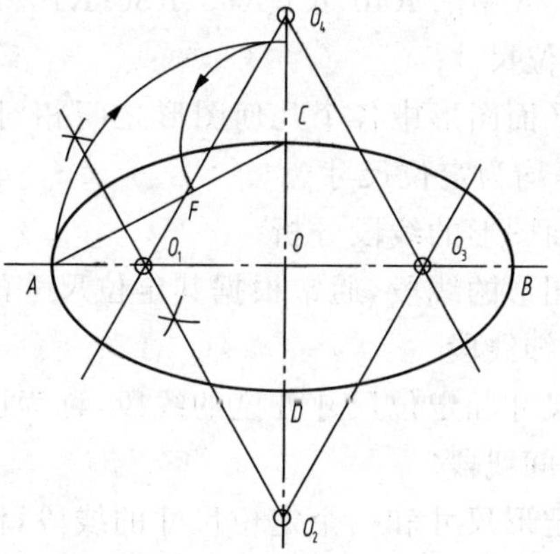

图 1-25　四心圆法作椭圆

1.4.7　**平面图形的尺寸分析及作图步骤**

1）平面图形的尺寸分析

平面图形的尺寸按其作用不同，分为定形尺寸和定位尺寸两类。对平面图形的尺寸进行分析，可以检查尺寸的完整性以及确定各线段的作图顺序。要想确定平面图形中线段的上下、左右的相对位置，必须引入基准的概念。

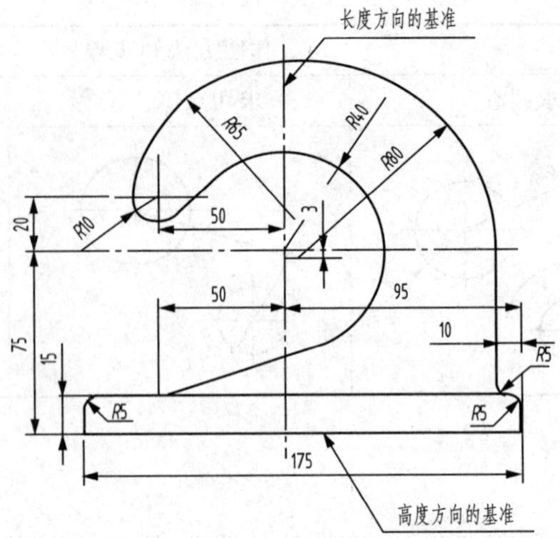

图 1-26　平面图形的尺寸分析

(1)尺寸基准

在平面图形中确定尺寸位置的几何元素称为尺寸基准，简称基准。一般平面图形中常用作基准的有：对称图形的对称线；较大圆的中心线；较长的轮廓直线。图 1-26 中是以较大圆的中心线和较长的水平线作基准线。

(2)定形尺寸

确定平面图形各部分大小的尺寸称为定形尺寸，如直线的长度、圆及圆弧的直径或半径等。图 1-26 中的 $R40$、$R5$、$R65$、$R80$、$R10$、15、175 等均为定形尺寸。

(3)定位尺寸

确定平面图形中各个几何图形之间相对位置的尺寸称为定位尺寸，如图 1-26 所示的 50、3、20 等均为定位尺寸。

2)平面图形的线段分析

平面图形的线段，通常根据其定位尺寸的完整与否，可分为三类：

(1)已知线段

定形尺寸和定位尺寸齐全的线段，称为已知线段。

(2)中间线段

已知定形尺寸和一个定位尺寸的线段，称为中间线段。

(3)连接线段

只知定形尺寸，定位尺寸全部未知的线段，称为连接线段。

3)平面图形的画法

(1)分析图形

通常根据所注尺寸确定哪些是已知线段，哪些是连接线段。并画出长度方向和高度方向的基准线，如图 1-27(a)所示。

(2)画出各已知线段

如图 1-27(b)所示。

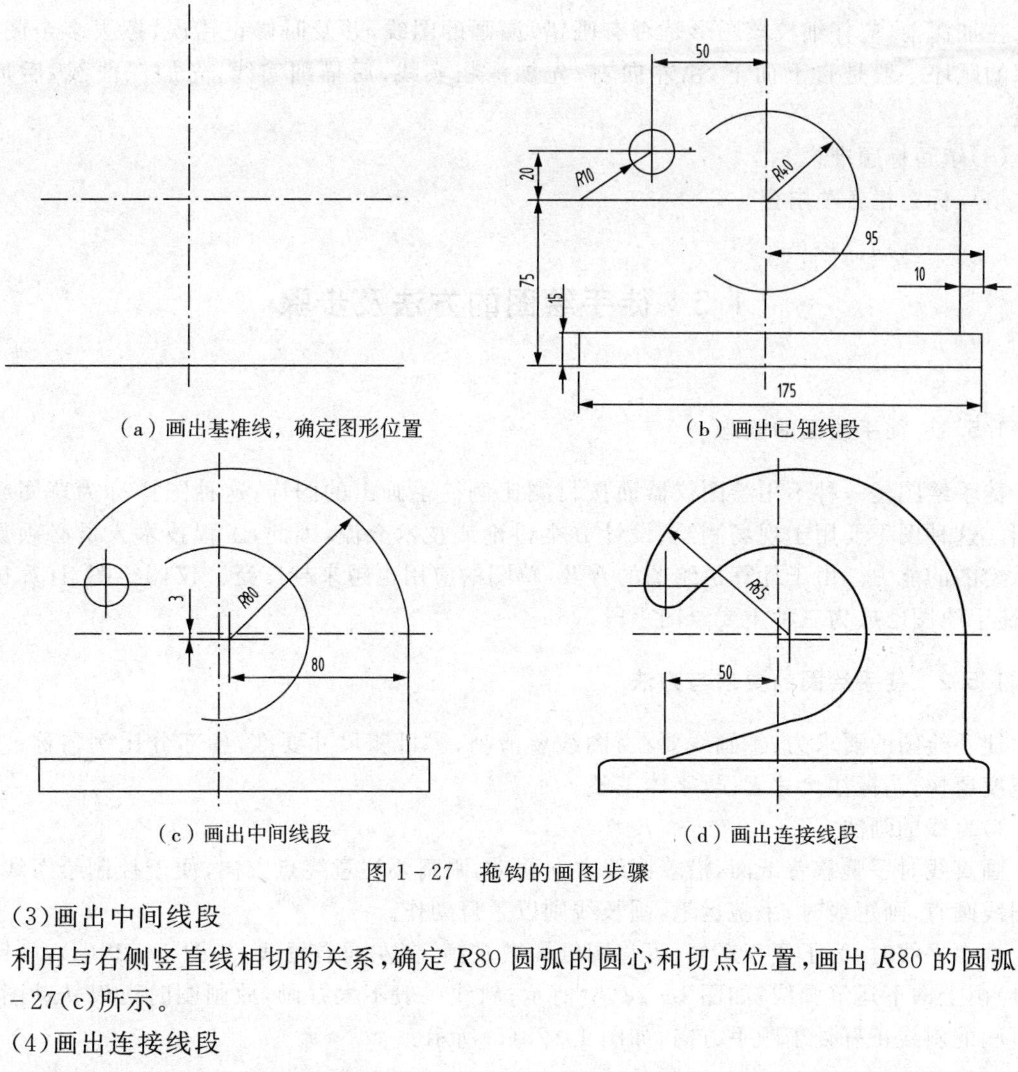

（a）画出基准线，确定图形位置　　（b）画出已知线段

（c）画出中间线段　　（d）画出连接线段

图 1-27　拖钩的画图步骤

(3)画出中间线段

利用与右侧竖直线相切的关系，确定 $R80$ 圆弧的圆心和切点位置，画出 $R80$ 的圆弧，如图 1-27(c)所示。

(4)画出连接线段

利用圆弧连接的作图方法，画出 $R65$、$R5$ 圆弧线段；作 $R40$ 和 $R10$ 的公切直线，用 50 定水平线上的一点，并过此点作 $R40$ 圆弧的切线，最后加粗图线，如图 1-27(d)所示。

4)尺规绘图的方法及步骤

(1)绘图前的准备工作

准备绘图工具和仪器，首先将铅笔及圆规上铅芯按线型削好，然后将丁字尺、图板、三角板等擦干净。根据图形的复杂程度，确定绘图比例及图纸幅面大小，将选好的图纸按图 1-1 所示铺在图板的左下方，用丁字尺对准图纸的水平边，然后用胶带固定。

(2)画底稿图

底稿图用 H 或 2H 的铅笔画，铅芯削成圆锥状。首先画图框和标题栏，然后进行布图，注意留有标注尺寸的位置。再依次画轴线、中心线及轮廓线。

(3)标注尺寸

首先将尺寸界线、尺寸线、箭头全部画好，然后再注写尺寸数值。

(4)加深

在加深前,应仔细校核图形是否有画错、漏画的图线,并及时修正错误,擦去多余图线。加深的顺序一般是自上而下,由左向右;先加深粗实线,后描细实线;先加深曲线,后加深直线。

(5)填写标题准栏

填写标题栏各项内容。

1.5 徒手绘图的方法及步骤

1.5.1 徒手绘图的概念

徒手绘图是一种不用绘图仪器而按目测比例徒手画出的图样,这种图样称为草图或徒手图。这种图主要用于现场测绘、设计方案讨论或技术交流,因此,工程技术人员必须具备徒手绘图的能力。由于计算机绘图的普及,草图的应用也越来越广泛。仪器绘图、计算机绘图、徒手绘图已成为三种主要绘图手段。

1.5.2 徒手绘图的要求与方法

徒手绘图的要求为:①画线要稳,图线要清晰;②目测尺寸要准,各部分比例匀称;③绘图速度要快;④标注尺寸无误,字体工整。

1)直线的画法

画直线时手腕靠着纸面,沿着图线方向移动,眼睛要注意终点方向,便于控制绘图线,并将图线画直,画短线时,手腕运笔,画长线则以手臂动作。

画水平线时,为了便于运笔,可将图纸微微左倾,自左向右画线,如图 1-28(a);画铅垂线,应由上向下运笔画线,如图 1-28(b)所示;斜线一般不太好画,故画图时可以转动图纸,使所画的斜线正好处于顺手方向,如图 1-28(c)所示。

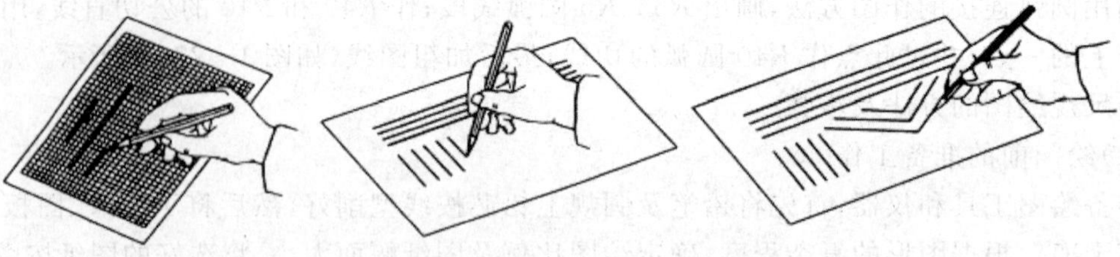

(a) (b) (c)

图 1-28 徒手画直线

2)徒手画圆

画圆时,应先确定圆心的位置,过圆心画出两条中心线。当画小圆时,可在中心线上按半径目测定出四点,然后徒手连点如图 1-29(a),而对于较大的圆或圆弧,除按上述方法截取四点外,可过圆心增画两条 45°的斜线,在斜线上再定四个等半径点,然后过这八点画圆,如图 1－29(b)。

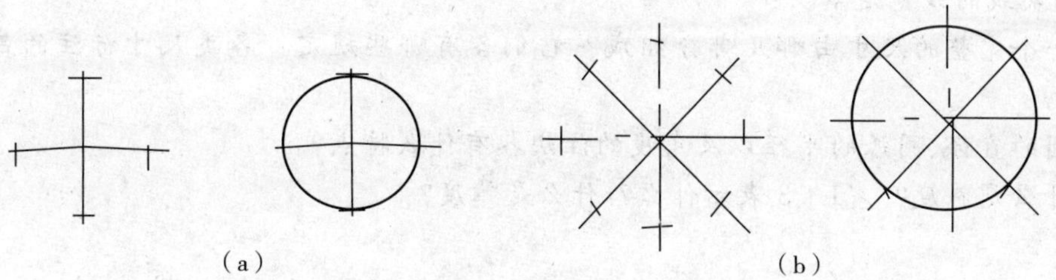

(a)　　　　(b)

图 1－29　徒手画圆

画圆角、椭圆、圆弧连接时，也尽量利用正方形、长方形、菱形相切的特点，其画法如图 1－30所示。

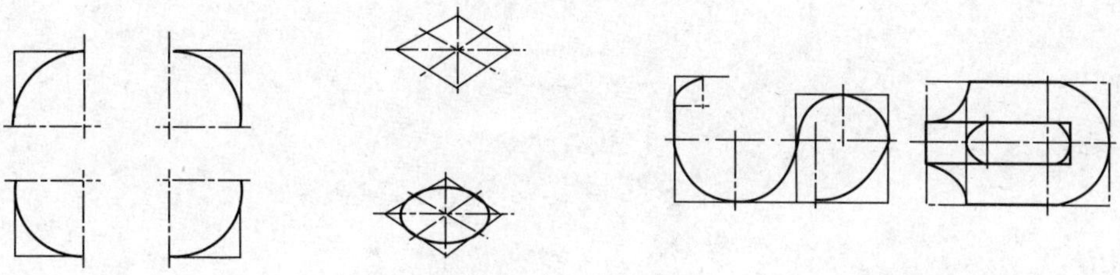

(a) 圆角画法　　(b) 椭圆画法　　(c) 圆弧连接的画法

图 1－30　徒手画圆角、椭圆、圆弧

本章小结

本章重点介绍了《技术制图》和《机械制图》国家标准的基本规定、平面图形的分析方法和作图步骤以及二种绘图方法(尺规绘图、徒手绘图)。

1. 工程图样是交流技术思想的工具，是工程技术人员的共同语言，本章着重介绍了国家标准《技术制图》与《机械制图》中图纸幅面及格式、比例、字体、图线及画法等标准中的部分规定，这些规定是制图中最基本的规定，在学习和工作中必须严格遵守。

2. 在尺寸注法中，掌握标注尺寸的基本规则。尺寸由尺寸线、尺寸界限、箭头、尺寸数字和符号组成。掌握常见尺寸的标注方法。

3. 尺规绘图中介绍了绘图仪器的使用方法，如丁字尺和三角板的联合使用，不同铅芯铅笔的削法等，介绍了利用绘图仪器绘制平面图形的方法和步骤。

复习思考题

1. 国家规定图纸幅面有几种？各种幅面大小之间有何规律？
2. 比例 1∶1、2∶1、1∶2 各表示什么？
3. 字体的号数表示什么？相邻两号字体的大小有何规律？

4. 国标规定机械图样中所使用的图线分几种宽度？常用的粗实线、虚线、点画线、双点画线和细实线的线宽是多少？

5. 一个完整的尺寸由哪几部分组成？它们各有哪些规定？各类尺寸标注的基本规则是什么？

6. 圆的直径、圆弧的半径以及角度的注法各有什么特点？

7. 什么是斜度？∠1∶3 表示什么？什么是锥度？

2 投影基础

基本要求:1. 了解投影的概念、形成和投影特性;

2. 掌握正投影法的投影规律;

3. 掌握物体几何元素及物体的三面投影;

4. 熟悉两直线、两平面、直线与平面的相对位置。

重点:正投影法、物体及物体几何要素的投影。

难点:物体几何要素的投影。

点、直线和平面是组成物体的基本几何元素,掌握它们的投影规律和图示特征能为学习后面各章打下重要的基础。本章研究如何把三维空间中几何元素在二维平面上表达出来的理论和方法。

2.1 投影基本知识

2.1.1 投影法基本概念

在日常生活里,人们可以看到太阳或灯光照射物体时,在墙壁或地面上就出现了物体的影子,这是一种自然的投影现象。根据这种现象,人类科学地总结了上述投影现象的几何关系,创造了投影法。

投影法就是投射线通过物体,向选定的面投射,并在该面上得到图形的方法。其中得到投影的平面(P)称为投影面,发自投射中心且通过物体上各点的直线称为投射线,投影面上的图形称为投影,如图 2-1 所示。

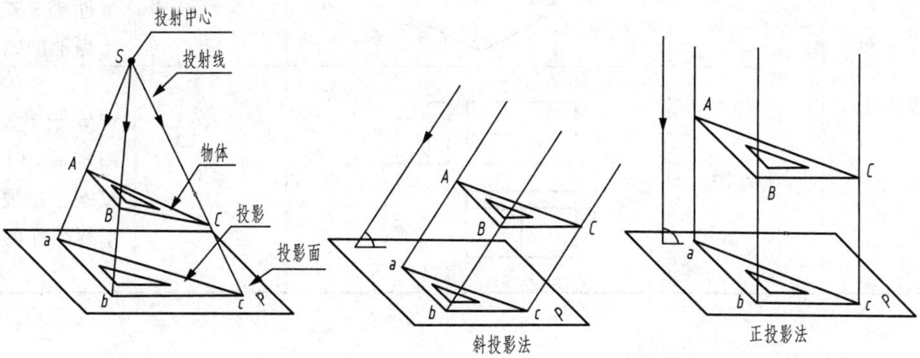

(a) 中心投影法　　(b) 平行投影法

图 2-1　投影法及分类

2.1.2 投影法分类

投影法一般可分为中心投影法和平行投影法。

1)中心投影法

投射线相交于一点的投影法称为中心投影法,如图 2-1(a)所示。

2)平行投影法

投射线相互平行的投影法(投射中心位于无限远处)称为平行投影法,如图 2-1(b)所示。在平行投影法中,根据投射线是否垂直投影面,又分为两种:

(1)斜投影法——投射线倾斜于投影面的平行投影法,由此法得到的图形,称为斜投影图(斜投影)。

(2)正投影法——投射线垂直于投影面的平行投影法,由此法得到的图形,称为正投影图(正投影)。

2.1.3 投影法应用

工程上投影法的应用见表 2-1,由于正投影法所得到的正投影图,能真实地表达空间物体的形状和大小,作图也比较方便,因此国家标准"图样画法"(GB/T 4458.1—2002)规定,机件的图样按正投影法绘制。本课程主要研究正投影法。为了叙述简便起见,本书中如未加说明,所述投影均指正投影。

表 2-1 投影法应用与图例

投影法	投影图名	图　例	投影面数	特点与应用
中心投影法	透视图		单个	近大远小特征,直观逼真,但作图复杂,度量性差。多应用于建筑等效果图。
平等投影法	轴测图	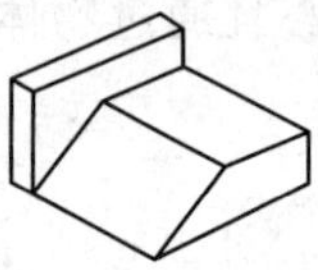	单个	直观性强,但没有透视图逼真,度量性差,多应用于工程辅助图样。
	工程图	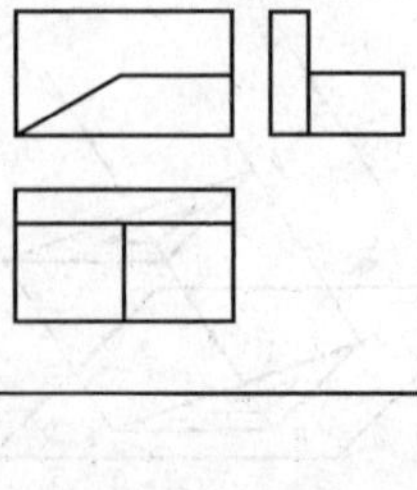	多个	度量性好,且作图容易,但直观性较差。主要应用于工程图样的绘制。

2.1.4 正投影的基本特性

正投影图度量性好、作图简便。正投影的基本特性见表 2-2。

表 2-2 正投影的基本特性

投影性质	从属性	平行性	定比性
图例	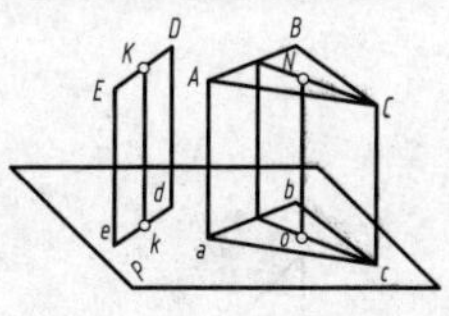	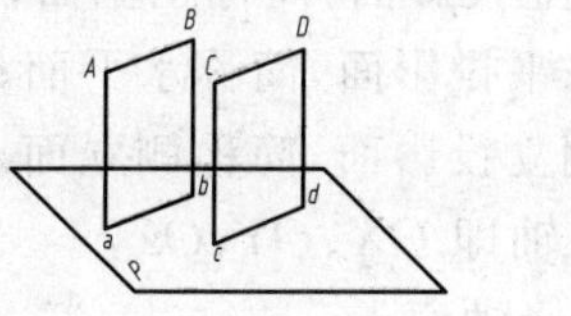	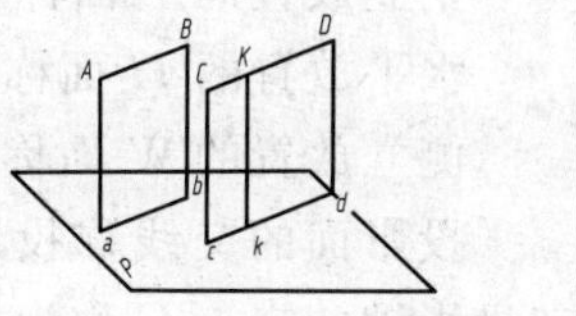
说明	点在直线(或平面)上，则该点的投影一定在直线(或平面)的同面投影上。	空间平行的两直线，其在同一投影面上投影一定相互平行。	点分线之比，投影后比值不变；空间平行两线段之比，投影后该比值不变。
投影性质	真实性	积聚性	类似性
图例	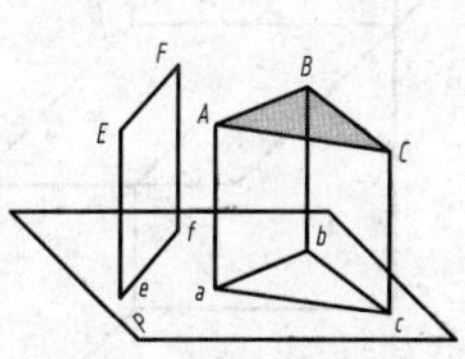	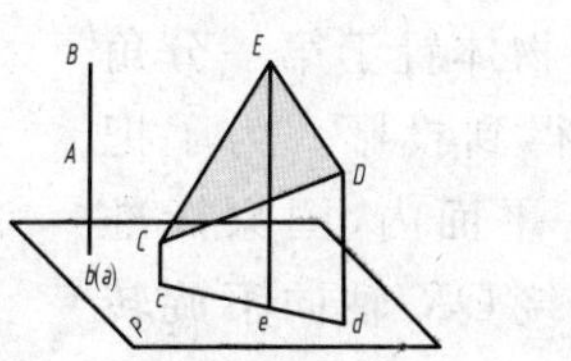	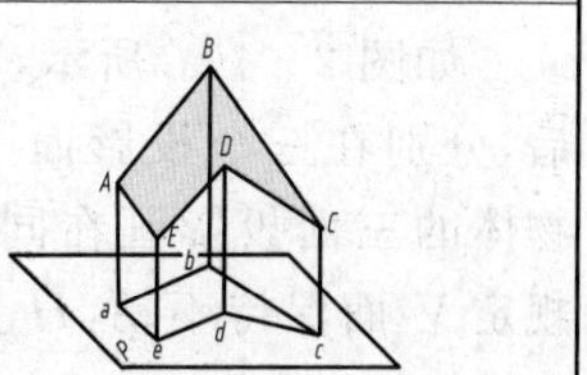
说明	直线、平面平行于投影面时，投影反映实形。	直线、平面垂直于投影面时，投影积聚成点和直线	平面倾斜于投影面时，投影形状与原形状类似

2.2 物体的三视图

2.2.1 三面投影的形成

1)单面投影

如图 2-2(a)所示，点的投影仍为点。设投射方向为 S，空间点 A 在投影面 H 上有唯一的投影 a。反之，若已知点 A 在 H 面的投影 a，却不能唯一确定点 A 的空间位置(如 A_1、A_2)，由此可见，点的一个投影不能确定点的空间位置。

同样，仅有物体的单面投影也无法确定空间物体的真实形状，如图 2-2(b)所示。形体不同的 A、B、C 物体在 W 面却得到了相同的投影。这样，空间形体与投影之间没有一一对应关系。为此，必须增加投影面的数量。

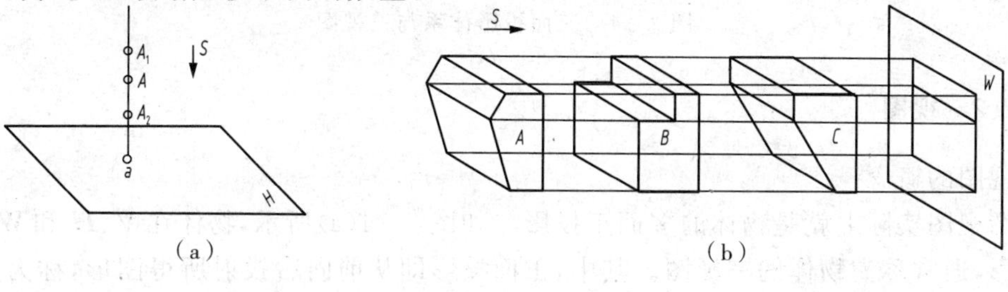

(a) (b)

图 2-2 单面投影

2)三面投影

三个相互垂直的投影面V、H和W构成三面投影体系，如图2-3所示。

正立放置的V面称正立投影面，简称正立面；

水平放置的H面称水平投影面，简称水平面；

侧立放置的W面称侧立投影面，简称侧立面。

投影面的交线称投影轴即OX、OY、OZ，三投影轴的交点O称为投影轴原点。

三面投影体系将空间分为八个区域，称为分角。国家标准“图样画法”(GB/T 17451—1998)规定，技术图样优先采用第一分角画法，本教材主要在第一分角内讨论。

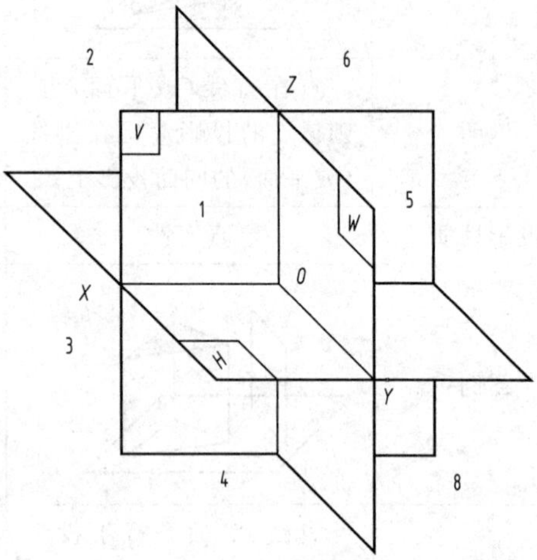

图2-3　三面投影体系

如图2-4(a)所示，将物体置于第一分角后，分别在三个投影面上得到投影。为了把物体的三面投影画在同一平面内，国家标准规定V面保持不动，H面绕OX轴向下旋转90°与V面重合，W面绕OZ轴向右旋转90°与V面重合。OY轴随H面旋转时以OY_H表示，随W面旋转时以OY_W表示。投影图大小与物体相对于投影面的距离无关，即改变物体与投影面的相对距离，并不会引起图形的变化。所以，在作图时一般不画出投影面的边界和投影轴，如图2-4(c)所示。

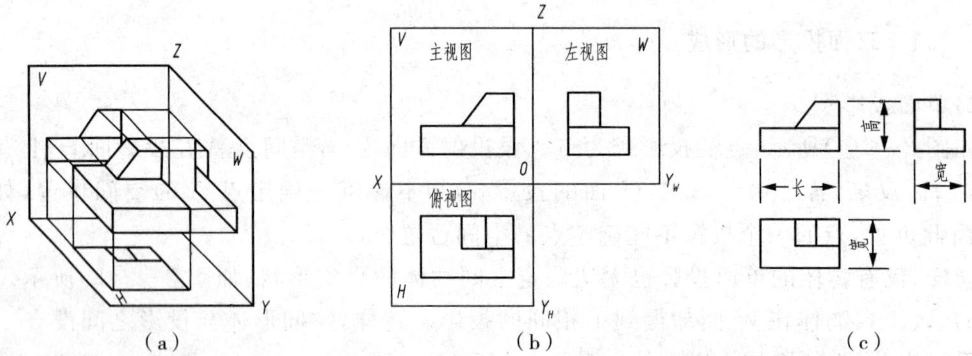

图2-4　三面投影体系与三视图

2.2.2　视图

1)视图的概念

所谓视图实际上就是物体的多面正投影。如图2-4(a)所示，物体在V、H和W面上的三个投影，通常称为物体的三视图。其中，正面投影即从前向后投射所得图形，称为主视图；水平投影即从上向下投射所得的图形，称为俯视图；侧面投影即从左向右投射所得的图形，称为左视图。如图 2-4(b)所示，即为三视图的配置关系。物体的三度空间尺寸长、宽、高反映在三视图中，如图 2-4(c)所示。

2)三视图的方位关系

主视图反映物体左右、上下方向；俯视图反映左右、前后方向；左视图反映上下、前后方向，如图 2-5 所示。

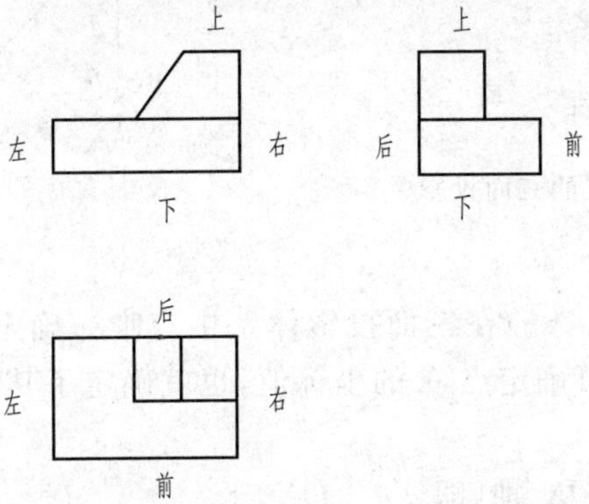

图 2-5 三视图上的方位

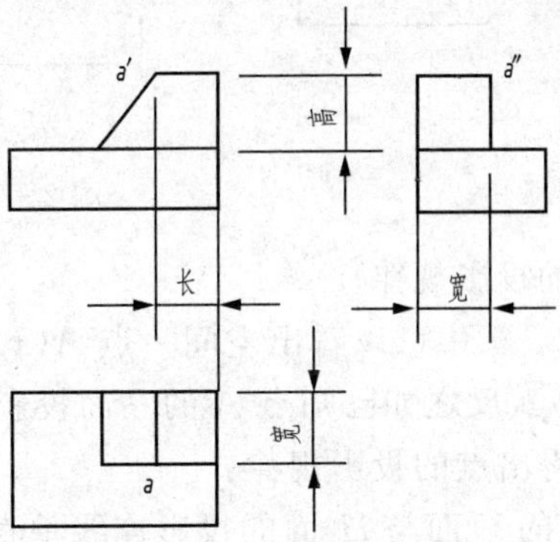

图 2-6 三视图的投影关系

3)三视图之间的投影关系

如图 2-6 所示，主视图反映物体的高度和长度；俯视图反映物体的长度和宽度；左视图反映物体的高度和宽度。由此可得出三视图之间的投影关系：

主、俯视图——共同反映物体的长度方向的尺寸，简称"长对正"；

主、左视图——共同反映物体的高度方向的尺寸，简称"高平齐"；

俯、左视图——共同反映物体的宽度方向的尺寸，简称"宽相等"。

"长对正、高平齐、宽相等"反映了物体上所有几何元素三个投影之间的对应关系。三视图之间的这种投影关系是画图和读图必须遵循的投影规律和必须掌握的要领。

2.3 物体几何要素的投影

在前面已研究了物体与视图之间的对应关系，但为了迅速而准确地表达空间形体，必须进一步研究构成形体的最基本的几何元素(点、线、面)的投影规律。

2.3.1 点的投影

1)点的三面投影

如图 2-7 所示，由空间点 A 分别作垂直于 H、V 和 W 面的投射线，其垂足 a、a'、a''即为点 A 在 H 面、V 面和 W 面上的投影。本书规定，空间点用大写字母如 A、B 表示，水平投影用相应的小写字母表示，正面投影用相应小写字母加一撇表示，侧面投影用相应小写字母加二撇表示。a 称为点 A 的水平投影；a'称为点 A 的正面投影；a''称为点 A 的侧面投影。

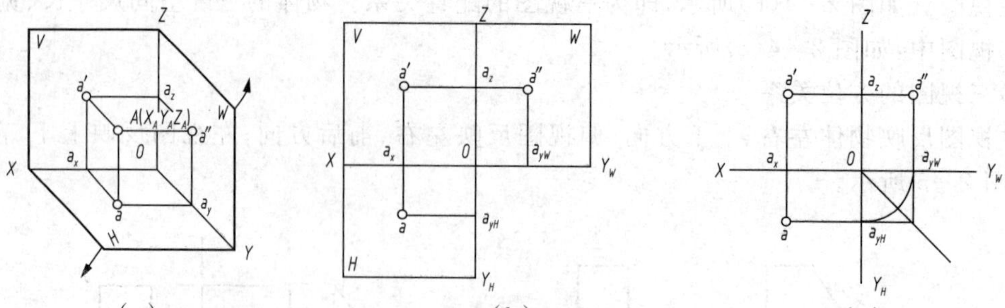

(a)　　(b)　　(c)

图 2-7　点的三面投影

2)点的投影规律

从图 2-7 中可以看出空间一点 $A(x_A, y_A, z_A)$ 在三面投影体系中有唯一确定的一组投影(a、a'、a''),反之如已知点 A 的三面投影即可确定点 A 的坐标值,也就确定了其空间位置。因此可以得出点的投影规律:

(1)点的 V 面与 H 面的投影连线垂直于 OX 轴,即 $a'a \perp OX$。

这两个投影都反映空间点到 W 面的距离即 X 坐标:$a'a_Z = aa_{YH} = x_A$

(2)点的 V 面与 W 面投影连线垂直于 OZ 轴,即 $a'a'' \perp OZ$。

这两个投影都反映空间点到 H 面的距离即 Z 坐标:$a'a_X = a''a_{YW} = Z_A$

(3)点的 H 面投影到 OX 轴的距离等于点的 W 面投影到 OZ 轴的距离。

这两个投影都反映空间点到 V 面的距离即 Y 坐标:$aa_X = a''a_Z = Y_A$

实际上,上述点的投影规律也体现了三视图的"长对正、高平齐、宽相等"。

作图时,为了表示 $aa_X = a''a_Z$ 的关系,常用过原点 O 的 45°辅助线把点的 H 面与 W 面投影关系联系起来,如图 2-7(c)所示。点的三个坐标值(x, y, z)分别反映了点到 W、V、H 面之间的距离。根据点的投影规律,可由点的坐标画出三面投影,也可根据点的两个投影作出第三投影。

【例 2-1】已知点 A 的两面投影和点 B 的坐标为(25,20,30),求点 A 的第三面投影及点 B 的三面投影,如图 2-8(a)所示。

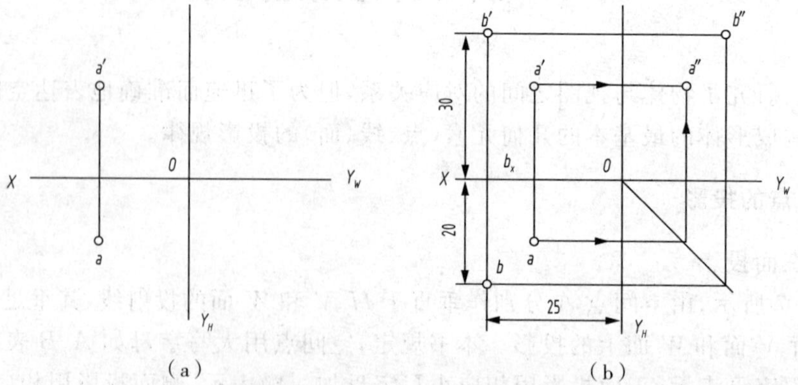

(a)　　(b)

图 2-8　求作点的投影

(1)求点 A 的侧面投影

先过原点 O 作 45°辅助线。过点 a 作平行于 OX 轴的直线与 45°辅助线相交一点，过交点作垂直于 OY_W 的直线，该直线与过点 a' 平行于 OX 轴的直线相交于一点，即为所求侧面投影 a''。

(2)求点 B 的三面投影

在 OX 轴取 $Ob_X=25$，得点 b_X，过点 b_X 作 OX 轴的垂线，取 $b'b_X=30$，得点 b'，取 $bb_X=20$，得点 b；同求点 A 的侧面投影一样，可求得点 B 的侧面投影 b''。答案见图 2-8(b)。

3)重影点及点的相对位置

若空间两点的某一投影重合在一起，则该点称为对该投影面的重影点。如图 2-9 所示，在三棱柱上两点 A、C 为 H 面的重影点。重影点的可见性由两点的相对位置判别，对 V 面、H 面和 W 面的重影点分别为前遮后、上遮下、左遮右，不可见点一般加括号表示。

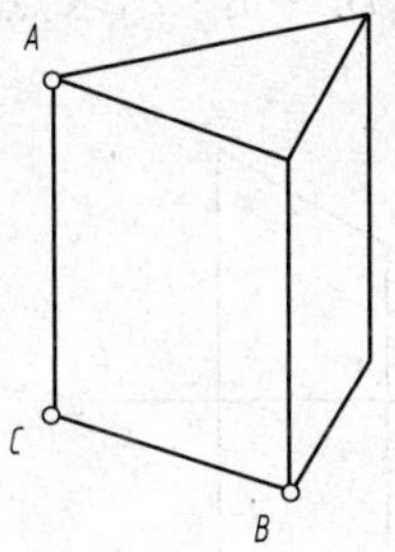

(a)

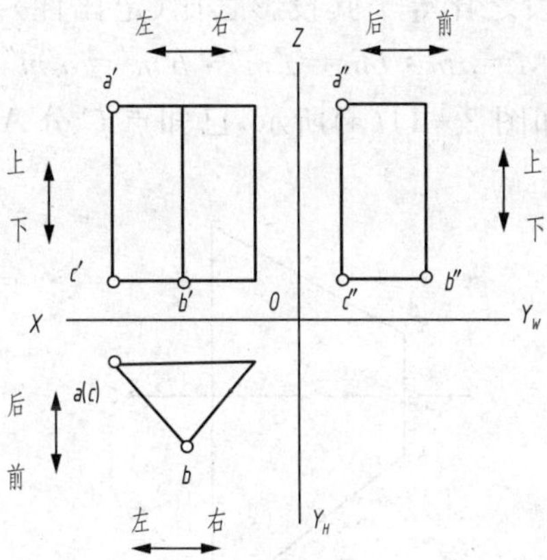

(b)

图 2-9 重影点及两点的相对位置

空间点的相对位置，可以在三面投影中直接反映出来，如图 2-9(b)所示，在三棱柱的两点 A、B，在 V 面上反映两点上下、左右关系，H 面上反映两点左右、前后关系，W 面上反映两点上下、前后关系。

2.3.2 直线的投影

1)一般位置直线及直线上点的投影

直线的投影一般仍为直线。由几何学知道，空间两点决定一直线，因此要作直线的投影，只需作出直线段上两点的投影(两点在同一投影面上的投影称为同面投影)，如图 2-10 所示。

一般位置直线对三个投影面都倾斜，其三面投影仍为直线。直线对 H、V、W 面的倾角用 α、β、γ 来表示，则 $ab=AB\cos\alpha<AB$，$a'b'=AB\cos\beta<AB$，$a''b''=AB\cos\gamma<AB$。点在直线上，由正投影的基本性质可知，应有下列投影特性：

(1)点的投影必在直线的同面投影上(从属性)。如图 2-10 所示，在直线 AB 上有一点 M，点 M 的三面投影 m、m'、m''分别在直线 AB 的同面投影 ab、$a'b'$、$a''b''$上。

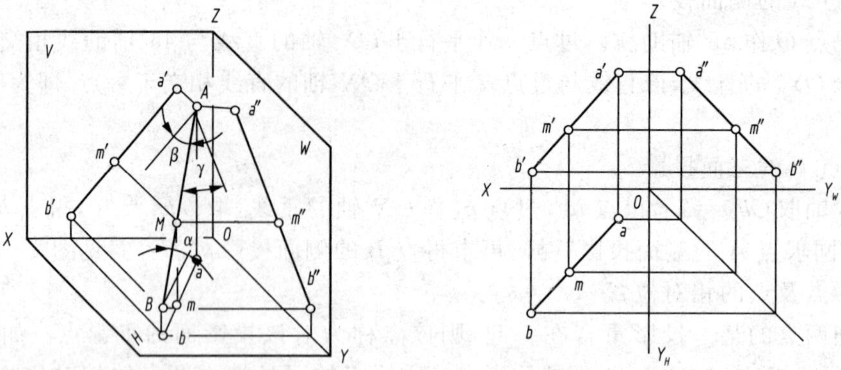

图 2-10　直线及直线上点的投影

(2)点分线段之比等于其投影之比(定比性)。如图 2-10 所示,点 M 分 AB 成 AM 和 BM,有 $AM:BM=am:bm=a'm':b'm'=a''m'':b''m''$。

【例 2-2】如图 2-11(a)所示,已知点 C 分 AB 为 $AC:BC=3:2$,求点 C 的投影。

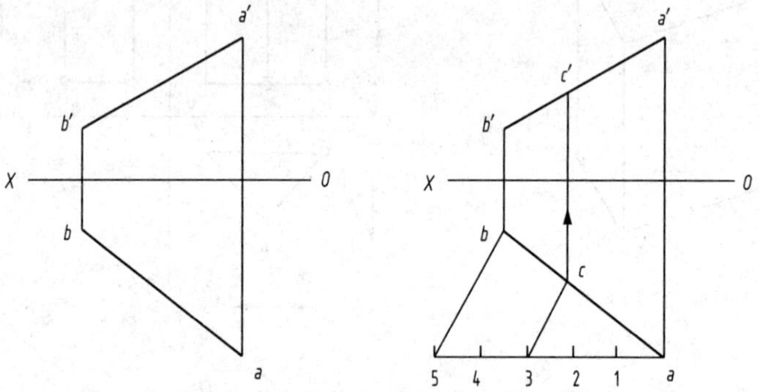

(a)　　　　　　　　　　(b)

图 2-11　求直线上点的投影

分析:根据直线上点的投影特性,可将 AB 的任一投影分成 3∶2,求得点 C 的一个投影,利用从属性,求出点 C 的另一投影。作图步骤如下,如图 2-11(b)所示。

(1)过点 a 作任意直线,并截取 5 个单位长度,并连接线 $5b$;

(2)过 3 作 $5b$ 的平行线,交 ab 于 c;

(3)由 c 作投影连线,交 $a'b'$ 于点 c'。

2)特殊位置直线的投影特性

- 特殊位置直线
  - 投影面平行线(平行于某个投影面)
    - 正平线:$/\!/V$,与 H、W 倾斜
    - 水平线:$/\!/H$,与 V、W 倾斜
    - 侧平线:$/\!/W$,与 V、H 倾斜
  - 投影面垂直线(垂直于某个投影面)
    - 正垂线:$\perp V$,$/\!/H$、W
    - 铅垂线:$\perp H$,$/\!/V$、W
    - 侧垂线:$\perp W$,$/\!/V$、H

(1)投影面平行线的投影

投影面平行线的投影特性(正平线、水平线、侧平线)见表 2 - 3。

表 2 - 3　投影面平行线的投影

名称	立体图	投影图	投影特性
正平线	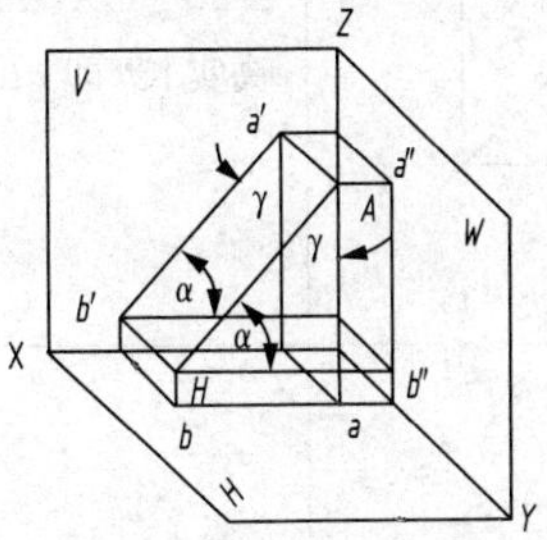	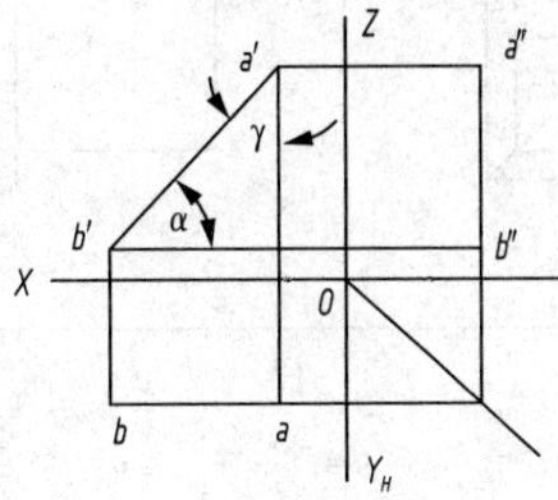	1. $a'b'$ 反映实长和真实倾角 α,γ。 2. ab // OX,$a'b'$ // OZ,长度缩短。
水平线	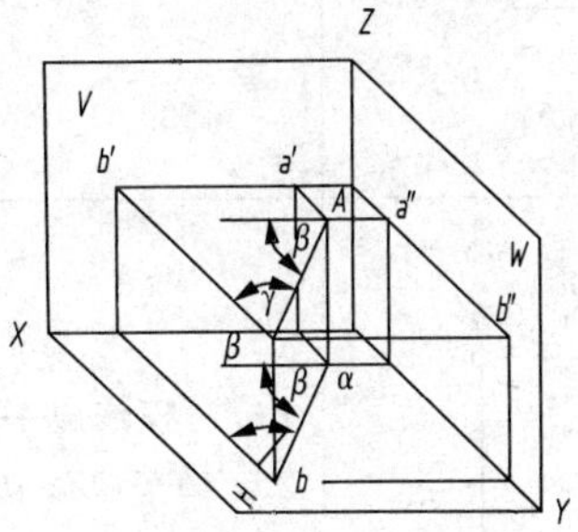	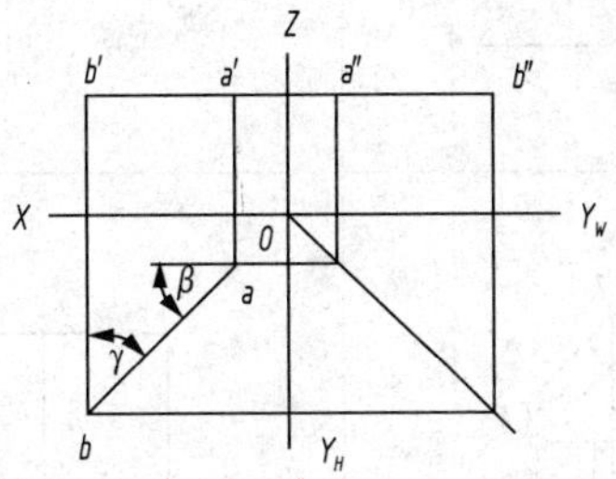	1. ab 反映实长和真实倾角 β,γ。 2. $a'b'$ // OX,$a''b''$ // OY_M,长度缩短。
侧平线	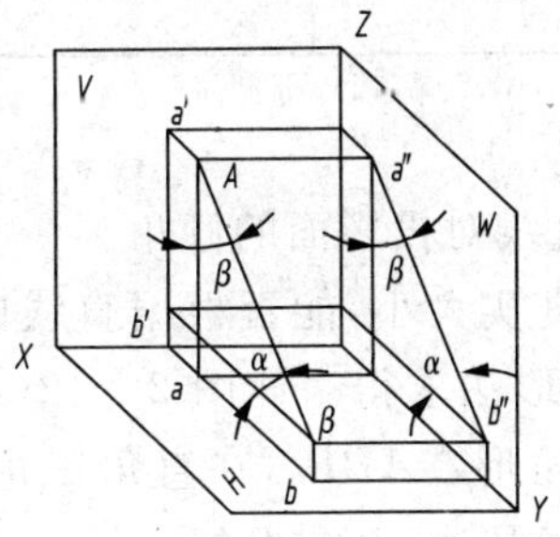	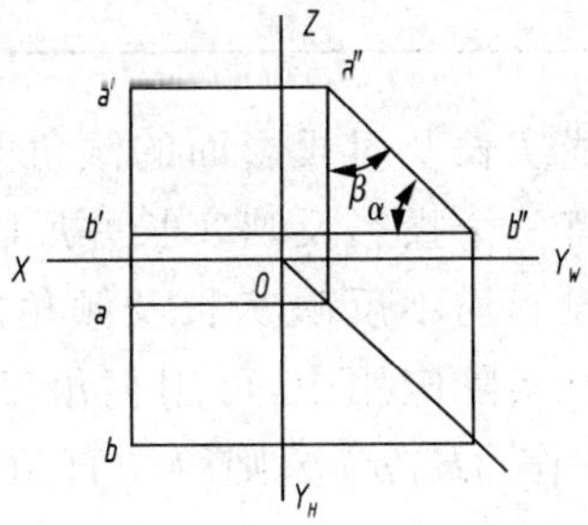	1. $a''b''$ 反映实长和真实倾角 α,β。 2. $a''b''$ // OZ,ab // OY_M,长度缩短。

(2)投影面垂直线的投影

投影面垂直线的投影特性(正垂线、铅垂线、侧垂线)见表 2 - 4。

表 2-4　投影面垂直线的投影

名称	立体图	投影图	投影特性
正垂线	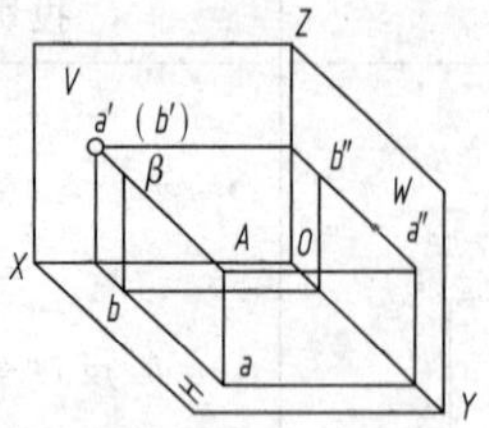	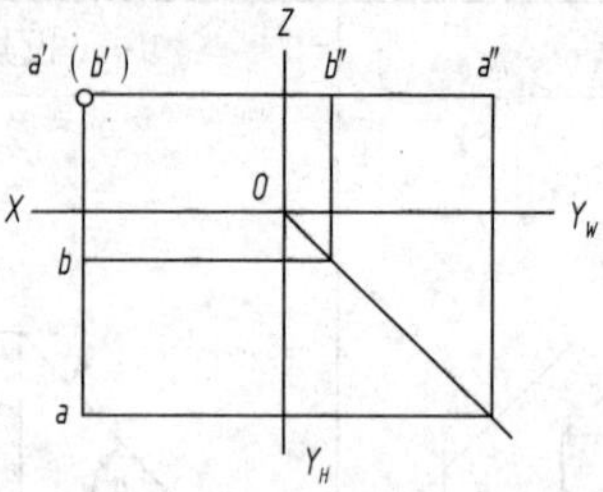	1. $a'b'$积聚成一点。 2. $ab \perp OX$，$a'b' \perp OZ$，且反映实长，即 $ab=a'b'=AB$。
铅垂线	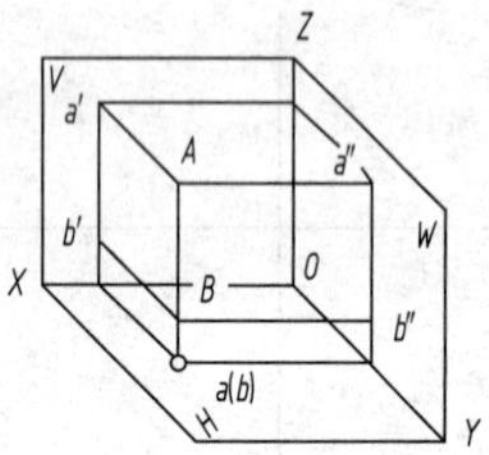	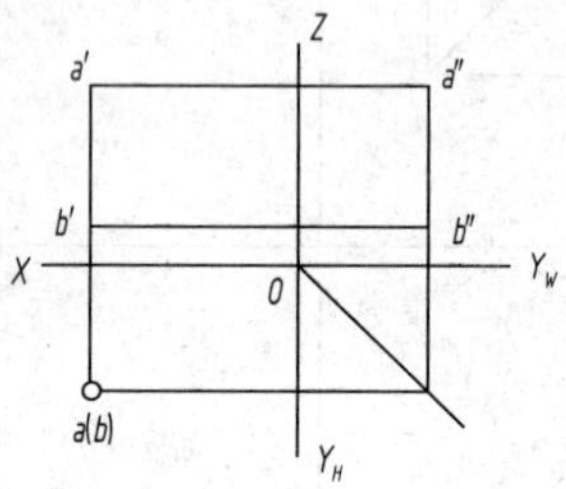	1. ab积聚成一点。 2. $a'b' \perp OX$，$a''b'' \perp OY_M$，且反映实长，即 $a'b'=a''b''=AB$。
侧垂线	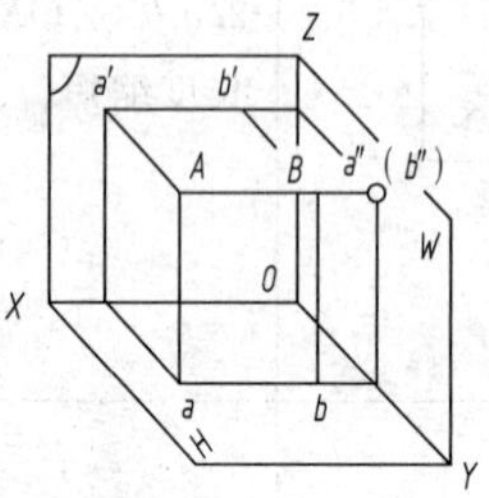	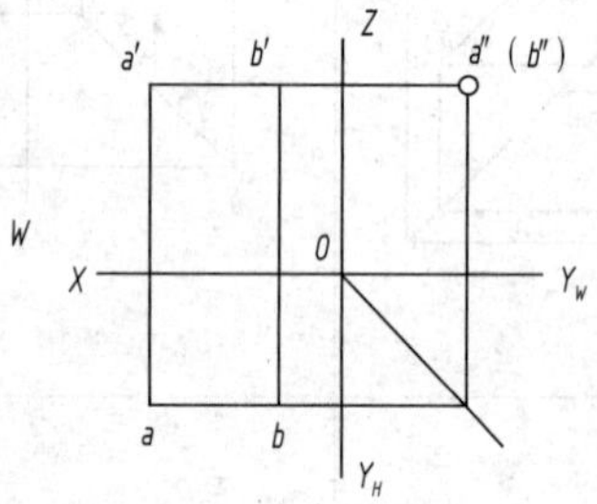	1. $a''b''$积聚成一点。 2. $a'b' \perp OZ$，$ab \perp OY_M$，且反映实长，即 $ab=a'b'=AB$。

3）直角三角形法求直线实长及对投影面的倾角

特殊位置的直线至少有一个投影反映实长并反映直线对投影面的倾角。

一般位置直线的三面投影均不反映实长及倾角的真实大小，能否根据直线的投影求其实长及倾角的真实大小呢？实际应用中，可用直角三角形法求得。如图 2-12(a)所示，AB 为一般位置的直线，过点 A 作 $AB_0 /\!/ ab$，则得一直角三角形$\triangle ABB_0$，在直角三角形$\triangle ABB_0$ 中，两直角边的长度为 $BB_0=Bb-Aa=Z_B-Z_A=\Delta Z$，$AB_0=ab$，$\angle BAB_0=\alpha$。可见只要知道直线的投影长度 ab 和对该投影面的坐标差 ΔZ，就可求出 AB 的实长及倾角 α，作图过程如图 2-12(b)所示。

如图 2-12(c)所示，可以求出直线 AB 的实长和对 V 面的倾角 β。

同样方法，可以求出直线实长和对 W 面的倾角 γ，请读者自己分析。

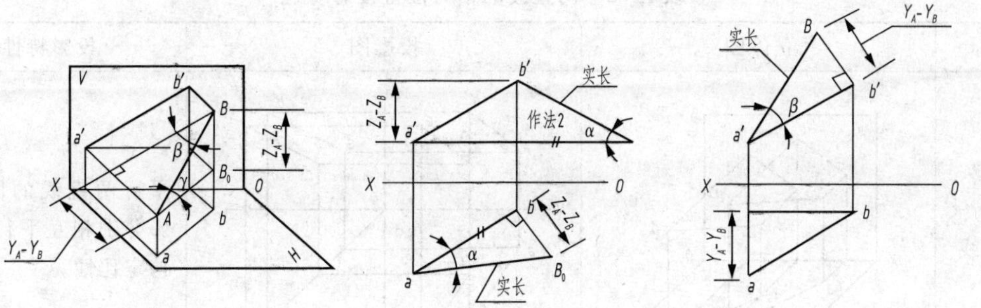

（a）　　　　　　　（b）　　　　　　　（c）

图 2 - 12　直角三角形法求实长及倾角

【例 2 - 3】如图 2 - 13(a)所示，求直线 AB 的实长及对 H 面的倾角 α。并在直线 AB 上取一点 C，使线段 AC＝10mm。

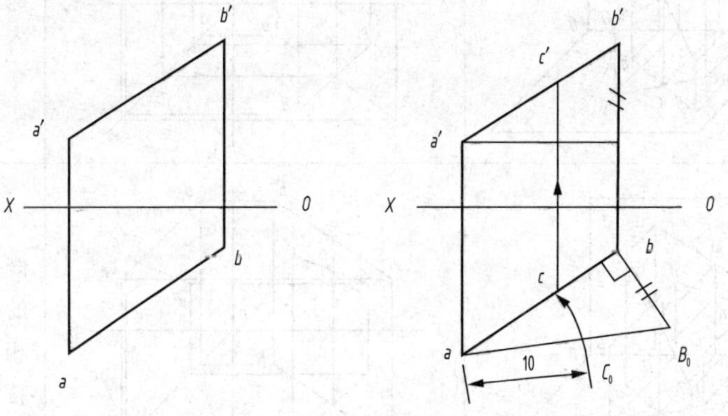

（a）　　　　　　　（b）

图 2 - 13　求 AB 实长、倾角和 C 点的投影

分析：先求出 AB 的实长及对 H 面的倾角 α，再在 AB 实长上截取 AC_0＝10mm 得点 C_0，然后将点 C_0 返回到 AB 的投影 ab，在 $a'b'$ 上求得点 C 的投影。

作图过程如图 2 - 13(b)所示：

(1)过点 b 作 ab 的垂线，取 $B_0b = z_B - z_A$ 得直角三角形 baB_0、夹角 α，即为所求实长与倾角。

(2)在 AB 的实长 aB_0 上，截取 aC_0＝10mm，得点 C_0。

(3)再作 $C_0c \parallel B_0b$ 得点 C 的水平投影 c，作投影连线得点 C 的正面投影 c'。

4)两直线的相对位置

空间两直线的相对位置有相交、平行和交叉三种情况。交叉两直线不在同一平面上，所以称为异面直线。相交两直线和平行两直线在同一平面上，所以又称它们为共面直线。

两直线的相对位置投影特性见表 2 - 5。根据投影图可判断两直线的相对位置。如两直线处于一般位置，一般由两面投影即可判断，若直线处于特殊位置，则需要利用三面投影或定比性等方法判断。

表 2-5　两直线的相对位置投影特性

名称	立体图	投影图	投影特性
平行两直线	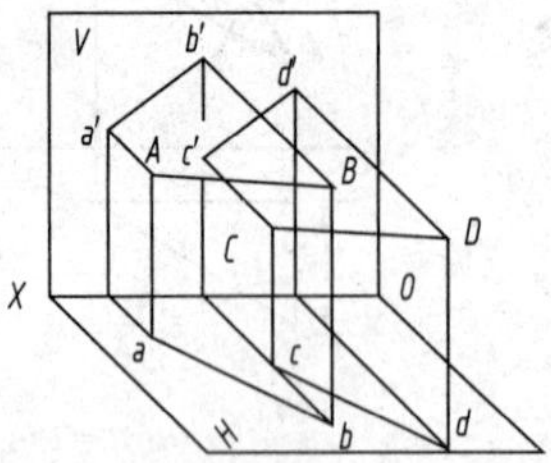	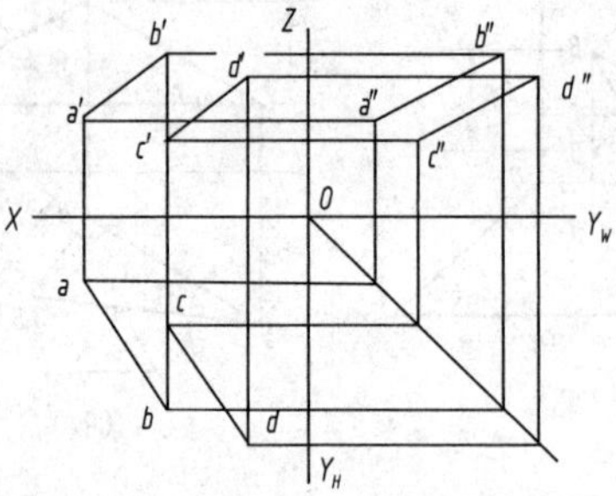	平行两直线的同面投影分别相互平行，且保持定比性。
相交两直线	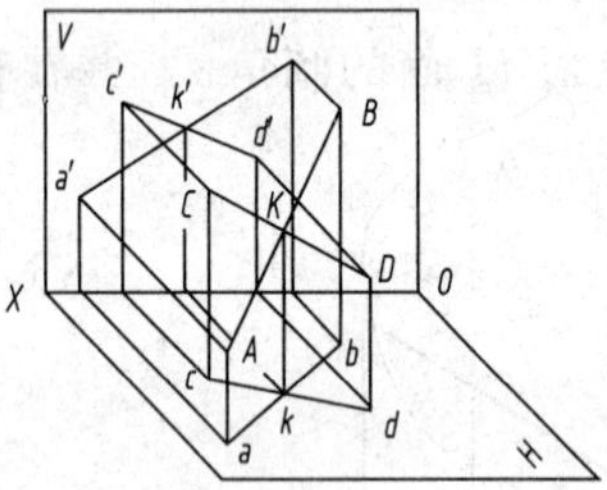	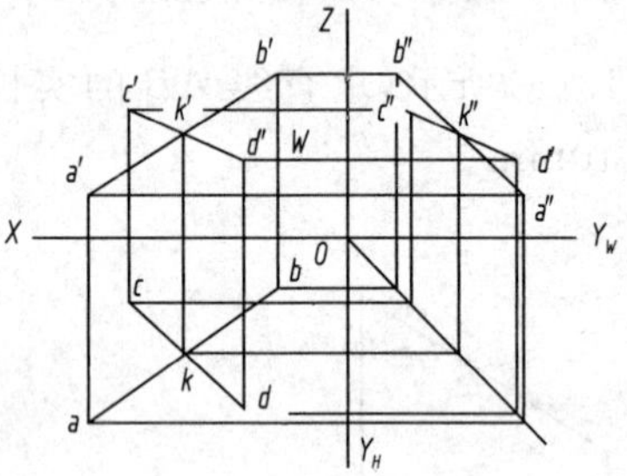	相交两直线的同面投影分别相交，且交点符合点的投影规律。
交叉两直线	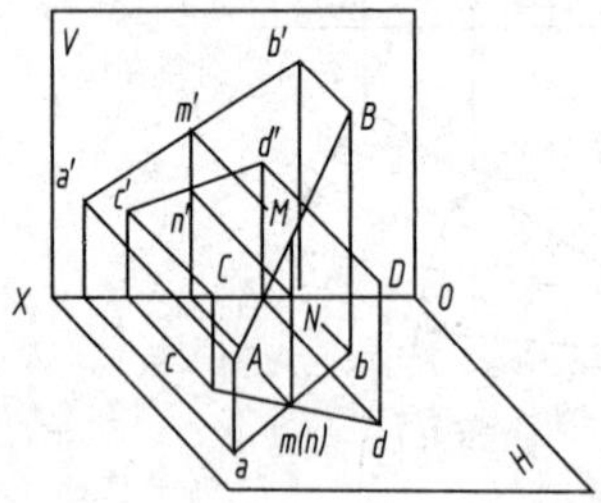	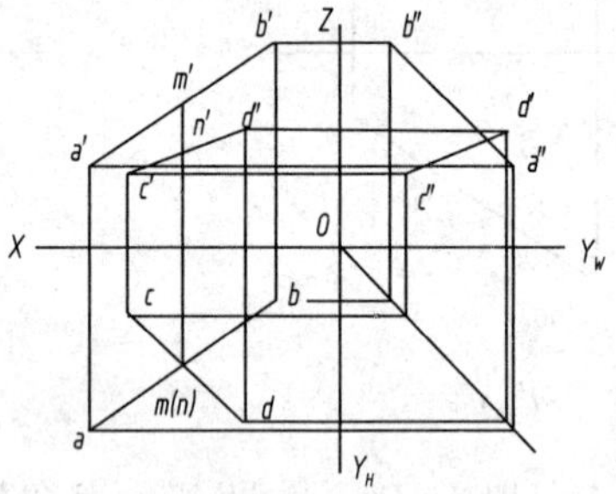	既不符合平行两直线的投影特性，又不符合相交两直线的投影特性。

5)直角投影定理

定理：相互垂直的两直线，若其中一直线为投影面的平行线，则两直线在该投影面上的投影反映直角。已知：$AB\perp BC$、$BC/\!/H$ 面，如图 2-14(a)所示。证明：因 $BC/\!/H$ 面，而 $Bb\perp H$ 面，故 $BC\perp Bb$，所以 $BC\perp$ 平面 $BbaA$，又因 $bc/\!/BC$，故 $bc\perp$ 平面 $BbaA$。所以 $bc\perp ab$，即 $\angle abc=90°$，如投影图 2-14(b)所示。

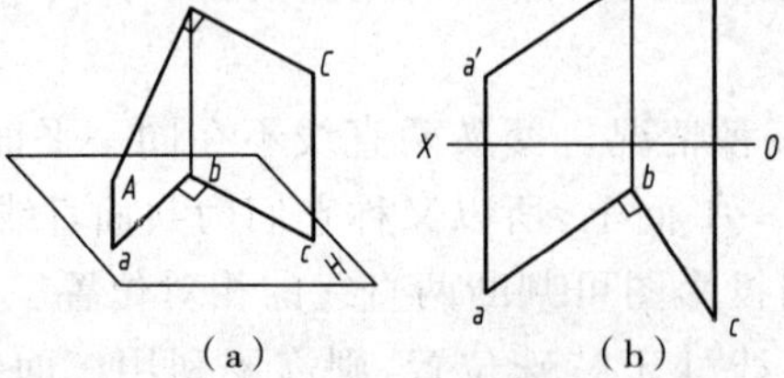

(a)　(b)

图 2-14　一边平行于投影面的直角投影

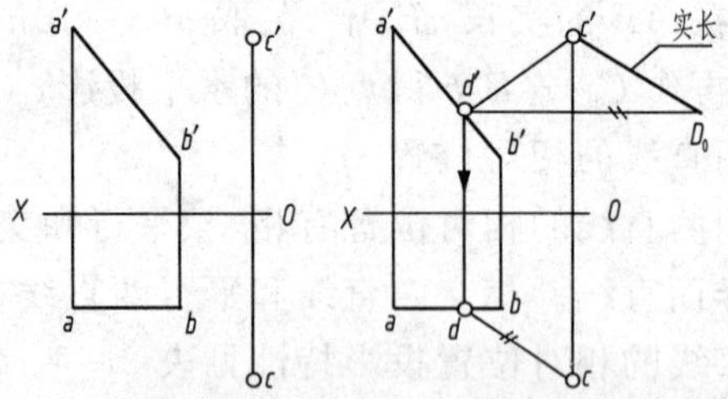

(a)　(b)

图 2-15　点到直线的距离

该定理的逆定理同样成立。

直角投影定理常被用来求解有关距离问题。

【例 2-4】如图 2-15(a)所示，求点 C 到直线 AB 距离 CD 的实长。

分析：求点到直线的距离，即从点向直线作垂线，求垂足。因 AB 是正平线，根据直角投影定理，从点 C 向 AB 所作垂线，其正面投影必相互垂直。作图步骤如图 2-15(b)所示：

(1)过点 c' 作 $a'b'$ 的垂线得垂足投影 d'；

(2)根据点 D 在直线上，求出 d；

(3)连 cd、$c'd'$ 即为距离的两面投影，利用直角三角法求出 CD 实长。

2.3.3 平面的投影

1)平面的表示法

(1)几何元素表示法

空间平面可用下列任意一组几何元素来表示，如图所示：不在同一直线上的三点，如图 2-16(a)；一直线和直线外一点，如图 2-16(b)；相交两直线，如图 2-16(c)；平行两线，如图 2-16(d)；任意平面图形，如图 2-16(e)。

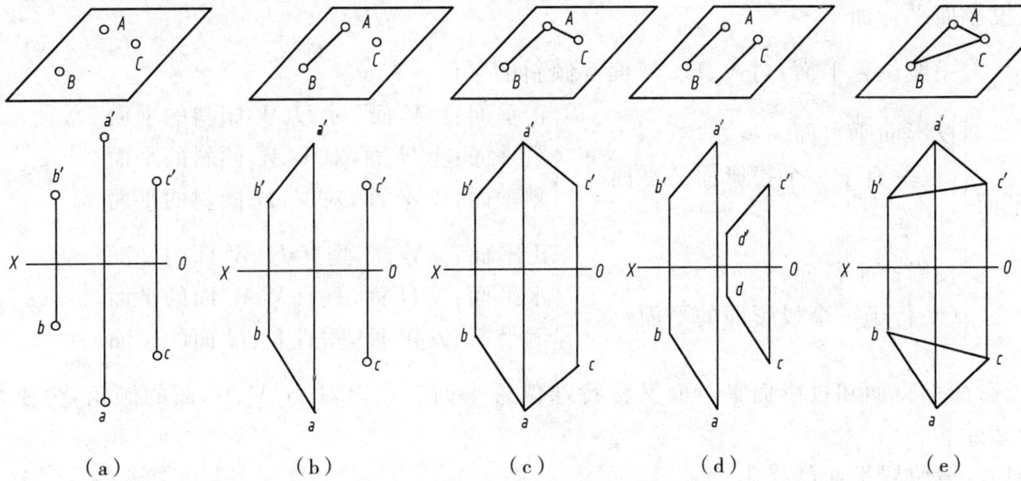

图 2-16 平面的表示法

(2)迹线表示法

为了使平面的空间位置比较明显和表示方便起见，也常用平面与投影面的交线，即平面的迹线来表示平面。图 2-17(a)中，一般位置平面 P 与投影面的交线为 P_H、P_V 和 P_W，其中 P_H 称为平面 P 的水平迹线，P_V 称为平面 P 的正面迹线，P_W 称为平面 P 的侧面迹线。P_H、P_V 和 P_W 又两两相交得交点 P_X、P_Y 和 P_Z，P_X、P_Y 和 P_Z 称为迹线集合点。

迹线具有双重性，既是投影面内的一直线，也是某个平面内的一直线。如图 2-17(a)中的 P_H 便是既在 H 面内又在 P 平面内的一直线。由于迹线在投影面内，便有一个投影和它本身重合，另外两个投影便与相应的投影轴重合。如图 2-17(a)中的 P_H，其水平投影即与 P_H 重合，正面投影和侧面投影分别与 X 轴和 Y 轴重合。在投影图上，通常只将迹线与自身重合的那个投影画出，并用符号标记，凡和投影轴重合的，则省略标记，如图 2－17(b)。

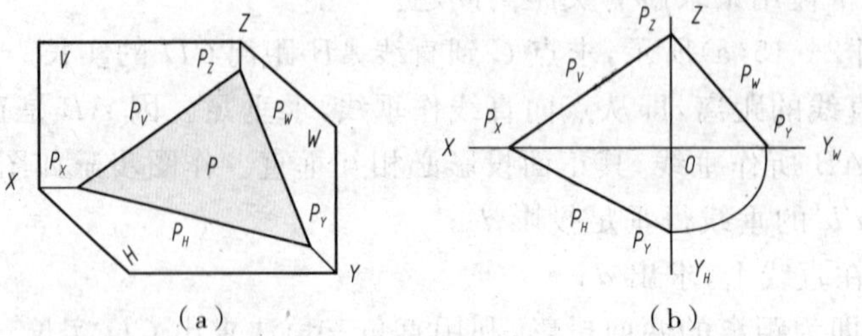

图 2－17　平面迹线表示法

为了说明简便起见，凡用上述五组几何元素所表示的平面称为非迹线平面，凡用迹线表示的平面称为迹线平面。显而易见，平面的迹线表示法和几何元素表示法的本质是一样的。实质上用迹线表示平面可以认为是用几何元素表示平面的特殊情况，是用在不同投影面上的相交直线表示的，如图 2－17(a)所示的平面 P 就是一个三边位于不同投影面上的三角形平面。

2)各种位置平面的投影特性

根据平面在三投影面体系中所处的位置，可将平面分为三类：一般位置平面、投影面垂直面、投影面平行面

平面
- 一般位置平面：对 V、H、W 面都倾斜的平面。
- 投影面垂直面（仅垂直于一个投影面的平面）
  - 正垂面：$\perp V$ 面，对 H、W 倾斜的平面
  - 铅垂面：$\perp H$ 面，对 V、W 倾斜的平面
  - 侧垂面：$\perp W$ 面，对 V、H 倾斜的平面
- 投影面平行面（平行于一个投影面的平面）
  - 正平面：$/\!/ V$ 面，垂直 H、W 面的平面
  - 水平面：$/\!/ H$ 面，垂直 V、W 面的平面
  - 侧平面：$/\!/ W$ 面，垂直 V、H 面的平面

投影面垂直面和投影面平行面又称特殊位置平面。平面对 H、V、W 面的倾角，分别用 α、β、γ 表示。

(1)一般位置平面的投影

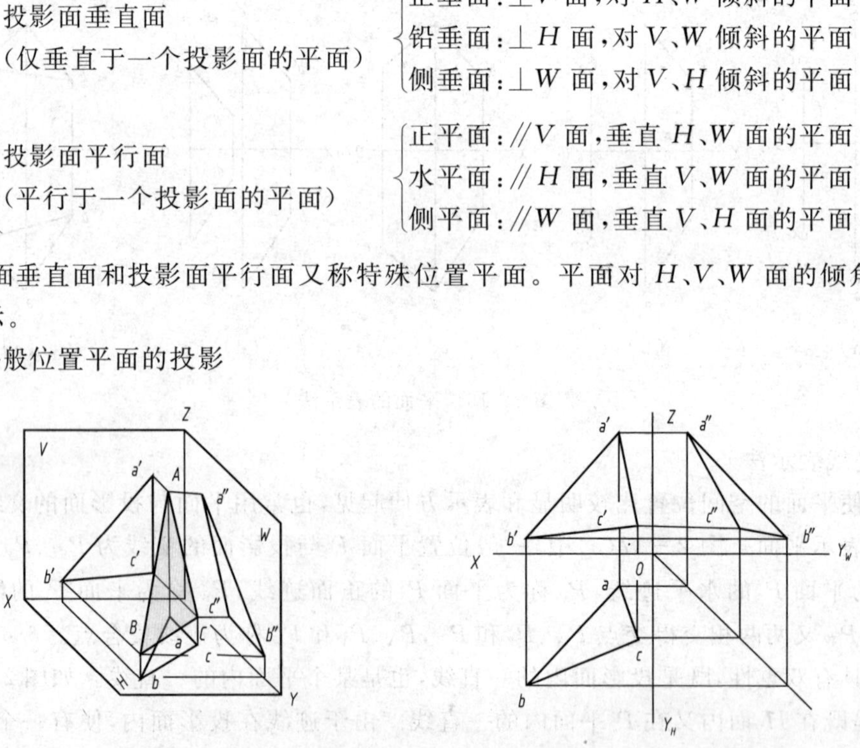

图 2－18　一般位置平面的投影

一般位置平面的投影如图 2－18 所示，由于△ABC 对 V、H、W 面都倾斜，因此其三面投影都是三角形，为原平面图形的类似形，且面积比原图形小。

(2)垂直面的投影

投影面垂直面的投影特性见表 2－6。

表 2－6　投影面垂直面的投影

名称	立体图	投影图	投影特性
铅垂面	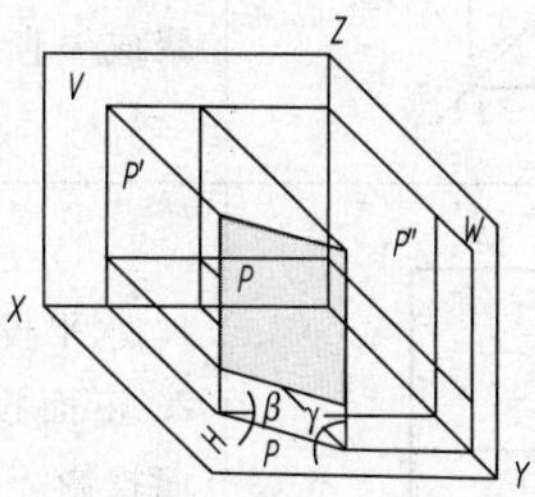	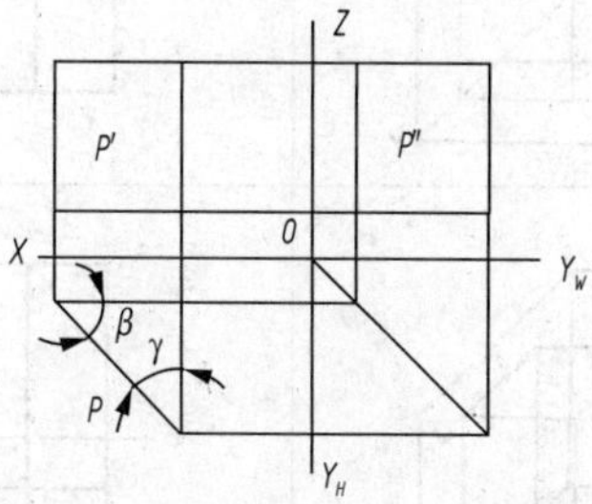	1. 水平投影积聚成一直线，并反映真实倾角 β、γ。 2. 正面投影和侧面投影仍为平面图形，但面积缩小。
正垂面	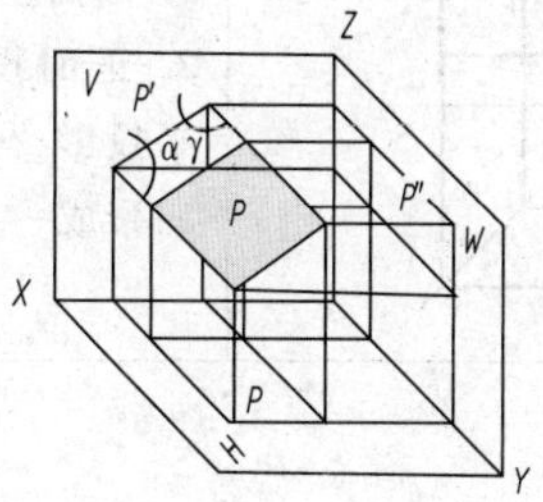	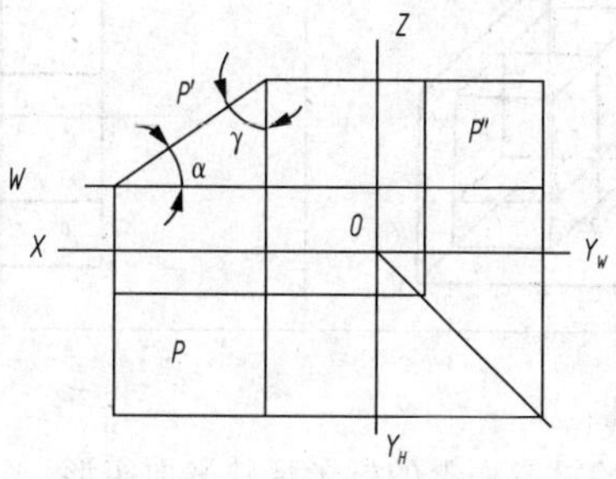	1. 正面投影积聚成一直线，并反映真实倾角 α、γ。 2. 水平投影和侧面投影仍为平面图形，但面积缩小。
侧垂面	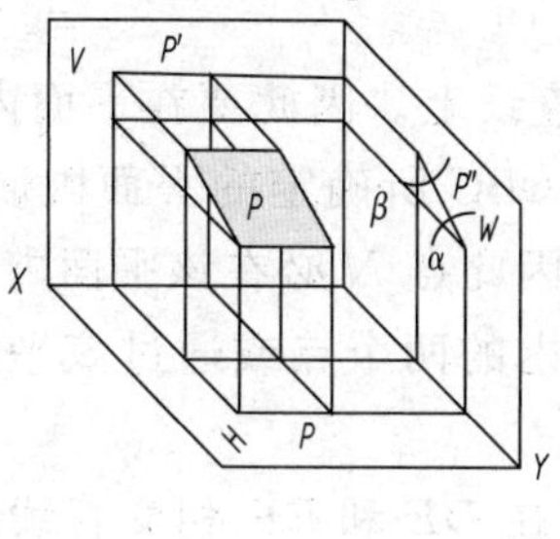	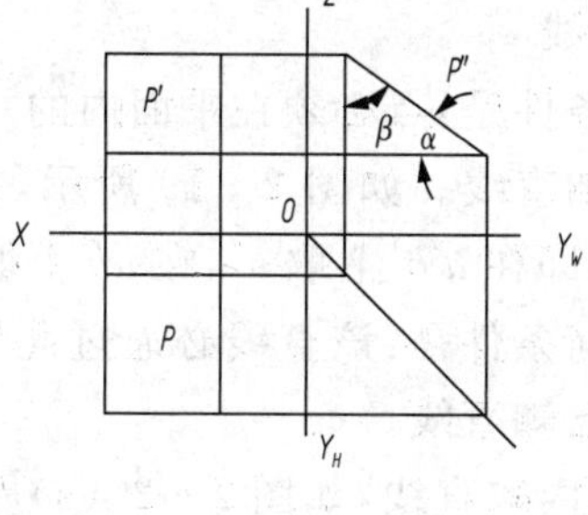	1. 侧面投影积聚成一直线，并反映真实倾角 α、β。 2. 正面投影和水平投影仍为平面图形，但面积缩小。

(3)平行面的投影

投影面平行面的投影特性见表 2－7。

表 2－7 投影面平行面的投影

名称	立体图	投影图	投影特性
正平面	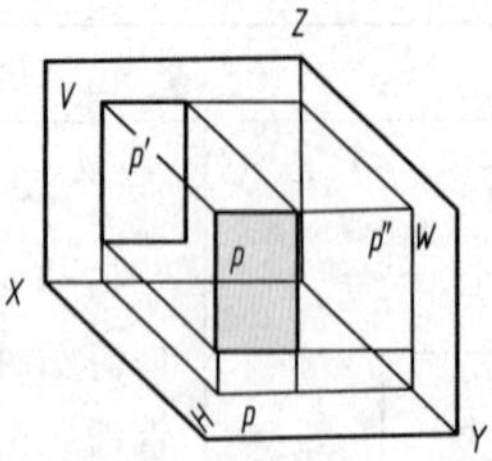	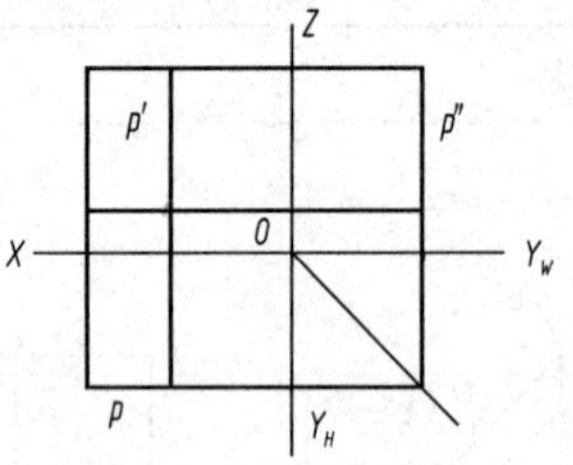	1. 正面投影反映实形。 2. 水平投影 // OX，侧面投影 // OZ，并分别积聚成一直线。
水平面	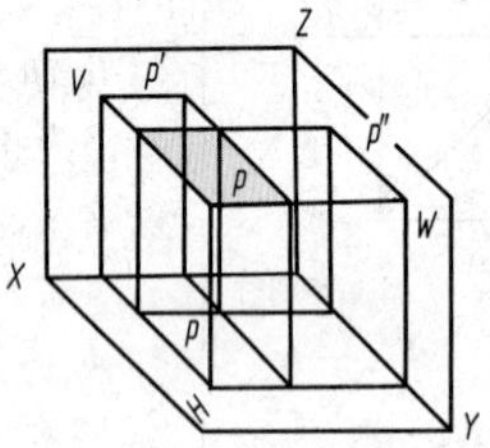	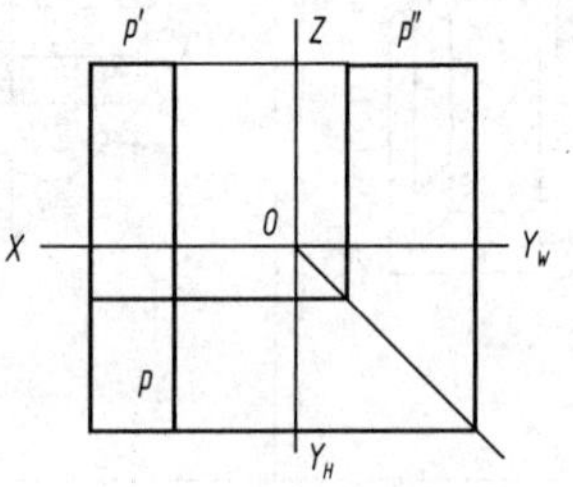	1. 水平投影反映实形。 2. 正面投影 // OX，侧面投影 // OY_M，并分别积聚成一直线。
侧平面	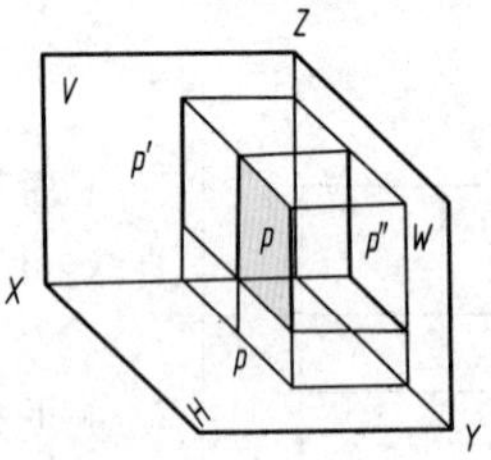	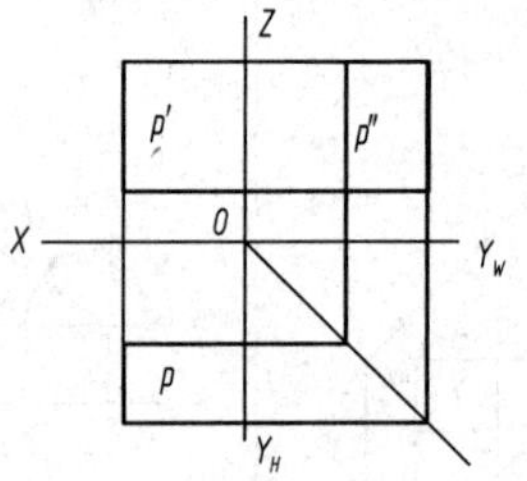	1. 侧面投影反映实形。 2. 正面投影 // OZ，水平投影 // OY_M，并分别积聚成一直线。
投影面平行面的投影特性： ① 平面在与其平行的投影面上的投影反映平面实形。 ② 平面在其他两个投影面的投影都积聚成平行于相应投影轴的直线。			

3)平面内的点和直线

(1)平面内取点和直线

点属于平面的几何条件是：点必须在平面内的一条直线上。因此要在平面内取点，必须过点在平面内取一条已知直线。如图 2－19 所示，在△ABC 所确定的平面内取一点 N，点 N 取在已知直线 AB 上，即在 $a'b'$ 上取 n'，在 ab 上取 n，因此点 N 必在该平面内。

直线属于平面的几何条件是：该直线必通过此平面内的两个点或通过该平面内一点且平行于该平面内的另一已知直线。

依此条件，可在平面内取直线，如图 2－20(a)所示，在 DE 和 EF 相交直线所确定的平面内取二点 M 和 N，直线 MN 必在该平面内。图 2－20(b)所示，过 M 作直线 $MN // EF$，则直线 MN 必在该平面内。

在平面内取点和直线是密切相关的，取点要先取直线，而取直线又离不开取点。

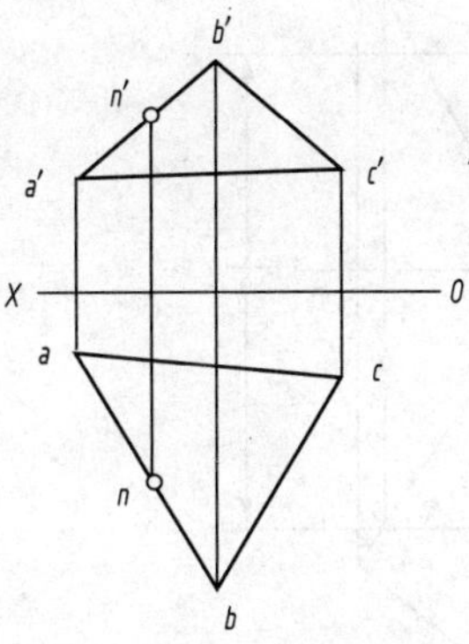

图 2-19 平面上取点

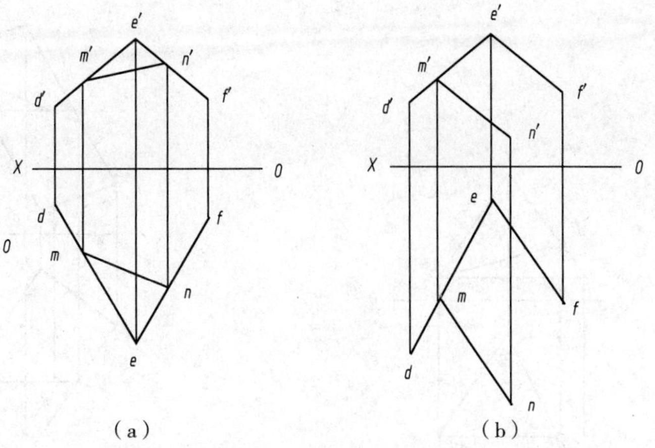

图 2-20 平面内取直线

【例 2-5】如图 2-21(a)所示，判断点 K 是否属于$\triangle ABC$ 所确定的平面。

根据点在平面内的条件，假如点在平面内，则点必定在平面内的一条直线上。判断方法是，过点 K 的一个投影在$\triangle ABC$ 作一直线 AK 交 BC 于点 D，再判断点 K 是否在直线 AD 上。

作图过程如下：如图 2-21(b)所示，连 $a'k'$交 $b'c'$于点 d'，过点 d'作投影连线得点 d，即求得 AD 的水平投影 ad。而点 K 的水平投影 k 在 ad 上，故点 K 属于平面$\triangle ABC$。

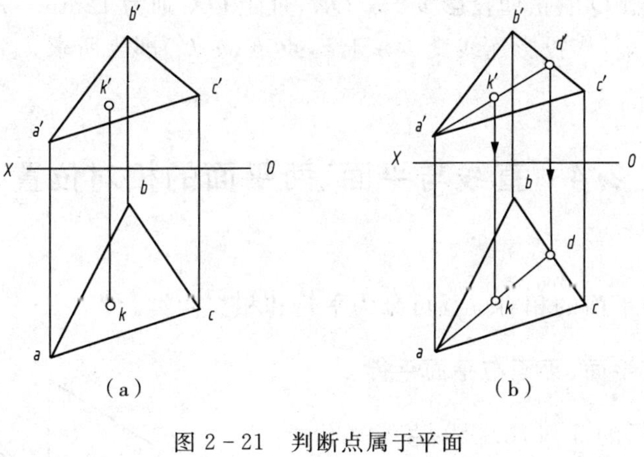

图 2-21 判断点属于平面

(2)平面内的投影面平行线

既在给定平面内，又平行于投影面的直线，称为该平面内的投影面平行线。它们既具有投影面平行线的投影特性，又符合直线在平面内的条件。在图 2-22 中，AD 在$\triangle ABC$ 内，$ad /\!/ OX$ 轴即 $AD /\!/ V$ 面，故 AD 为$\triangle ABC$ 平面内的正平线。同理，AB 为该平面内的水平线。

【例 2-6】如图 2-23 所示，在平面 $ABCD$ 内求点 K，使其距 V 面为 15mm、距 H 面

为 12mm。

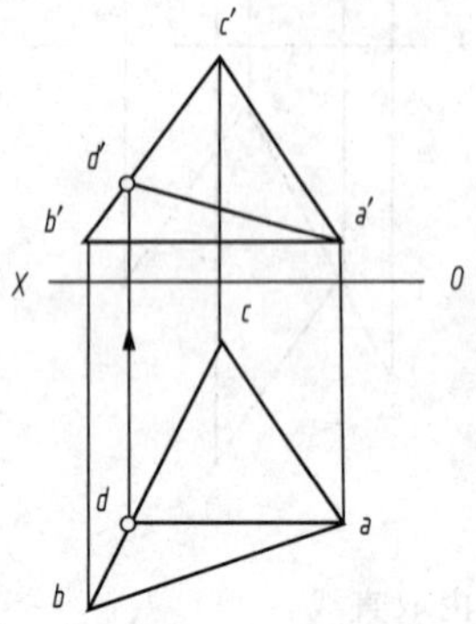

图 2-22　平面内投影面平行线

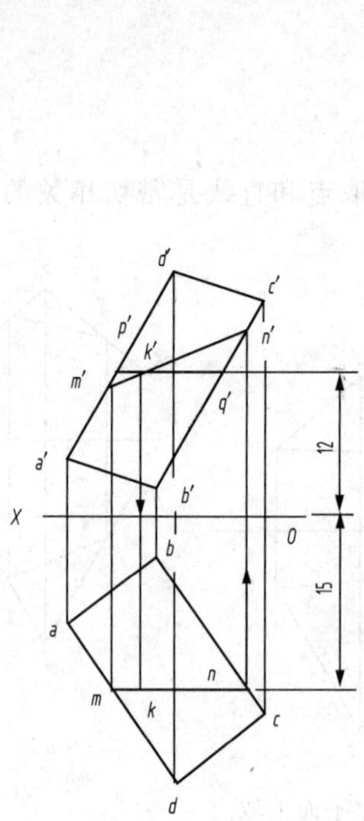

图 2-23　投影面平行线的应用

(1)分析:在平面 $ABCD$ 内求点 K 距 V 面 15mm,则点一定在距 V 面 15mm 的正平线上。同理,又因点距 H 面为 12mm,则点一定在距 H 面为 12mm 的水平线上。平面上的正平线与水平线的交点即为所求点 K。

(2)作图步骤如下:如图 2-23 所示,先作正平线 MN 的水平投影 $mn /\!/ OX$,且距 OX 轴为 15mm,并作出 MN 的正面投影 $m'n'$。

同理,作水平线 PQ 的正面投影 $p'q' /\!/ OX$,且距 OX 轴为 12mm。$m'n'$与 $p'q'$的交点即为点 K 的正面投影 k',作投影连线交 mn 于 k,点 $K(k,k')$即为所求。

2.4　直线与平面、两平面的相对位置

直线与平面、两平面的相对位置可分为平行和相交两类。

2.4.1　直线与平面、平面与平面平行

直线与平面平行的几何条件是:直线平行于平面内任一直线。

平面与平面平行的几何条件是:一平面内相交两直线对应平行于另一平面内的两相交直线。利用上述几何条件可在投影图上求解有关平行问题。

【例 2-7】如图 2-24 所示,判别直线 EF 是否平行于$\triangle ABC$。

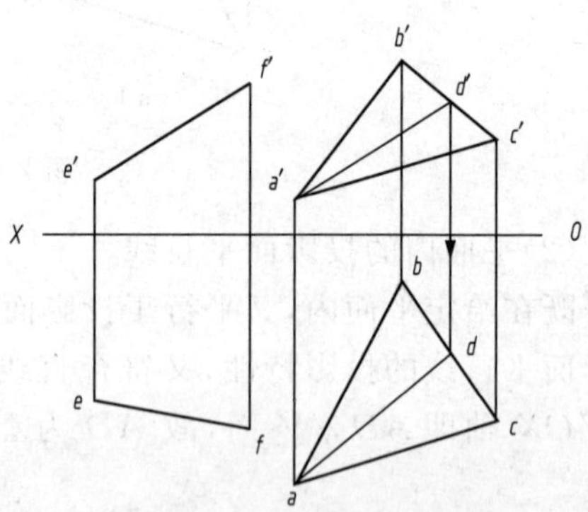

图 2-24　判断直线与平面是否平行

解：若 $EF /\!/ \triangle ABC$，则 $\triangle ABC$ 上可作出一直线 $/\!/ EF$。故先作一辅助线 AD，使 $a'd' /\!/ e'f'$，再求出水平投影 ad。因 ad 不平行 ef，所以 EF 不平行 AD，也就是说在 $\triangle ABC$ 内不能作出一条直线平行于 EF 直线，故 EF 不平行 $\triangle ABC$。

【例 2-8】如图 2-25(a)所示，过已知点 D 作正平线 DE 与 $\triangle ABC$ 平行。

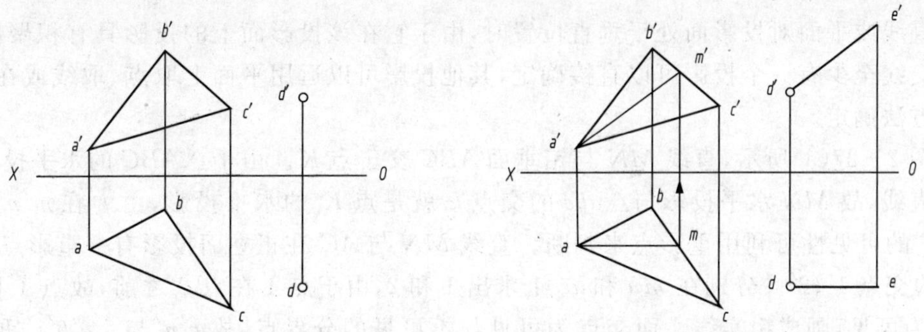

(a)　　(b)

图 2-25　过已知点作正平线与平面平行

(1)分析：过点 D 可作无数条直线平行于已知平面，但其中只有一条正平线，故可先在平面内取一条辅助正平线，然后过点 D 作直线平行于平面内的正平线。

(2)作图步骤如下：

如图 2-25(b)所示，先过平面内的点 A 作一正平线 AM（$am /\!/ OX$）；再过点 D 作 DE 平行于 AM，即 $de /\!/ am$，$d'e' /\!/ a'm'$，则 DE 即为所求。

【例 2-9】如图 2-26(a)所示，过点 D 作平面 $/\!/ \triangle ABC$。

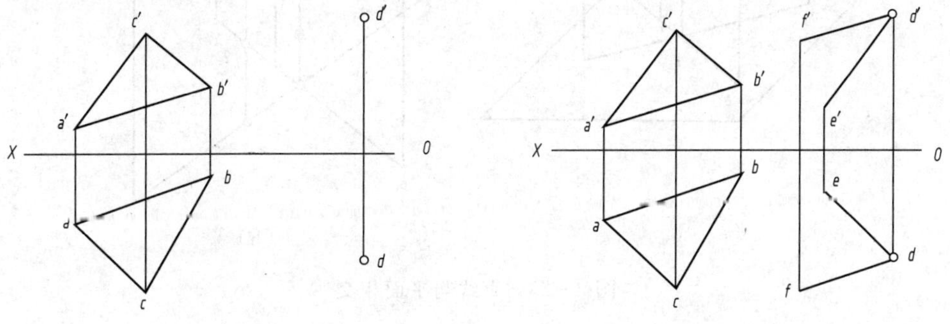

(a)　　(b)

图 2-26　过点作平面平行于已知平面

(1)分析：只要过点 D 作相交两直线分别平行于 $\triangle ABC$ 内任意两相交直线即可满足题目要求。

(2)作图步骤如下：如图 2-26(b)所示，先过点 D 作 $DE /\!/ AC$，即作 $de /\!/ ac$，$d'e' /\!/ a'c'$；再过点 D 作 $DF /\!/ AB$，即作 $df /\!/ ab$，$d'f' /\!/ a'b'$，则平面 DEF 即为所求。

2.4.2 直线与平面、平面与平面相交

直线与平面相交、平面与平面相交其关键是求交点和交线，并判别可见性。其实质是求直线与平面的共有点、两平面的共有线。同时，它们也是可见与不可见的分界点、分界线。

1）特殊位置情况

当直线或平面对投影面处于垂直位置时，由于它在该投影面上的投影具有积聚性，所以交点或交线至少有一个投影可以直接确定，其他投影可以运用平面上取点、取线或在直线上取点的方法确定。

如图 2－27(a)所示，直线 MN 与铅垂面 ABC 交于点 K。由于△ABC 的水平投影△abc 积聚成直线，故 MN 水平投影与△abc 的交点 k 就是点 K 的水平投影，由 k 在 $m'n'$ 上作出 k'。MN 的可见性可利用重影点来判断。直线 MN 与 AC 在正立面投影有一重影点即 $m'n'$ 与 $a'c'$ 的交点 $1'$、$2'$。分别在 mn 和 ac 上求出 1 和 2，由于点 1 在点 2 之前，故点 $1'$ 可见，所以 $m'k'$ 为可见，画成粗实线。而交点为可见与不可见的分界点，故 $k'n'$ 与△$a'b'c'$ 重叠部分为不可见，画成细虚线，如图 2－27(b)所示。

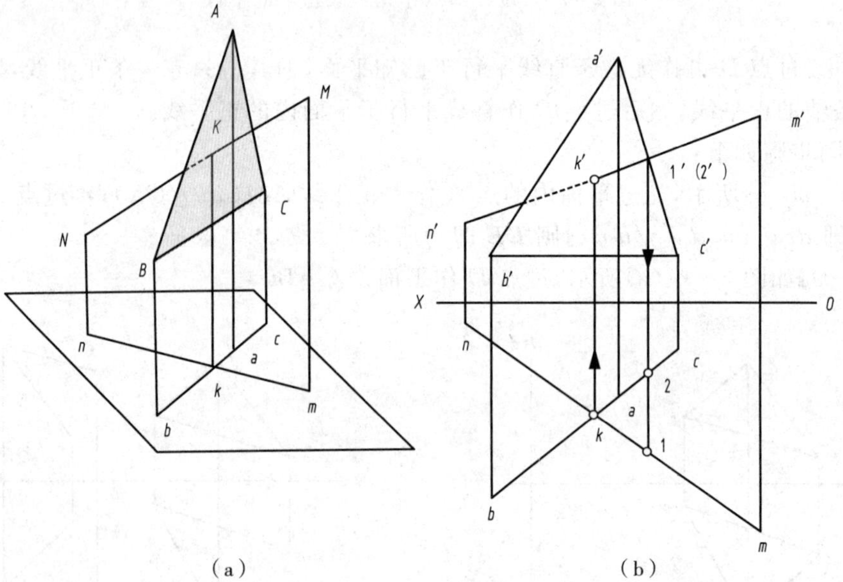

图 2－27 直线与平面相交

如图 2－28(a)所示，平面 ABC 和铅垂面 $DEFG$ 相交线为 MN。显然 M、N 分别是△ABC 的两边 AB、AC 与铅垂面 $DEFG$ 的交点。如图 2－28(b)所示，利用求直线与投影面垂直面交点的作图方法，求出交点 m、n，对应得 m'、n'，连接 $m'n'$、mn，即为交线的两面投影。

两平面重叠部分的可见性判别，同样可用重影点 $1'$、$2'$ 来判别。如图 2－28(b)可知，由于点 1 在点 2 之前，所以点 $1'$ 可见，故 $g'1'$ 为可见，$m'(2')$ 为不可见，根据平面与平面存在遮住与被遮住的关系，可判断其余各部分的可见性。可见画成粗实线，不可见画成细虚线。

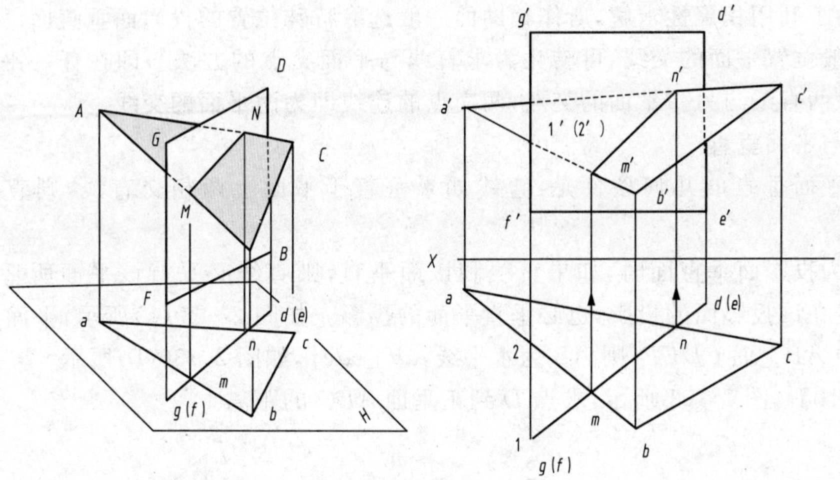

（a）　　（b）

图 2 - 28　两平面相交

2)一般位置情况

当直线和平面都处在一般位置时，则不能利用积聚性来直接求出交点的投影。下面介绍一般位置情况下求交点的辅助平面法。

分析：如图 2 - 29(a)所示，直线 DE 与平面 ABC 相交。过直线 DE 作一辅助铅垂面 P，则该辅助面 P 与△ABC 相交于直线 MN，平面 P 上的直线 MN 与 DE 交于一点 K，点 K 既在 MN 上，又在△ABC 上。因此点 K 是直线 DE 与△ABC 的共有点即交点。

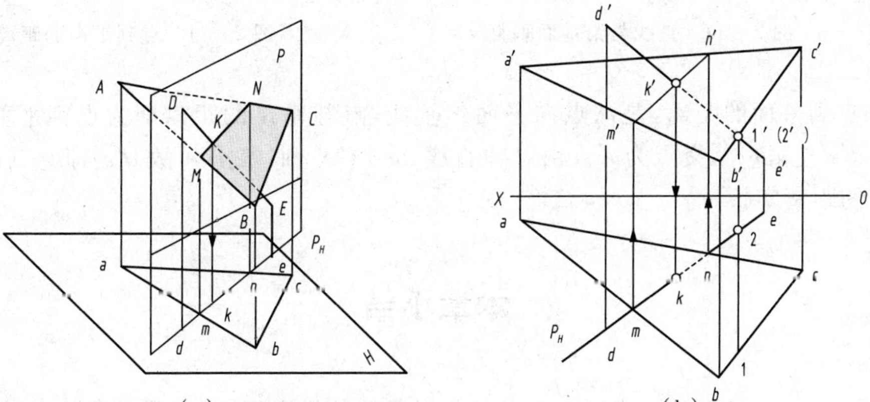

（a）　　（b）

图 2 - 29　辅助平面法求直线与平面交点

如图 2 - 29(b)所示，作图步骤如下：

(1)包含直线 DE 作辅助面 P，辅助面为铅垂面(P_H表示)。

(2)求辅助面 P 与已知平面 ABC 的交线 MN，由 mn、$m'n'$表示。

(3)求交线 MN 与直线 DE 的交点 K，点 K 即是直线 DE 与平面 ABC 的交点。

(4)利用重影点判别可见性，完成作图。

注意:为了利用积聚性求解,所作辅助面一般选取特殊位置的投影面垂直面。

求两一般位置平面的交线,可转化为求直线与平面交点的方法。即在任一平面上取两直线,作出该两直线与另一平面的交点,两交点的连线即为两平面的交线。

3)直线与平面垂直

直线与平面垂直的几何条件是:直线如果垂直于平面上两相交直线,则直线垂直于平面。

当平面为投影面垂直面时,如果直线和该面垂直,则直线必平行该平面所垂直的投影面,并且直线在该投影面的投影,也必垂直平面的投影。如图 2-30(a)所示,平面 $CDEF$ 为铅垂面,直线 $AB\perp$面 $CDEF$,则 AB 为水平线,$ab\perp cdef$,如图 2-30(b)所示。

【例 2-10】如图 2-31 所示,求点 D 到正垂面 ABC 的距离。

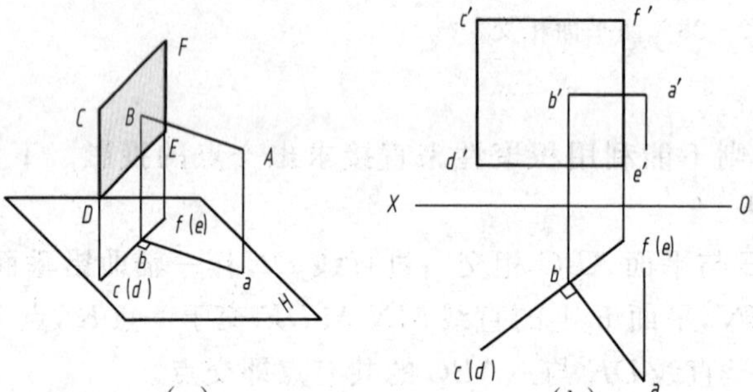

(a)　　　　　　　(b)

图 2-30　直线与铅垂面垂直

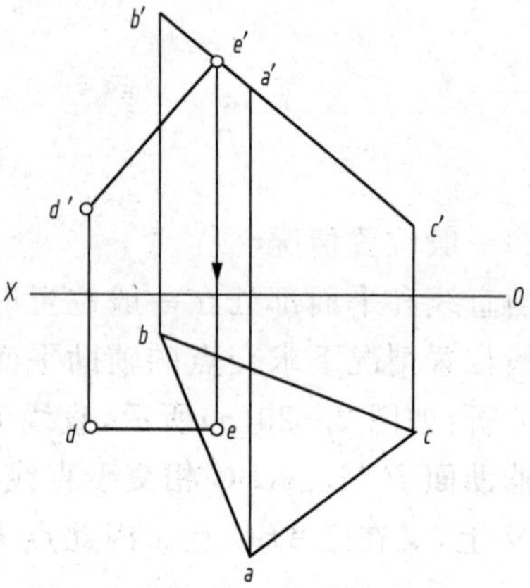

图 2-31　点到平面的距离

解:求点到平面的距离,是从点向平面作垂线,点与垂足的距离即为点到平面的距离。由 d' 作线 $d'e'\perp a'b'c'$,交点为 e'。由 d 作直线 $de /\!/ OX$ 轴,求出 e,故 $d'e'$ 即为点 D 到正垂面$\triangle ABC$ 的距离实长。

本章小结

本章重点介绍了投影法,点、线、面及其相对位置的投影规律,应重点掌握如下内容。

1. 投影法与三面投影、点的投影规律

1)投影法的基本知识;三视图间的“长对正,高平齐,宽相等”的投影规律。

2)点的投影规律为:①点的正面投影与水平投影的连线垂直于 OX 轴;②点的正面投影与侧面投影的连线垂直于 OZ 轴;③点的水平投影到 OX 轴的距离等于点的侧面投影到 OZ 的距离。

2. 直线的投影

1)直线上的点

直线上的点具有两个特性:①从属性——点在直线上,点的投影在直线的同面投影上;

②定比性——点分线段之比等于点的投影分线段的投影之比。

2)直角三角形法求一般位置直线段的实长及对投影面的倾角

直角三角形法中有四个参数,即线段的实长、投影长度、坐标差及直线对投影面的倾角。只要知道其中任两个参数即可作出直角三角形而求出其余两个参数。

3)两直线的相对位置

空间两直线的相对位置分平行、相交、交叉三种情况。

4)直角投影定理

利用直角投影定理,可完成过点作投影面平行线的垂线,或与其相关的求点到直线距离,求直角三角形、等腰三角形等平面图形投影的作图问题。

3. 平面内的点和直线

点和直线在平面内的几何条件,是解决有关平面内点和直线的作图和判别等问题的依据。

可以解决三类问题:判别已知点、直线是否属于平面;完成已知平面上的点和直线的投影;完成多边形的投影。

4. 直线与平面、两平面相对位置

1)平行问题

线面平行的作图问题有:判别已知线面是否平行;作直线与已知平面平行;包含已知直线作平面与另一已知直线平行。

两平面平行的作图问题有:判别两已知平面是否相互平行;过一点作一平面与已知平面平行;已知两平面平行,完成其中一平面的投影。

2)相交问题

如直线或平面处于特殊位置时,交点或交线一个投影可直接求出,另外投影可根据直线的点或平面上求点的方法求出。如直线和平面都处于一般位置时,则必须利用辅助平面法求出交点和交线。

3)垂直问题

利用直线与平面垂直的作图可解决点到平面、点到直线、平面到平面及直线到直线间的距离问题。

复习思考题

1. 投影法分为哪两类?正投影是怎样形成的?正投影法有哪些投影特性?

2. 举例阐述为什么形体的一个投影不能唯一确定形体形状?

3. 三视图的投影规律是什么?

4. 空间直线、平面各有哪几种?它们的投影特性是什么?

5. 试述两直线平行,两直线相交各应满足什么条件?

6. 平面有哪些表示方法?平面上的点、直线各应满足什么条件?用什么方法判断任意四个点是否属于同一平面?

7. 何谓直角投影定理?有何用途?

8. 如何求一般位置直线与一般位置平面的交点?

9. 求一般位置直线实长的方法有哪几种?

3 基本立体视图

基本要求：1. 掌握基本立体的三视图绘制；

2. 掌握基本立体表面取点、线的方法；

3. 学会基本立体的尺寸标注；

4. 掌握基本立体的截交线求取方法；

5. 掌握两回转体正贯时相贯线的绘制方法；

6. 了解构型设计和布尔运算。

重点：基本立体三视图绘制；表面取点、线的方法；截交线、相贯线的绘制方法。

难点：基本立体表面取点、线的方法：辅助线法和辅助平面法；截交线、相贯线的方法：取点法和辅助平面法。

立体的形状是各种各样的，但任何复杂立体都可以分析成是由一些基本的几何体组成，如棱柱、棱锥、圆柱、圆锥、圆球等，将这些几何体称为基本立体。

3.1 基本立体的三视图

基本立体根据其表面的几何性质可分为平面立体、曲面立体两类。一般画立体的三视图时不画投影轴，只要保证立体各点三视图之间符合“长对正，高平齐，宽相等”的投影规律即可。

3.1.1 平面立体的视图

平面立体是由平面围成的实体，其表面都是平面，如棱柱、棱锥等。平面立体的各表面都是平面图形，面与面的交线是棱线。棱线与棱线的交点为顶点。在投影图上表示平面立体就是把组成立体的平面和棱线表示出来，并判断可见性，可见的平面或棱线的投影（统称为轮廓线）画成粗实线，不可见的轮廓线画成虚线。

1)棱柱

(1)棱柱的三视图

棱柱的表面是棱面和底面，各棱线相互平行。按棱线的数量分为三棱柱、四棱柱……以图 3-1 所示的六棱柱为例，六棱柱的表面有棱面六个和顶面、底面各一个。为便于画图和看图，常使棱柱的主要表面处于与投影面平行或垂直的位置，当六棱柱与投影面处于图3-1(a)所示的位置时，六棱柱的顶面和底面平行于 H 面，在俯视图上反映实形，前后棱面是正平面，在主视图上反映实形，六棱柱的另外四个棱面为铅垂面，六个棱面在俯视图上积聚成直线并与六边形的边重合。

六棱柱的六条棱线为铅垂线，其水平投影积聚在六边形的六个顶点，正面投影和侧面均为反映实长的直线。

画棱柱体的三视图时，一般先画底面的投影，然后再画棱面的投影，并判断可见性，六棱柱的画图步骤如下：

① 画对称中心线，如图 3－1(b)所示；

② 画出反映顶、底面实形(正六边形)的水平投影；

③ 根据棱柱的高度，按三视图的投影关系画出其余两视图，如图 3－1(c)所示。

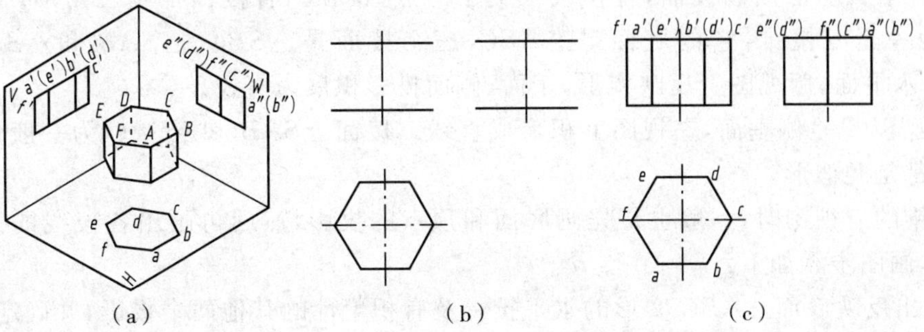

图 3－1 六棱柱的三视图

(2)棱柱表面上的点

在平面立体表面上取点，其原理和方法与第 2 章介绍的在平面上取点相同。首先要根据点的投影位置和可见性确定点在哪个面上，对于特殊位置平面上点的投影，可以利用平面的积聚性作出，对于一般位置平面上的点则用辅助线的方法作出。

棱柱表面取点，由于棱柱的表面都是特殊位置平面，利用平面的积聚性即可求得。

【例 3－1】如图 3－2(a)所示，已知六棱柱表面上点 M 的正面投影和 N 点的水平投影，求其另两面投影并判别可见性。

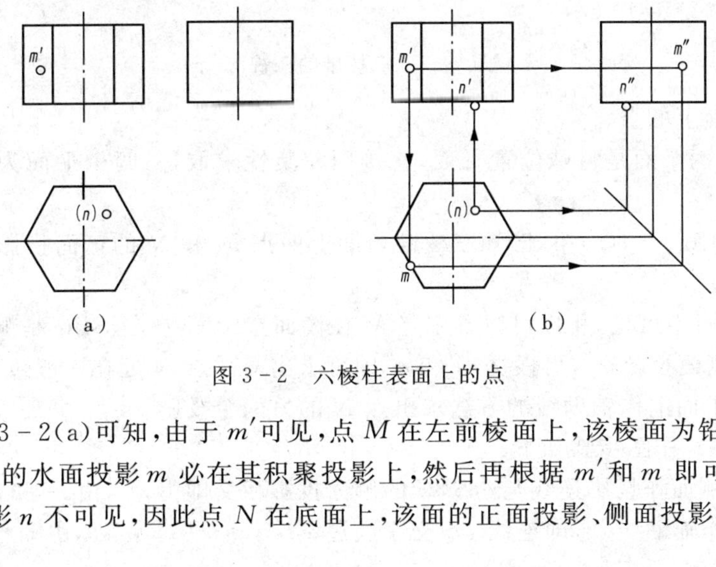

图 3－2 六棱柱表面上的点

分析：由图 3－2(a)可知，由于 m' 可见，点 M 在左前棱面上，该棱面为铅垂面，水平投影积聚，因此点 M 的水面投影 m 必在其积聚投影上，然后再根据 m' 和 m 即可求出 m''。由于点 N 的水平投影 n 不可见，因此点 N 在底面上，该面的正面投影、侧面投影都积聚，因此，点

N 的正平投影 n' 和侧面投影 n'' 在底面的积聚投影上。

如图 3-2(b)，作图步骤如下：

① 从 m' 向 H 面作投影连线与左前棱面上的水平投影相交求得 m，由 m' 和 m 求得 m''；

② 从 n 向 V 面作投影连线与底面的正面投影相交求得 n'，由 n 求得 n''；

③ 判别可见性：可见性判别原则是若点所在面的投影可见(或有积聚性)，则点的投影亦可见。由此可知 m' 和 m''、n' 和 n'' 均可见。

2)棱锥

(1)棱锥的三视图

棱锥的表面有底面和棱面，各棱线汇交于一点(锥顶)，各棱面都是三角形。如图 3-3(a)所示为一正三棱锥，它的底面是 $\triangle ABC$，三个棱面是 $\triangle SBC$、$\triangle SAB$ 和 $\triangle SAC$。底面 $\triangle ABC$ 是水平面，俯视图上反映实形，正面、侧面投影积聚为直线。

棱面 $\triangle SBC$ 是侧垂面，左视图上积聚成直线。棱面 $\triangle SAB$ 和 $\triangle SAC$ 为一般位置平面，三面投影都是类似形。

画棱锥的三视图时，一般也是先画底面和顶点的投影，然后再画出各棱线的投影，并判断可见性，画图步骤如下：

① 画出反映底面 $\triangle ABC$ 实形的水平投影及有积聚性的其他两个投影，并确定顶点的三面投影，如图 3-3(b)所示；

② 画出各棱线并加深，如图 3-3(c)所示。

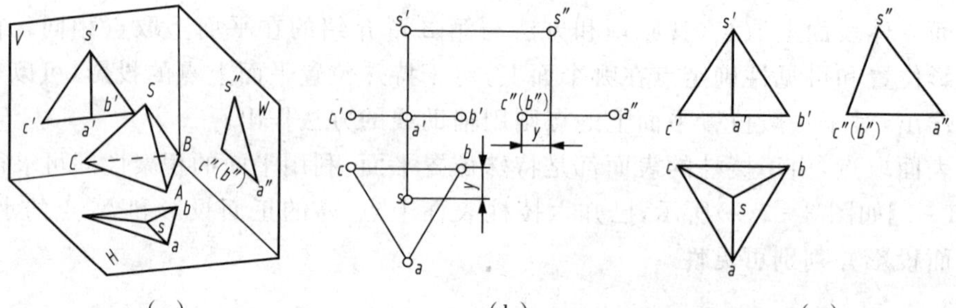

(a) (b) (c)

图 3-3 三棱锥的三视图

(2)棱锥表面上的点

上图棱锥有两个面是特殊位置平面，直接用积聚性求取，另两个平面为一般位置平面，用辅助线法求取。

【例 3-2】如图 3-4(a)中，已知三棱锥表面上两点 M 和 N 的正面投影，求其水平投影和侧面投影。

分析：由于 m' 不可见，所以可以确定点 M 在棱面 $\triangle SBC$ 上，$\triangle SBC$ 是侧垂面，因此可以先求出点 M 的侧面投影 m''，再根据 m' 和 m'' 即可求出 m。点 N 处在一般位置的棱面 $\triangle SAC$ 上，需要通过在平面上作辅助线的方法求出点 N 的另两个投影。

如图 3-4(b)，作图步骤如下：

① 过 m' 向侧面作投影连线与 $\triangle SBC$ 的侧面投影相交即得 m''，由 m' 和 m'' 求得 m。

② 过点 N 作辅助线 $s1$，即连线 $s'n'$ 交于底边 $a'c'$ 于 $1'$，并求得 $s1$，由 n' 作投影线交 $s1$ 上

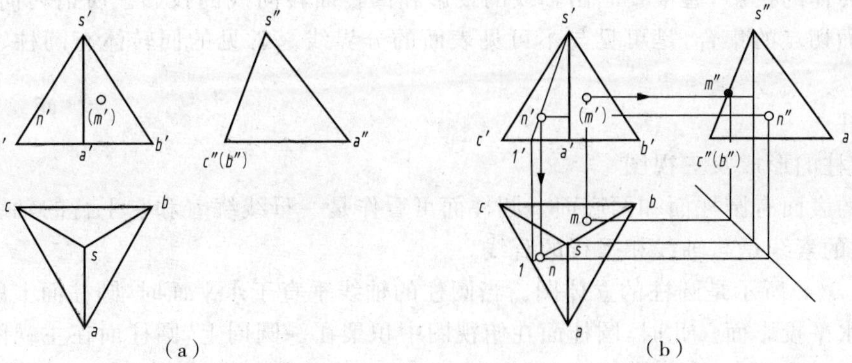

图 3-4 三棱锥表面取点

得 n，再根据 n' 和 n 即可求出 n''。

③ 判别可见性，$\triangle SBC$ 水平投影可见，侧面投影有积聚性，所以 m 和 m'' 均可见。而棱面 $\triangle SAC$ 的三投影都可见，因此点 N 的三面投影也都可见。

3)常见的平面立体三视图

常见的平面立体的三视图如表 3-1 所示。

表 3-1 平面立体的三视图

三棱柱	四棱柱	五棱柱
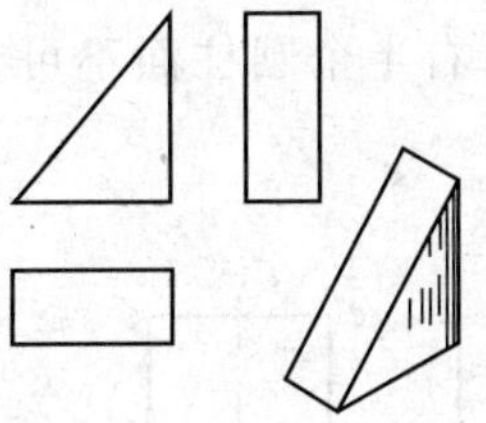	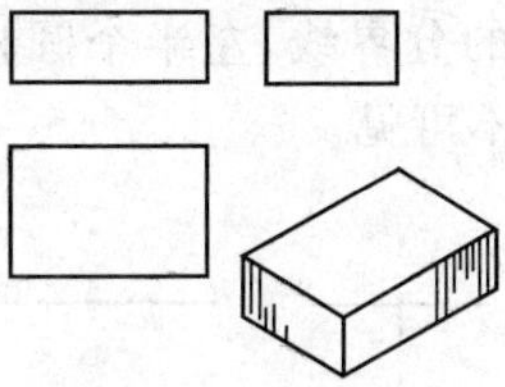	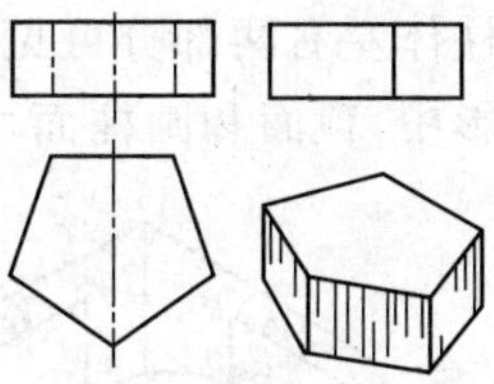
三棱锥	四棱锥	五棱锥
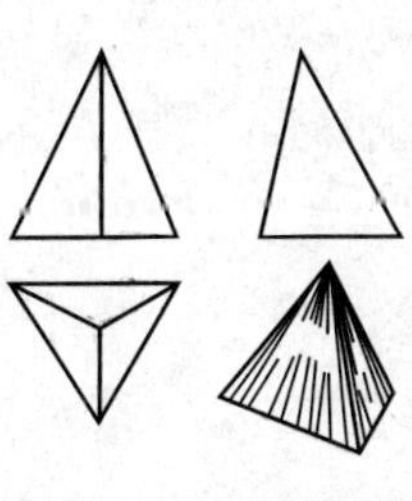	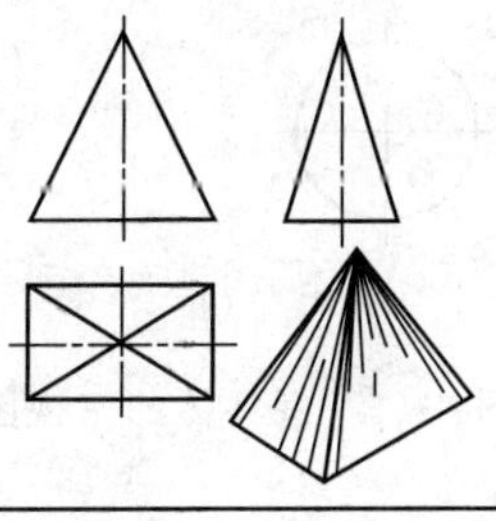	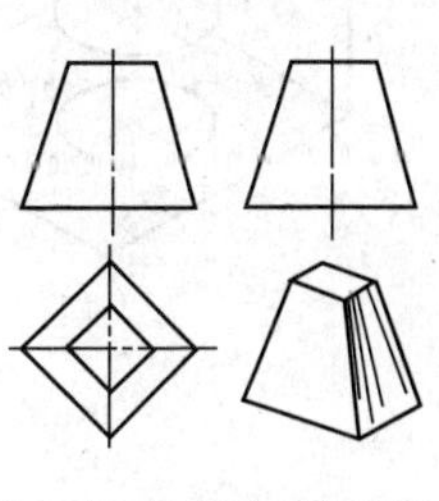

3.1.2 曲面立体的三视图

曲面立体是由曲面或曲面和平面围成的实体，其表面是曲面或曲面和平面，机器零件中常见的曲面立体是回转体，回转体的曲面是母线(直线或曲线)绕一轴线做回转运动而形成的。曲面上任一位置的母线称为素线，母线上每一点运动轨迹都是圆，称为纬圆，纬圆平面垂直于回转轴线。

画回转体的投影，通常要画出轴线的投影和回转面转向线的投影。所谓转向线，即投射线与回转面切点的集合，是可见与不可见表面的分界线。常见的回转体有圆柱、圆锥、圆球和圆环等。

1)圆柱

(1)圆柱的形成及三视图

圆柱的表面有圆柱面和两底面。圆柱面可看作是一母线绕着和它平行的轴线旋转而形成的，圆柱的素线是与轴线相平行的直线。

图 3-5(a)所示是圆柱的立体图。当圆柱的轴线垂直于水平面时，圆柱面上所有素线也都垂直于水平投影面。此时，圆柱面在俯视图中积聚在一圆周上，圆柱面在主视图中的轮廓线是圆柱面上最左、最右两条素线的投影，在左视图中的轮廓线是圆柱面上最前、最后两条素线的投影，圆柱体的上下底面为水平面，故俯视图为圆，而其主、左视图为直线。由此可见：圆柱的主、左为大小相同的矩形，俯视图为圆。

画图时，应先画中心线和轴线，再画投影是圆的视图，最后画其余两个视图。圆柱三视图的作图步骤如下：

① 画俯视图的中心线及轴线的正面和侧面投影，如图 3-5(b)所示；

② 画出投影为圆的俯视图；

③ 根据圆柱体的高画出另两个视图，如图 3-5(c)所示。

圆柱面的转向线是圆柱面可见与不可见的分界线。在正面投影中 aa_1 和 bb_1 为圆柱面前后两部分的分界线，前半个圆柱面可见，后半个圆柱面不可见；在侧面投影中 cc_1 和 DD_1 为圆柱体左右两部分可见与不可见的分界线，左半个圆柱面可见，右半个圆柱面不可见；水平投影中，顶面和圆柱面可见，底面不可见。

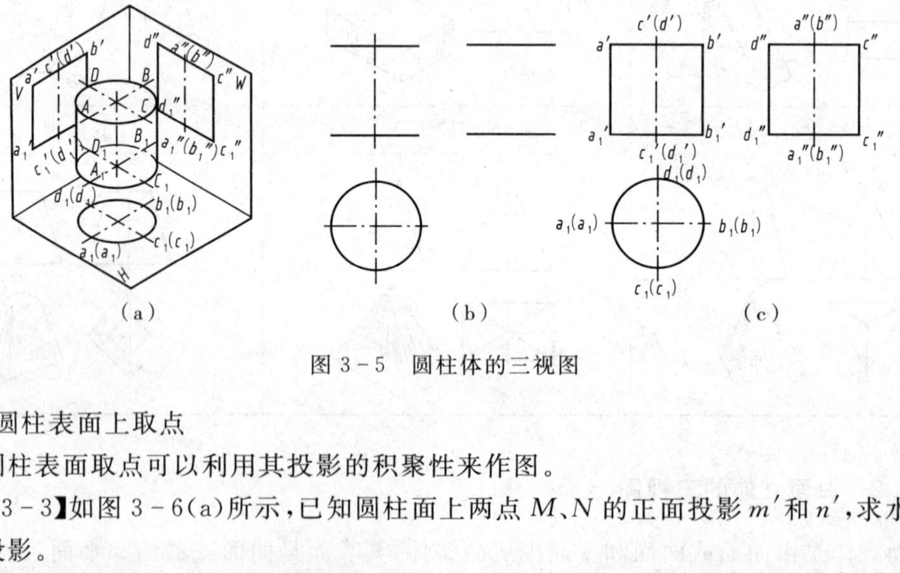

(a)　　(b)　　(c)

图 3-5　圆柱体的三视图

(2)圆柱表面上取点

在圆柱表面取点可以利用其投影的积聚性来作图。

【例 3-3】如图 3-6(a)所示，已知圆柱面上两点 M、N 的正面投影 m'和 n'，求水平投影和侧面投影。

分析：由于圆柱面的水平投影积聚性成圆，圆柱面上两点 M、N 的水平投影也在该圆上，求出 m、n 后再按投影规律求其侧面投影。

如图 3-6(b)所示，作图步骤如下：

① 从 m'、n' 作投影线与圆周相交得到，由于 m' 可见，判定 M 在前左圆柱面上，取交点 m。因 n' 不可见，点 N 必定在右后圆柱面上，取交点 n；

② 根据 M、N 的两面投影分别求出其侧面投影 m'' 和 n''；

③ 由于点 M 在前左圆柱面上，所以 m 和 m'' 均可见。点 N 在右后圆柱面上，所以其侧面投影 n'' 不可见，n 可见。

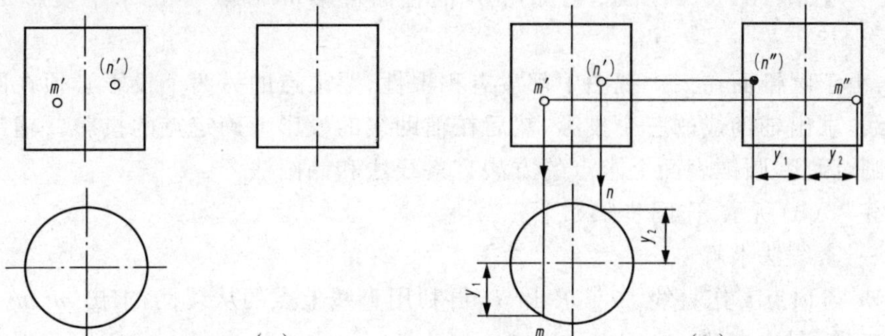

（a）　（b）

图 3-6　圆柱体表面上的点

2)圆锥

(1)圆锥的形成及三视图

圆锥体表面有圆锥面和底面，圆锥面可看作是一条直母线绕着和它相交的轴线旋转而形成的，所以圆锥的素线是通过锥顶的直线。

如图 3-7 所示，当圆锥的轴线垂直于水平投影面时，圆锥的俯视图是圆，该圆既是圆锥面的投影，又是底面圆的实形投影；主视图是一等腰三角形，三角形的底边是底圆的积聚投影，两腰是圆锥面上最左、最右两条素线的投影；左视图也是等腰三角形，三角形的底边是底圆的积聚投影，两腰分别是圆锥面上最前、最后两条素线的投影。

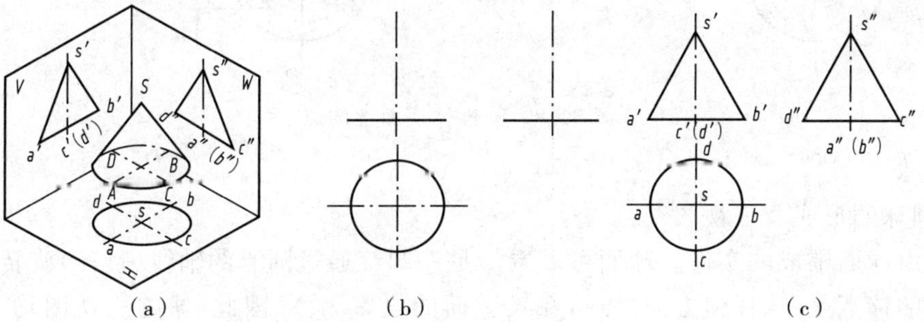

（a）　（b）　（c）

图 3-7　圆锥体的三视图

画图时，应先画中心线和轴线，再画投影为圆的视图，最后画锥顶和轮廓线的投影，画图步骤如下：

① 画俯视图的中心线及轴线的正面和侧面投影，如图 3-7(b)所示；

② 画出投影为圆的俯视图；

③ 根据圆锥体的高，画出另两个视图，如图 3-7(c)所示。

由图 3-7(a)可知，圆锥面正面投影的转向线 SA、SB 把圆锥面分成了前后两部分，前半个圆锥面可见，后半个圆锥面不可见。圆锥面侧面投影的转向线 SC、SD 把圆锥面分成了左右两个部分，左半个圆锥面可见，右半个圆锥面不可见；圆锥面水平投影可见，底面不可见。

(2)圆锥表面上取点

在圆锥表面上取点可以用素线法和纬圆法。素线法只适用于圆锥，纬圆法适用于任何回转体。

【例 3-4】如图 3-8(a)所示，已知点 M 的正面投影 m' 和点 N 的水平投影 n，求两点的其他两投影。

分析：由于圆锥面在三个视图中都没有积聚性，要求点的另两个投影必须在圆锥面上过点作辅助线，求出辅助线的三个投影，然后在辅助线的投影上确定点的投影。辅助线可以是直线或纬圆，因此，圆锥表面上求点的方法有素线法和纬圆法。

如图 3-8(b)所示，作图步骤如下。

方法一：素线法求解

先过 m' 与顶点 s' 作直线 $s'1'$，求出 $s1$，再利用直线上点的从属性，求出 m、m''。

方法二：纬圆法求解

过 n 作纬圆的水平投影，此水平圆与底面圆同心。其正面投影和侧面投影为垂直于轴线的直线，n'、n''在此纬圆上。

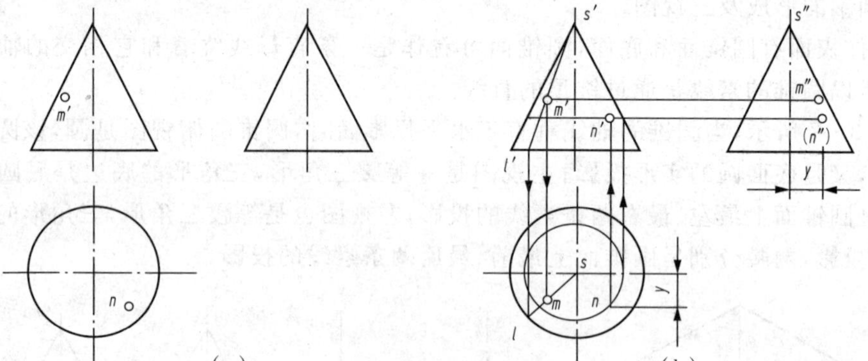

图 3-8　圆锥体表面上的点

3)圆球

(1)圆球的形成及三视图

圆球由球面围成的实体。球面可以看作是一圆绕通过圆心的轴线(直径)旋转而成。

圆球的特点是：从任何方向投射，在投影面的投影为圆，因此，球的三视图均为圆，并且直径与圆球直径相等，如图 3-9(c)所示。这三个圆是圆球三个方向转向素线的投影，圆球在平行 V 面、H 面、W 面三个方向的转向素线圆分别为 A、B、C、如图 3-9(a)所示。A 在主视图上反映为 a'，在俯视图和左视图上都积聚成一条直线 a 和 a''，并与中心线重合，不必画出。同理，B 在俯视图上反映为 b，其余两个视图为 b' 和 b''；C 在左视图上反映为 c''，其余两个视图为 c 和 c'。圆球三面投影的转向线也分别是其表面可见与不可见的分界线。

圆球画图步骤如下：

① 画三个视图的中心线，如图 3-9(b)所示；

② 画出三个直径等于圆球直径的圆，如图 3-9(c)所示。

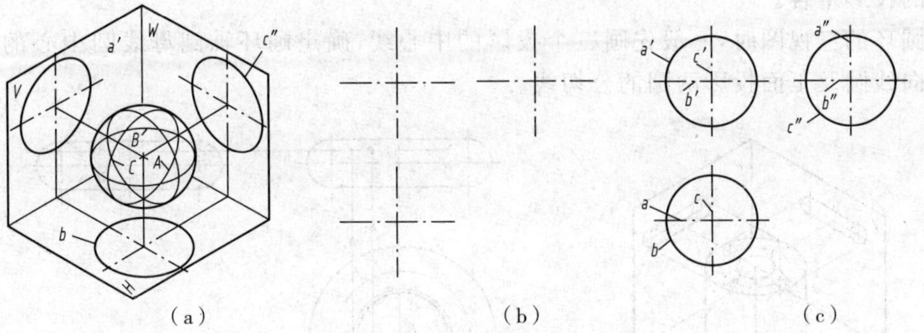

图 3-9 圆球的三视图及求表面上的点

(2)球面上取点

在圆球表面上求点可以用纬圆法。球面的纬圆可以是平行于 V 面、H 面或 W 面的圆。

【例 3-5】如图 3-10(a)所示，已知圆面上点 M 的正面投影 m'，求其他两投影。

分析：由于球面在三个投影面上都没有积聚性，要求点的另两投影必须在球面上作辅助线，辅助线为平行于 V 面、H 面或 W 面的圆。

如图 3-10(b)所示，作平行于 H 面的纬圆的作图步骤：

① 过 m' 作水平圆的正面投影；

② 作出辅助圆的水平投影，点 M 在此辅助圆上，由 m' 可见判断点 M 在前半球面，求得 m；

③ 由 m' 和 m 求出 m''，由于 M 在右半球面上，所以 m'' 不可见。同理也可过 m' 作侧平或正平纬圆的作图方法求得 m 和 m''。

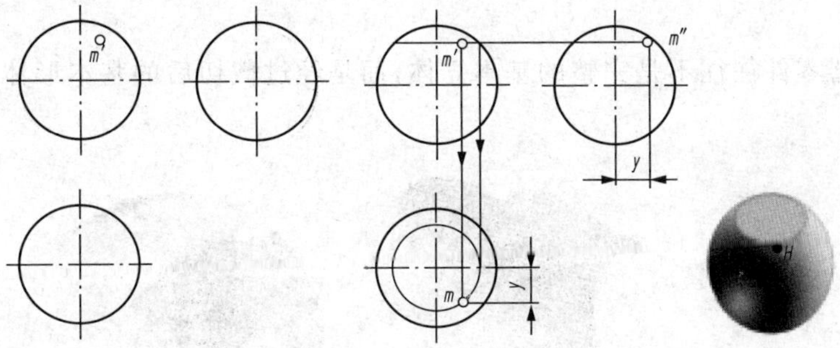

图 3-10 球面上的点

4)圆环

(1)圆环的形成及三视图

圆环的表面是圆环面。圆环面可以看作是一圆母线，绕在同一平面的圆外一轴线旋转而形成的。

如图 3-11 所示为一轴线铅垂圆环的三视图。其俯视图两实线圆是环对 H 面的转向线的投影，点画线圆是母线圆心轨迹圆的投影。它们的正面投影重合在水平中心线上。正面投影中一半虚线一半实线的小圆是内外环面对 V 面转向线的投影，它的水平投影重合在水平中心线上，正面投影两水平轮廓线是环面最上、最下素线圆的投影，它们的水平投影与母线圆心的投影重合。

作圆环的三视图时，一般先画三个投影的中心线，确定圆环轴到母线圆中心的距离，画出各转向线圆及正面投影两圆的公切线。

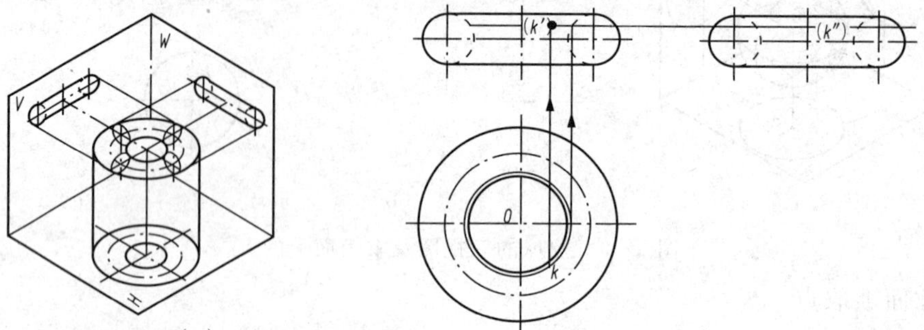

（a）　　（b）

图 3－11　圆环及其表面上的点

（2）圆环表面取点

在圆环面上取点要利用纬圆法，如图 3－11(b)所示，已知环面上一点 K 的水平投影 k，求点 K 的正面投影 k' 和侧面投影 k''。为此，过点 k 作纬圆，其水平投影是以 ok 为半径的圆，点 K 在内环面上，所以纬圆的正面投影是交于内环面上的水平线段，由此可求出 k'，且 k' 不可见，再由 k、k' 求出 k''，k'' 也不可见。

3.2　平面与立体相交

实际的机器零件往往不是完整的基本立体，而是经过截切后的基本形体，如图 3－12 中的触头和阀芯。

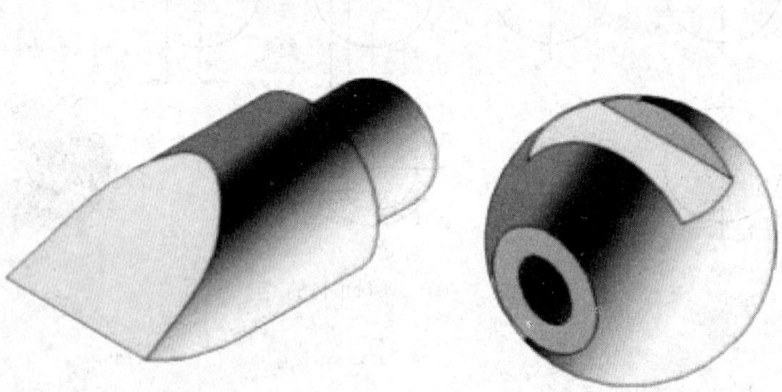

图 3－12　平面与立体表面相交

如图 3－13 所示，当一立体被平面 P 所截时，该平面 P 称为截平面。它与立体表面的交线称为截交线，由截交线所围成的平面称为截断面。

截交线的形状取决于立体的形状及截平面与立体的相对位置。其投影的形状则还取决于截平面与投影面的相对位置，但任何截交线均具有下列性质。

① 封闭性：截交线一般是由直线、曲线、直线和曲线围成封闭的平面图形。

② 共有性：截交线是截平面和立体表面的共有线，是截平面和立体表面共有点的集合。

截交线的求法：根据截交线的性质可知，欲求截交线，可先求出截平面与立体表面的一系列共有点，并依次连线，即可得截交线。

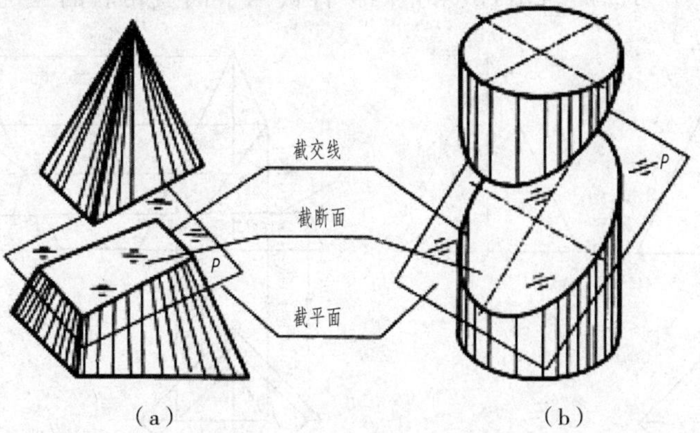

图 3-13 平面与立体相交

3.2.1 平面与平面立体相交

平面与平面立体相交，其截交线是一个封闭的平面多边形，多边形的每一条边是截平面与平面立体一个表面的交线，多边形的顶点是截平面与平面立体棱线的交点。因此，求平面立体的截交线，可归结为求截平面与立体各表面的交线，或截平面与立体上棱线的交点，并判别各投影的可见性，然后再依次连线，即可得截交线的投影。

1)平面与棱柱相交

【例 3-6】如图 3-14(a)所示，已知正六棱柱被正垂面截切后的两视图，求其左视图。

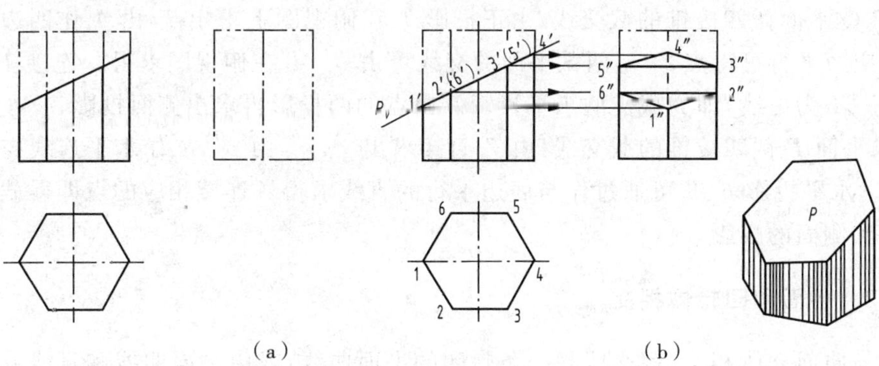

图 3-14 平面截正六棱柱的作图过程

分析：由于截平面与六棱柱的六个棱面相交，所以截交线是六边形，六边形的六个顶点即六棱柱的六条棱线与截平面的交点。截交线的正面投影积聚在 P_V 上，而水平投影与六棱柱投影重合，侧面投影只需求出六边形的六个交点即可。

如图 3－14(b)所示，作图步骤如下：

① 求出截平面与棱线交点的侧面投影 1″、2″、3″、4″、5″、6″；

② 依次连接交点即得截交线的侧面投影；

③ 补全其他轮廓线，完成左视图。

2)平面与棱锥相交

【例 3－7】如图 3－15(a)所示，试求正四棱锥被两平面截切后的三视图。

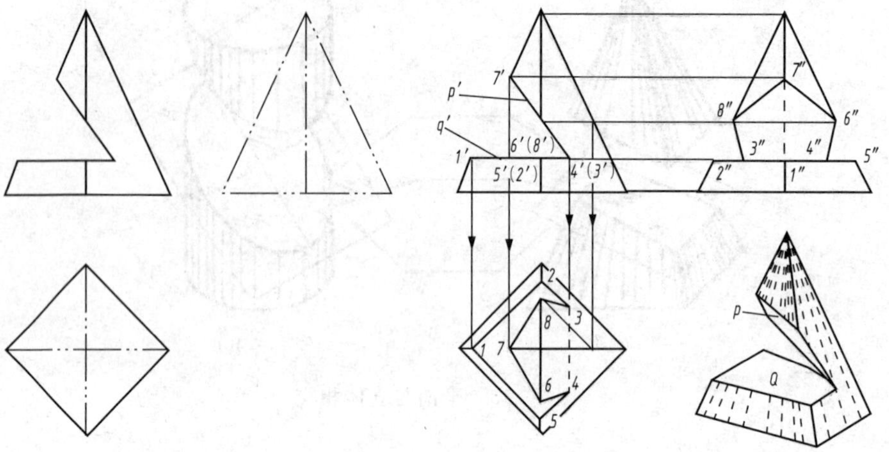

(a)　　　　(b)

图 3－15　四棱锥被两平面截切

分析：四棱锥被二平面截切，截平面 P 为正垂面，截交线的正投影积聚在 p' 上，而侧面投影和水平投影则有类似性。截平面 Q 为水平面，与四棱锥底面平行，所以其与四棱锥的四个棱面的交线同底面四边形的对应边相互平行，利用平行线的投影特性很容易求得。此外还应注意 P、Q 两平面相交亦有交线。

如图 3－15(b)所示，作图步骤如下：

① 求 Q 平面截四棱锥的截交线：由正投影 $1'$ 在俯视图上求出 1，由 1 作四边形与底面四边形对应边平行可得点 2、5，两截平面的交线可由 $3'$、$4'$ 在俯视图求得。连接 1、2、3、4、5、1(注意 34 为虚线)即为截交的水平投影。由点的两投影再求出侧面投影。

② 求平面 P 截四棱锥的截交线：由 $7'$ 直接求出 7、$7''$，由 $6'$、$8'$ 作水平连线与棱线相交得 $6''$、$8''$。水平投影 6、8 可通过作与底边平行的直线求得。连接相应的点即得截交线在水平投影面和侧面的投影。

3.2.2 平面和回转体相交

平面与曲面立体相交，截交线是一条封闭的平面曲线，或由平面曲线和直线或完全由直线所组成的平面图形。

一般求截交线的作图步骤如下：

① 根据平面与回转面的相对位置，分析截交线的形状及其在投影面上的投影特点。

② 求共有点。先求特殊位置点(确定曲线范围的最高、最低、最前、最后、最左和最右

点），后求一般位置点。

③ 依次光滑连接各点的同面投影，判别可见性，并补全回转面轮廓线的投影。

求平面与曲面立体表面共有点的方法有如下几种。

① 素线法：在曲面立体表面取若干条素线，并求出这些素线与截平面的交点，将其依次光滑连接即得截交线。

② 纬圆法：在曲面立体表面取若干个纬圆，并求出这些纬圆与截平面的交点，将其依次光滑连接即得截交线。

③ 辅助平面法：用三面共点原理作辅助平面，然后求作辅助平面与立体表面以及与截平面的交线，两条交线的交点就是截交线上的点，将这些点依次光滑连接即得截交线。

常见的截交线有平面与圆柱、圆锥、圆球等回转体表面相交而形成的截交线，下面介绍特殊位置平面与这些回转体表面的截交线画法。

1）平面与圆柱相交

由于截平面对圆柱轴线的相对位置不同，圆柱的截交线有三种形状，如表 3-2 所示。

表 3-2　圆柱体截交线

截平面位置	平行于轴线	垂直于轴线	倾斜于轴线
截交线形状	矩形	圆	椭圆
轴侧面	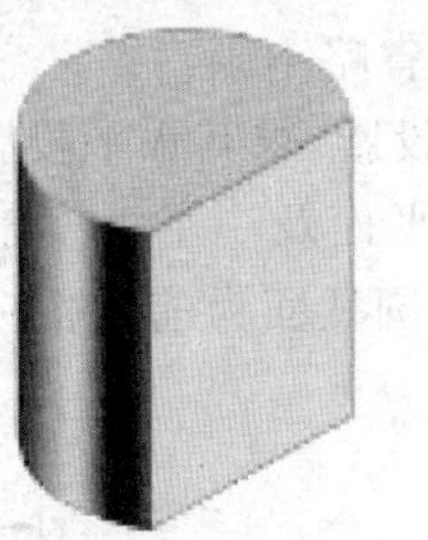		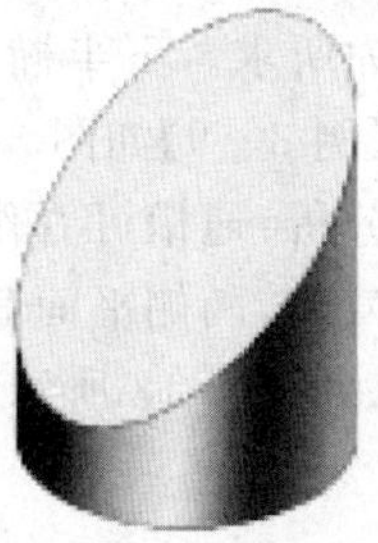
投影图	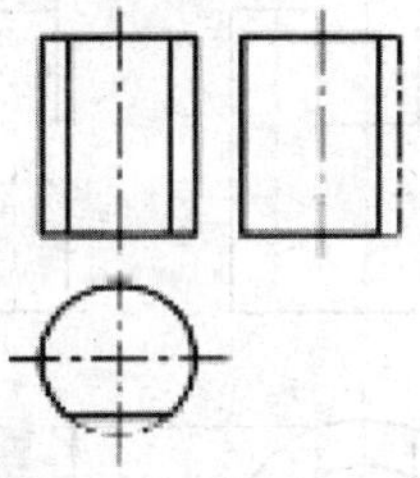	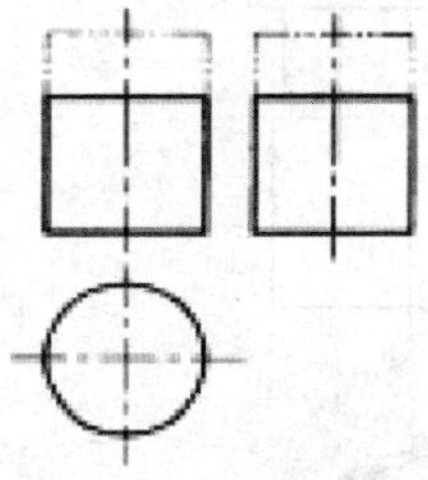	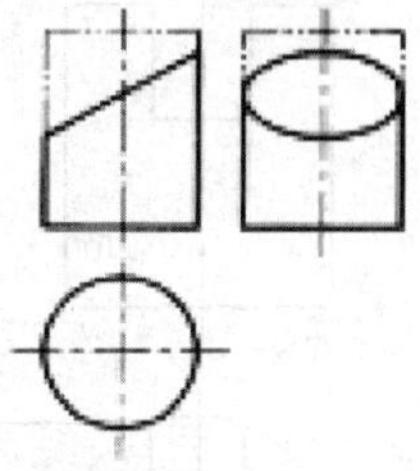

【例 3-8】如图 3-16(a)所示，已知圆柱体被两平面截切后的正面和侧面投影，求圆柱截交线的水平投影。

分析：由图可知，圆柱被两正垂面所截切，两正垂面均与圆柱轴线倾斜相交，圆柱面上截交线的形状是上、下对称的两半椭圆。正面投影积聚成直线，侧面投影是上下两半圆，水平投影是上、下对称重合在一起的半椭圆。因此截交线的正面投影和侧面投影均已知，其水平投影只要作出上半个椭圆即可。

如图 3-16(b)所示，作图步骤如下。

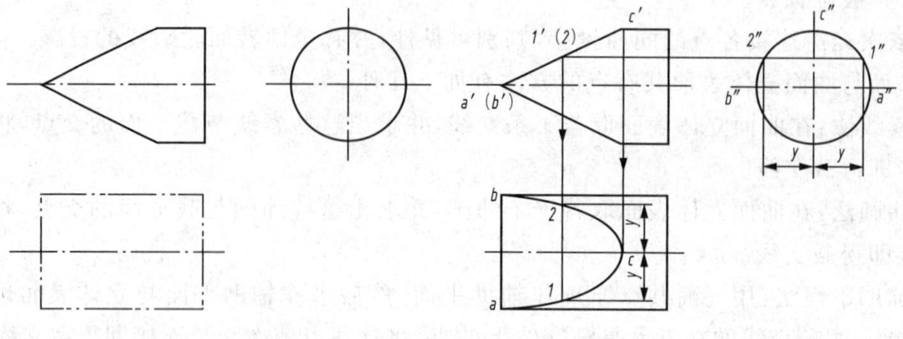

（a）　　　　　　　　（b）

图 3-16　圆柱被正垂面截切的作图过程

① 求特殊点：半椭圆的短轴即两截平面的交线 ab，由正面投影 a'、b'和侧面投影 a''、b''求出水平投影 a、b（即最前、最后点，同时两点也是最低点和最左点）。长轴在前后对称面上，端点 c 在圆柱面的正面投影转向线上，求出其三面投影 c、c'、c''（即最高点，同时也是最右点）。

② 求一般点：在正面投影最高点和最低点之间任选取一般点Ⅰ、Ⅱ的投影 $1'(2')$，再求出侧面投影 $1''$、$2''$和水平投影 1、2。

③ 因 a、1、c、2、b 处于圆柱的上半部分，故点均可见，用粗实线依次光滑连接 a、1、c、2、b，即为所求。下半椭圆均不可见，且与上半椭圆重影，故省略不画。

【例 3-9】如图 3-17 所示，已知圆柱上通槽的正面投影，求其水平投影和侧面投影。

分析：通槽可看作是圆柱被两平行于圆柱轴线的侧平面及一个垂直于圆柱轴线的水平面所截切，两侧平面截圆柱的截交线为一矩形，水平面截圆柱面为前后各一段圆弧。

如图 3-18 所示为一圆管开通槽的三视图。

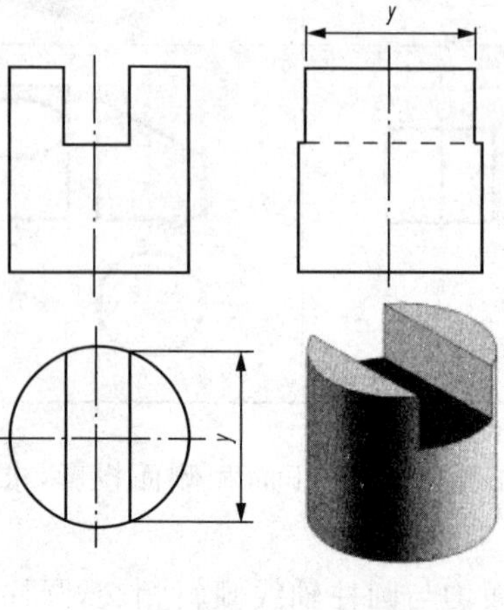

图 3-17　圆柱开通槽

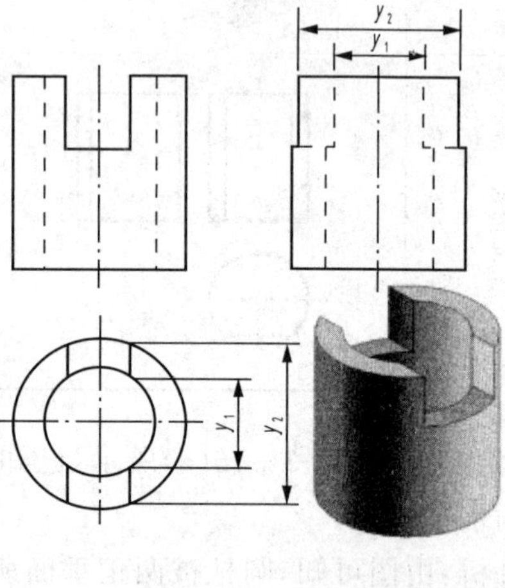

图 3-18　圆管开槽

2)平面与圆锥相交

由于截平面与圆锥轴线的相对位置不同，截交线有五种不同的形状，见表 3-3 所示。

表 3-3 圆锥体截交线

截平面的位置	过锥顶	与轴线垂直	与所有素线相交	与轴线平行	平行于一根素线
截交线的形状	三角形	圆	椭圆	双曲线加直线段	抛物线加直线段
立体图	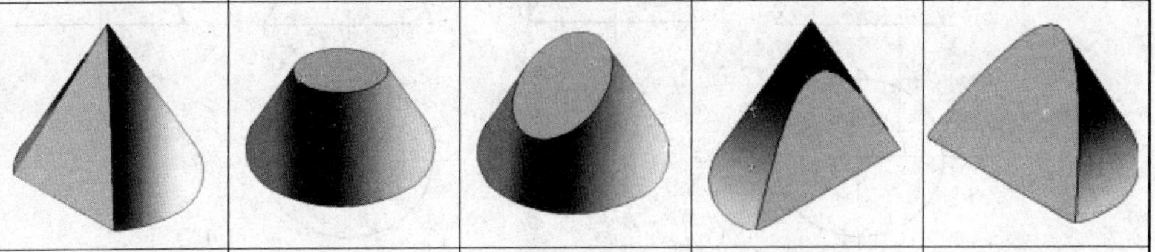				
投影图	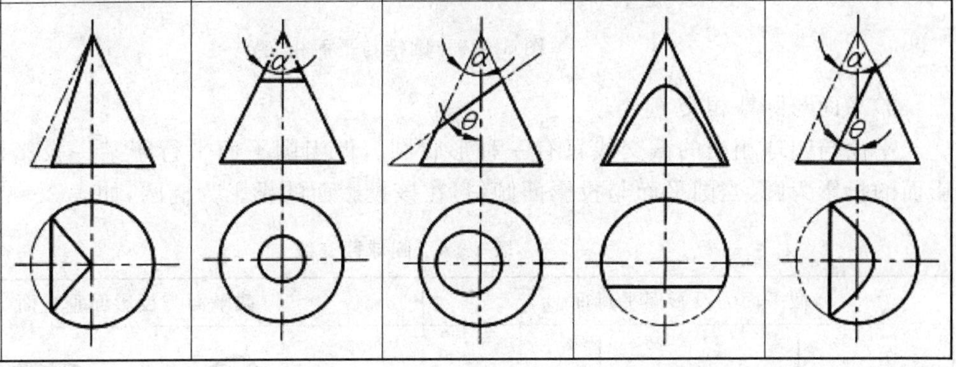				

【例 3-10】如图 3-19(a)所示，已知圆锥被正垂面截切后的主视图，补画俯视图和左视图。

分析：由表 3-3 可知截交线的形状是椭圆，正面投影是与轴线相交的线段，水平投影和侧面投影仍是椭圆。

如图 3-19(b)所示，作图步骤如下。

① 求特殊点：椭圆长轴两端点 a、b 是截平面与圆锥面最左、最右素线的交点，E、F 是最前、最后素线的交点，三面投影可直接求得。短轴 CD 的正面投影 $c'(d')$ 在 $a'b'$ 的中点，其余两投影可用纬圆法求出；

② 求一般点：在截交线上取点Ⅰ、Ⅱ，其正面投影为 $1'(2')$，用纬圆法或素线法求出另两投影；

③ 依次光滑连接即得截交线水平投影和侧面投影。

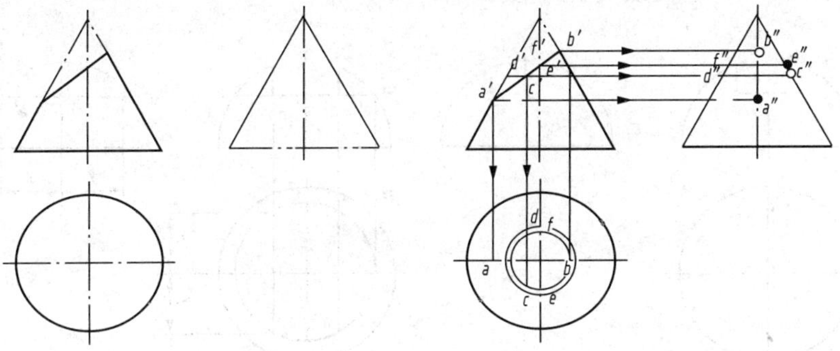

(a) (b)

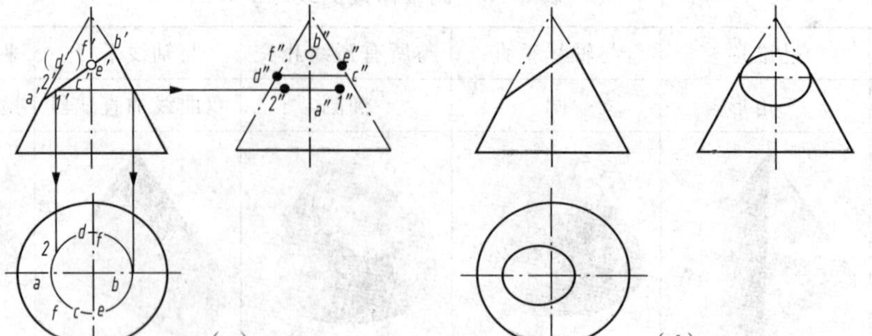

(c)　　　　　　　　　　(d)

图 3-19　圆锥与平面相交

3)平面与圆球相交

平面与圆球相交的截交线只有一种形状圆。但当圆平面平行于某一投影面时,在该投影面的投影为圆,当圆平面与投影面倾斜,在该投影面的投影为椭圆,如表 3-4 所示。

表 3-4　圆球截交线

截平面为投影面平行面	截平面为投影面垂直面
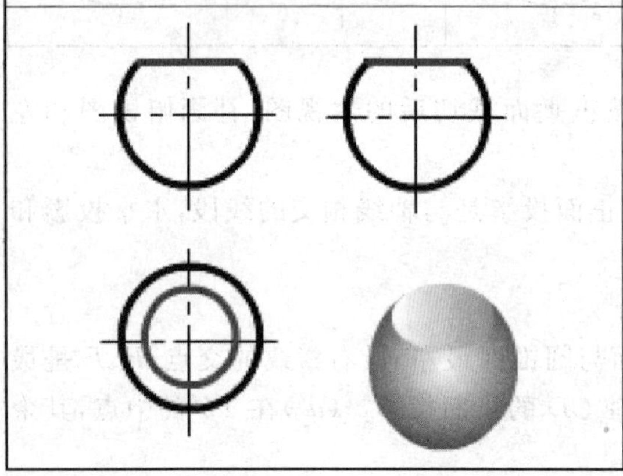	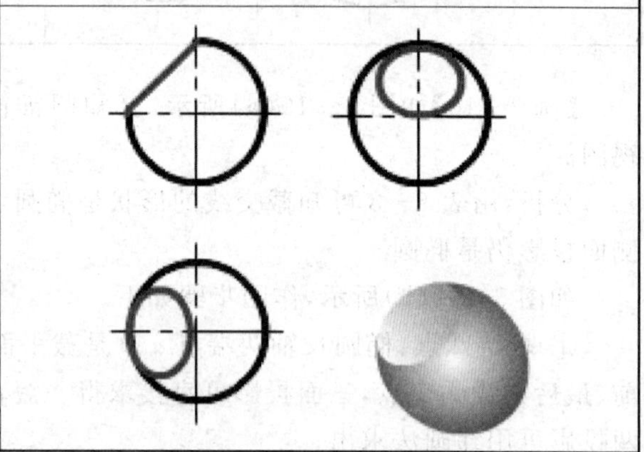

【例 3-11】如图 3-20(a)所示,已知半球上通槽的正面投影,求其他两投影。

分析:通槽由一水平面 Q 和两侧平面 P 对称地截切半球而形成的,它们与球面的交线都是圆弧,截平面 P 和 Q 交线为正垂线。

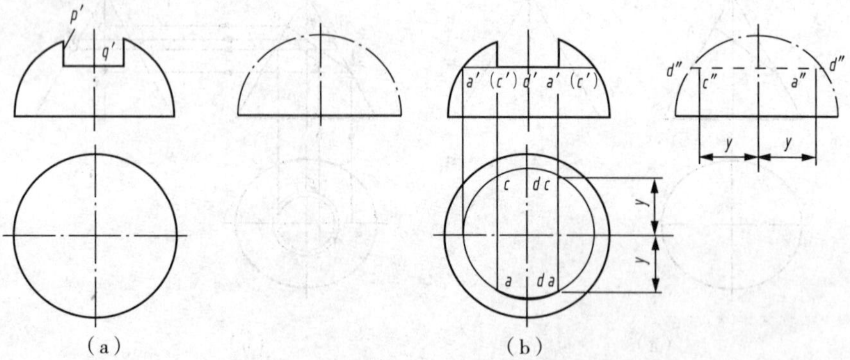

(a)　　　　　　　　　　(b)

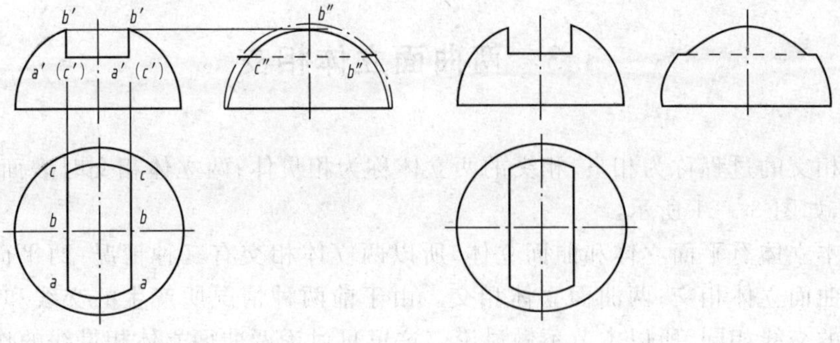

（c）　　　　　　　　　　（d）

图 3-20　半球开槽

如图 3-20(b)、(c)、(d)所示，作图步骤如下。

① 求水平面 Q 与球面的交线：交线的水平投影为圆弧，侧面投影为直线，如图 3-20(b)所示。

② 求侧平面 P 与球面的交线：交线的侧面投影圆弧，水平投影为直线，如图 3-20(c)所示。

③ 补全半圆球轮廓线的侧面投影，并作出两截平面的交线侧面投影，交线的侧面投影为虚线，如图 3-20(c)所示。而图 3-20(d)为完成后的视图。

4)常见不完整回转体

常见不完整回转体视图见表 3-5 所示。

表 3-5　常见不完整回转体视图

半圆柱	1/4 圆柱	圆台
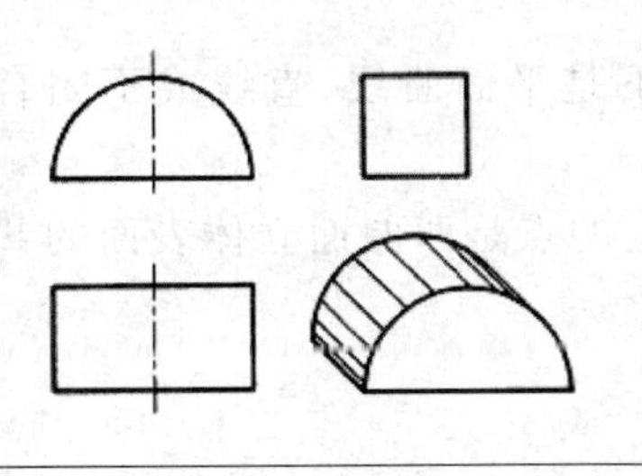	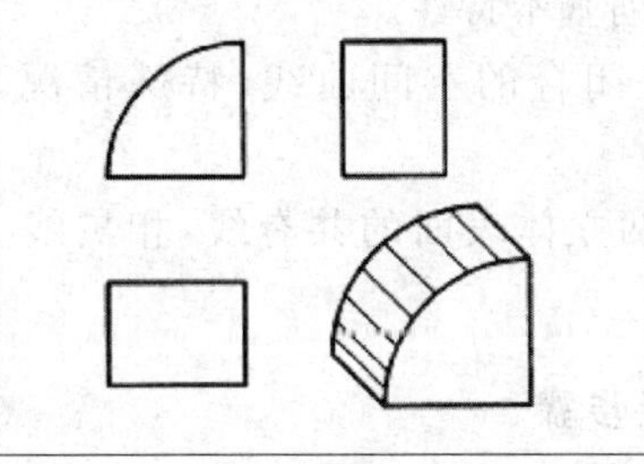	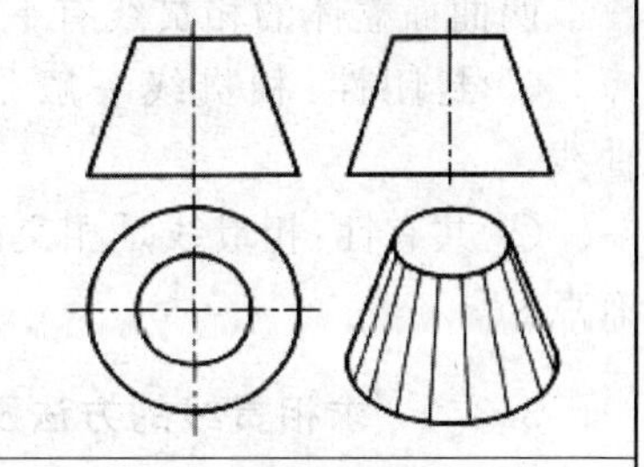
半圆球	1/4 圆球	1/4 圆环
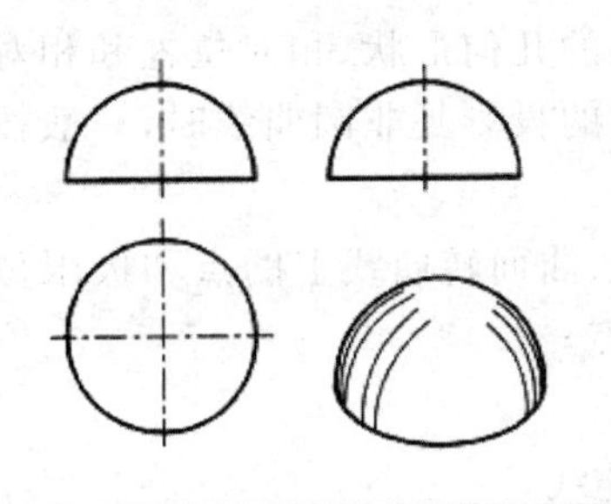	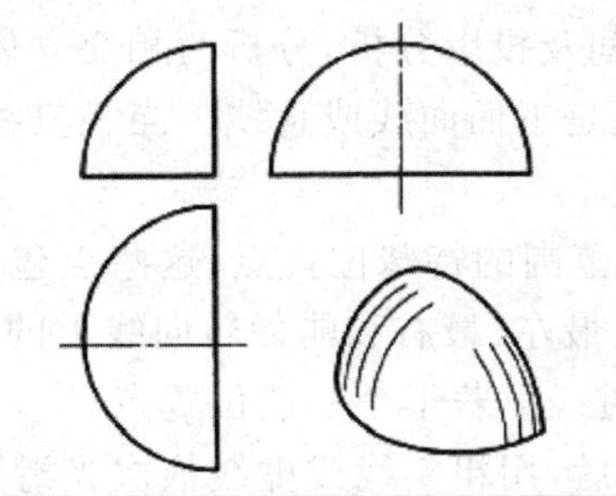	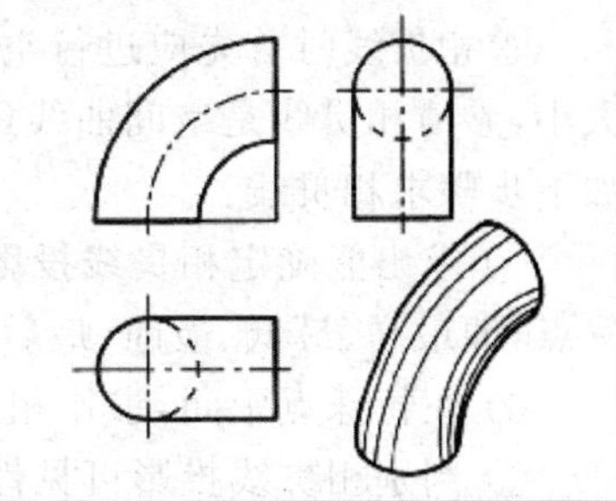

3.3 两曲面立体相交

两立体相交的过程称为相贯;相交的两立体称为相贯体;两立体相交时表面产生的交线称为相贯线,如图 3-21 所示。

因为基本立体有平面立体和曲面立体,所以两立体相交有三种情况:两平面立体相交;平面立体与曲面立体相交;两曲面立体相交。由于前两种情况所产生的交线和平面与立体相交所产生的交线相同,所以本节不做讨论。这里只讨论两曲面立体相贯线的作图方法。

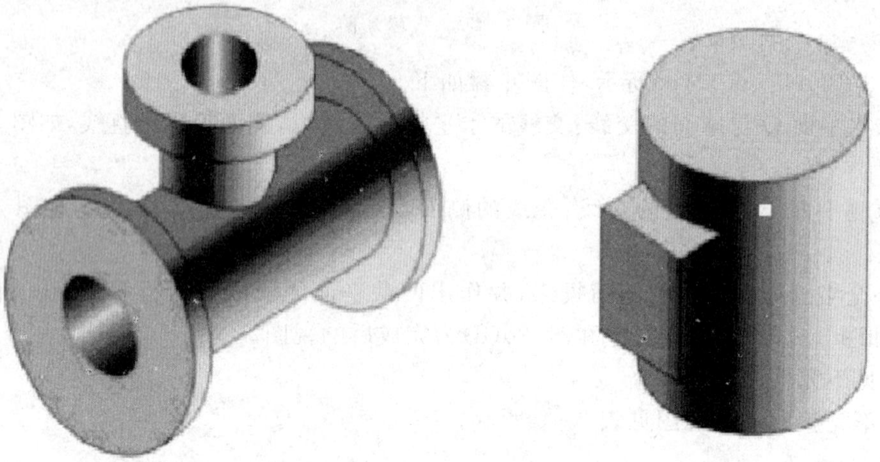

图 3-21 两立体表面的交线

两曲面立体的相贯线有下列基本特性。

① 封闭性:相贯线一般是闭合的空间曲线,特殊情况下是平面曲线、直线或不闭合曲线。

② 共有性:相贯线是相交两立体表面的共有线,相贯线上的点是两曲面立体表面的共有点。

3.3.1 求相贯线的方法及步骤

求相贯线常用的方法有表面取点法和辅助平面法。

求相贯线时首先应进行空间及投影分析,分析两相交立体的几何形状、相对位置和相对大小,弄清相贯线是空间曲线还是平面曲线或直线。当相贯线的投影是非圆曲线时,一般按如下步骤求相贯线:

① 求出能确定相贯线投影范围的特殊位置点,这些点包括曲面转向线上的点和极限位置点,即最高、最低、最前、最后、最左、最右和曲面转向线上的点;

② 在特殊点中间,求作相贯线上若干个一般位置点;

③ 判别相贯线投影可见性后,用粗实线或虚线依次光滑连线。

相贯线上点的可见性判别:当相贯线上的点同时处于两立体表面的可见部分时这些点

才可见。

1)表面取点法

相交两曲面之一,如果有一个投影具有积聚性,相贯线上的点可利用积聚性通过表面取点法求得。

【例 3-12】如图 3-22(a)所示,已知两圆柱正交,求相贯的正面投影。

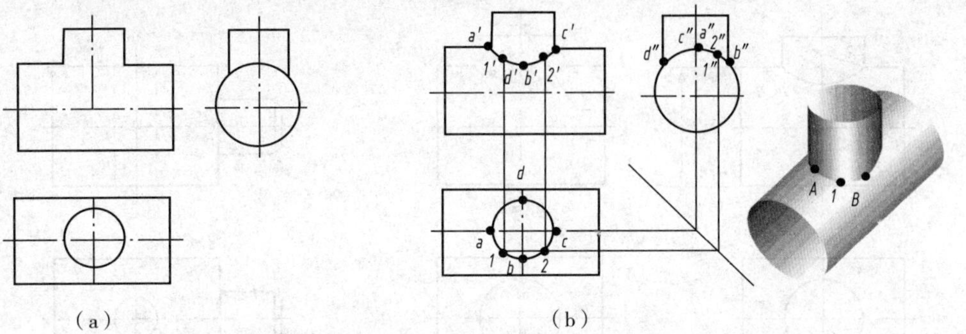

图 3-22 两正交圆柱的相贯线

分析:两圆柱轴线垂直相交,相贯线为前后、左右对称的一条闭合空间曲线。由于大小两圆柱的轴线分别为侧垂线和铅垂线,因此小圆柱的水平投影积聚为圆,该圆也是相贯线水平投影。同样,大圆柱的侧面投影积聚为圆,相贯线的侧面投影是大圆柱与小圆柱共有部分的侧面投影,即一段圆弧。因此相贯线的水平投影和侧面投影已知,只需求作其正面投影。

如图 3-22(b)所示,作图步骤如下。

① 作特殊点:在相贯线的已知投影面上,定出最左点 A、最右点 C、最前点 B、最后点 D 的投影 a、b、c、d 及 a''、b''、c''、d'',由这些点的两面投影求出其正面投影 a'、b'、c'、d'(点 A、C 和点 B、D 又分别是相贯线上的最高点和最低点);

② 作一般点:根据需要,作一般点 Ⅰ、Ⅱ,首先在相贯线的水平投影上取 1、2,按照投影规律作出 $1''$、$2''$,再求出 $1'$、$2'$;

③ 判断相贯线的可见性,并光滑连线:相贯线 $a'1'b'2'c'$ 可见,$a'd'c'$ 不可见,但与可见部分投影重合,因此,用粗实线光滑连接 $a'1'b'2'c'$ 即可。

如图 3-23 是两圆柱正交时,相贯线的三种形式。

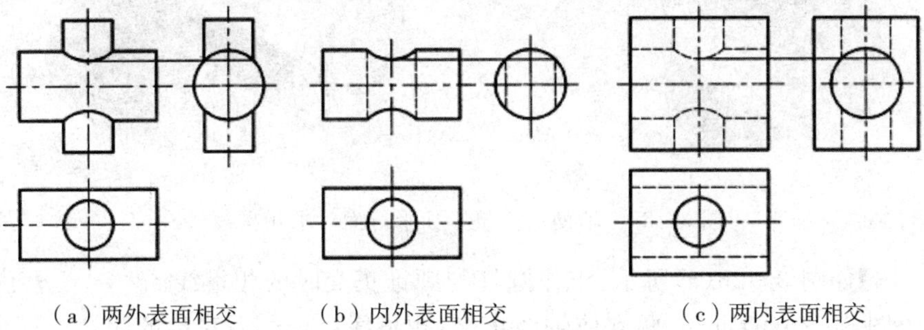

图 3-23 两正交圆柱相贯线的形式

两圆柱正交的相贯线在机器零件中最常见，可以采用简化画法。

① 如图 3－24(a)所示，如果两轴线平行 V 面的正交圆柱直径不相等且相差不大时，相贯线的正面投影可用大圆柱的半径画圆弧来代替。

② 如图 3－24(b)所示，当小圆柱与大圆柱的直径相差很大时，相贯线的正面投影可用直线来代替。

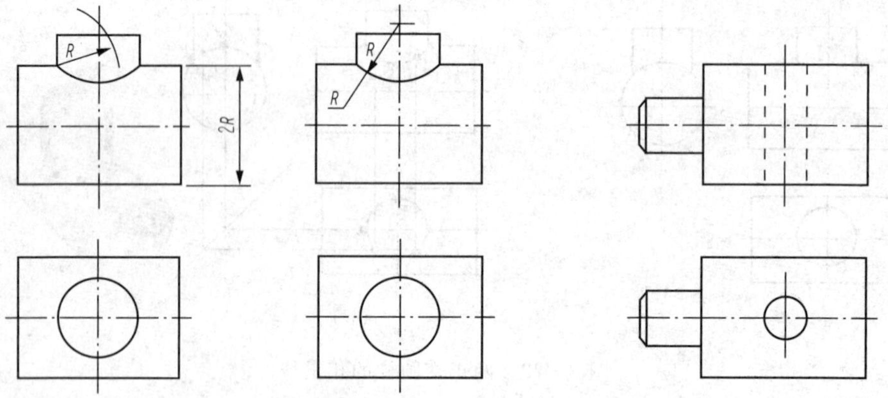

(a) 用圆弧代替相贯线　　(b) 用直线代替相贯线

图 3－24　两正交圆柱相贯线的简化画法

2)辅助平面法

辅助平面法就是假想用一个平面截切相交两立体，所得截交线的交点，就是相贯线上的点。在相交部分作出若干个辅助平面，求出相贯线上一系列点的投影，依次光滑连接，即得相贯线的投影。为便于作图，应选择截两立体截交线的投影都是简单易画的直线或圆为辅助平面，一般选择特殊位置平面作为辅助平面，如图 3－25 所示。

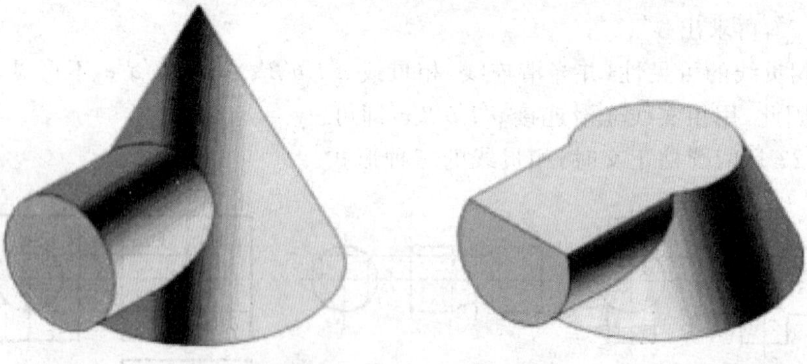

图 3－25　辅助面为投影面平行面时求相贯线

【例 3－13】如图 3－26(a)所示，求作圆柱与圆锥正交时的相贯线。

分析：由图 3－26(a)可知，两立体轴线正交，相贯线是一前后对称的闭合空间曲线，而且圆柱轴线垂直侧面，所以相贯线的侧面投影与圆柱的侧面投影重合，即为圆，因此只需求出

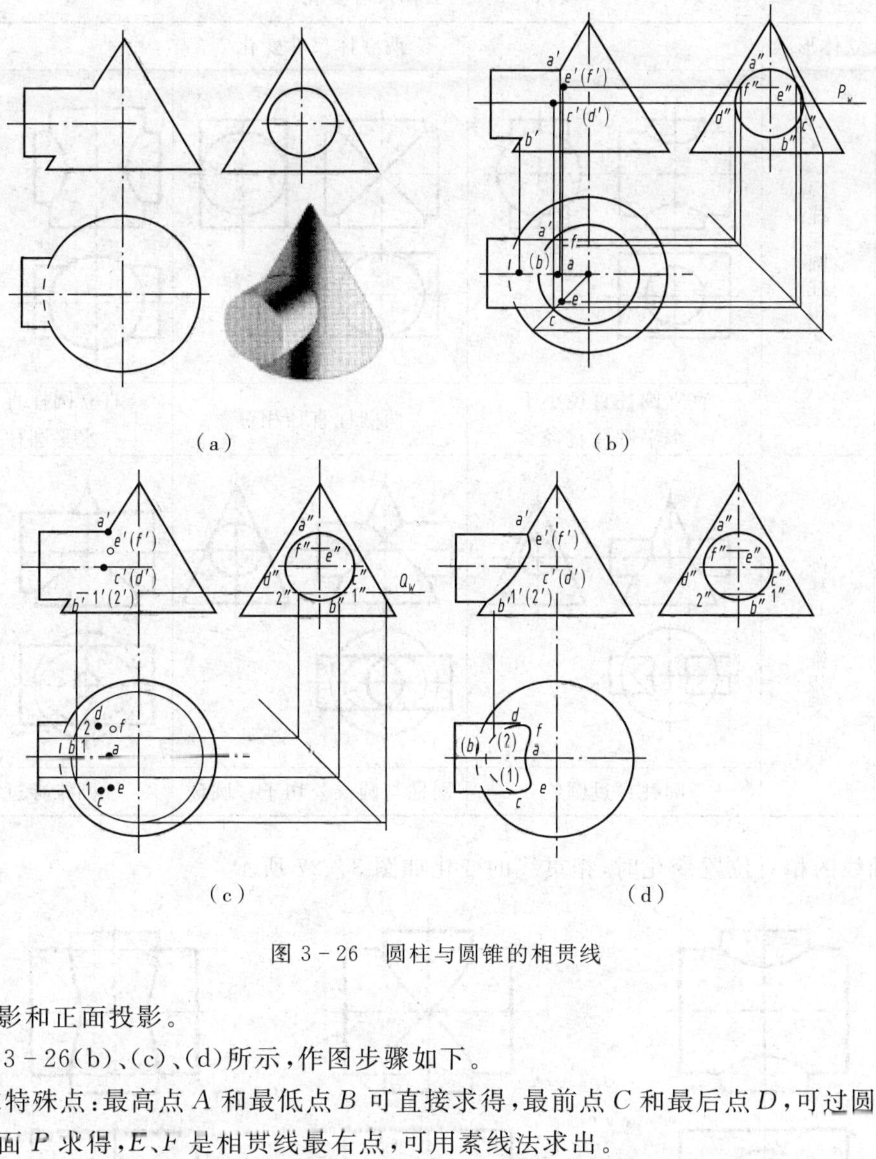

图 3-26 圆柱与圆锥的相贯线

其水平投影和正面投影。

如图 3-26(b)、(c)、(d)所示，作图步骤如下。

① 求特殊点：最高点 A 和最低点 B 可直接求得，最前点 C 和最后点 D，可过圆柱轴线作辅助水平面 P 求得，E、F 是相贯线最右点，可用素线法求出。

② 求一般点：在适当位置作水平面 Q，求出一般点 Ⅰ、Ⅱ的三面投影。

③ 判断可见性并连线：相贯线的正面投影前后重合为一段曲线，A、B 和 C、D 分别是相贯线前后、上下可见与不可见的分界点，依次光滑连接所求各点，即得相贯线的投影。

④ 整理加深轮廓线，完成相贯体的投影图。

3.3.2 相贯线的变化

两曲面立体相交，由于它们的形状、大小和轴线相对位置不同，相贯线不仅形状和变化趋势不同，而且数量也不相同。

① 尺寸变化时，相贯线的变化，如表 3-6 所示。

表 3-6　两立体尺寸变化

相对位置	立体形状	两立体尺寸变化		
轴线正交	圆柱与圆柱相交	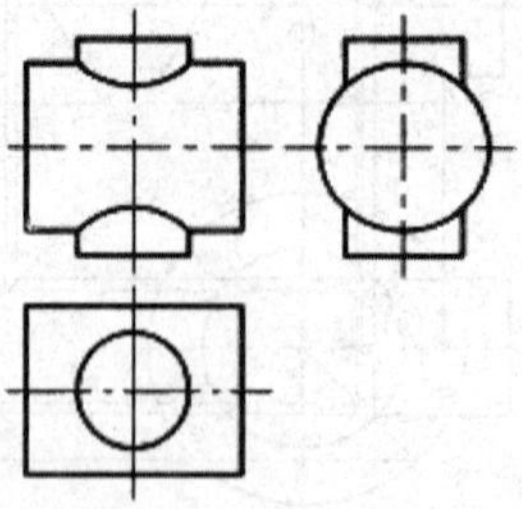	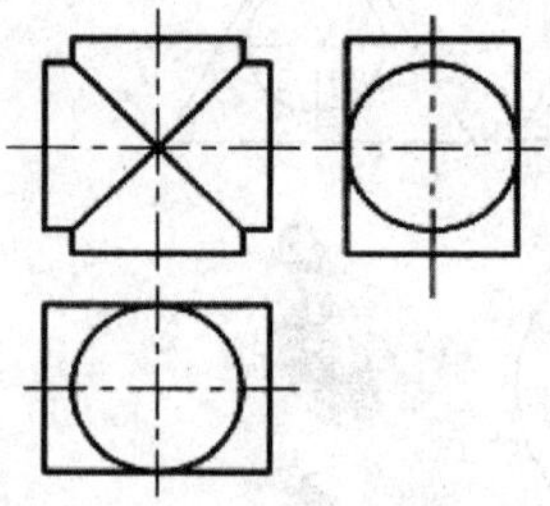	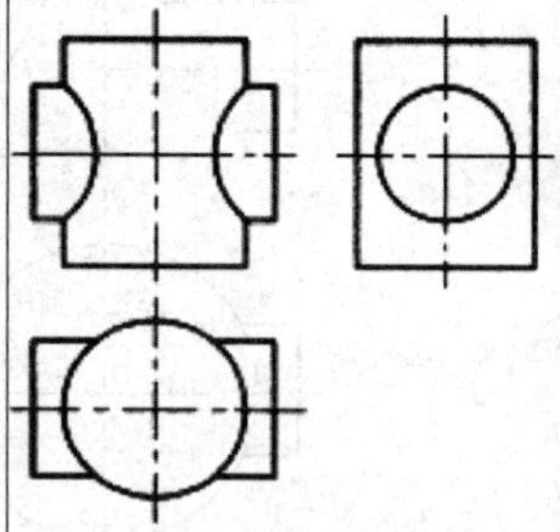
		直立圆柱直径小于水平圆柱直径	两圆柱直径相等	直立圆柱直径大于水平圆柱直径
	圆柱与圆锥相交	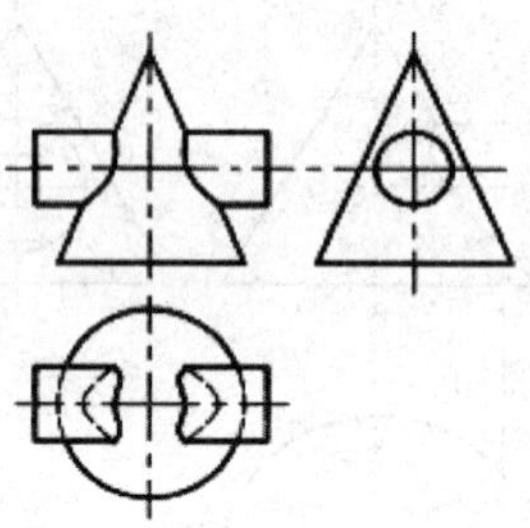	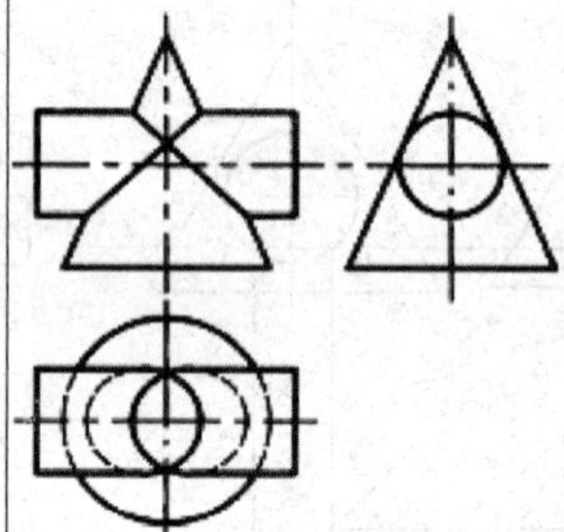	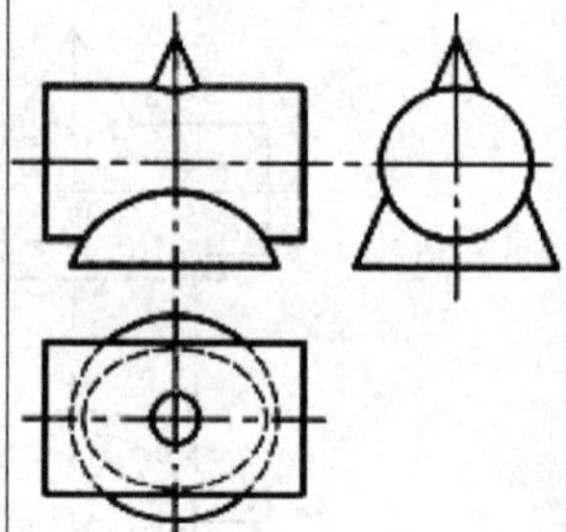
		圆柱穿过圆锥	圆柱与圆锥公切于一圆球	圆锥穿过圆柱

② 轴线的相对位置变化时，相贯线的变化如图 3-27 所示。

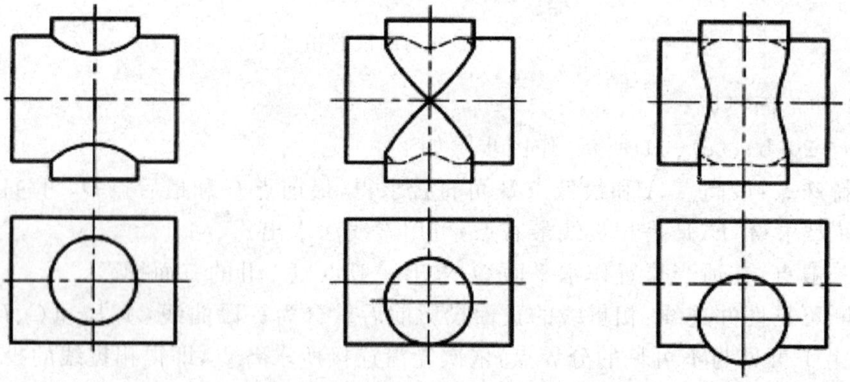

(a)　　(b)　　(c)

图 3-27　直立圆柱位置变化时相贯线的变化

3.3.3　相贯线的特殊情况

两曲面立体的相贯线一般是空间曲线，特殊情况下是平面曲线或直线。

① 两回转体具有公共轴线时，相贯线为垂直于轴线的圆，如图 3-28 所示。

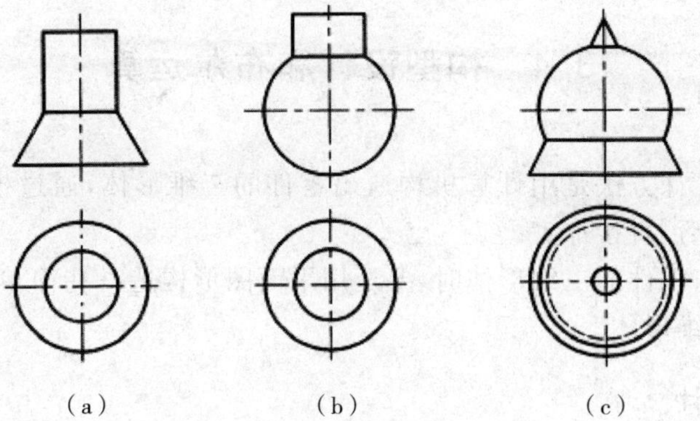

图 3-28　两同轴回转体的相贯线

② 两圆柱轴线平行、两圆锥共锥顶时，相贯线为直线，如图 3-29 所示。

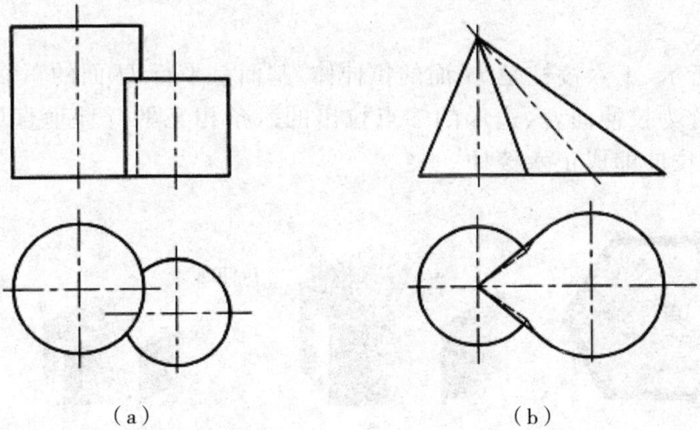

图 3-29　相贯线为直线

③ 两回转体公切于一个球时，相贯线是平面曲线椭圆，如图 3-30 所示。

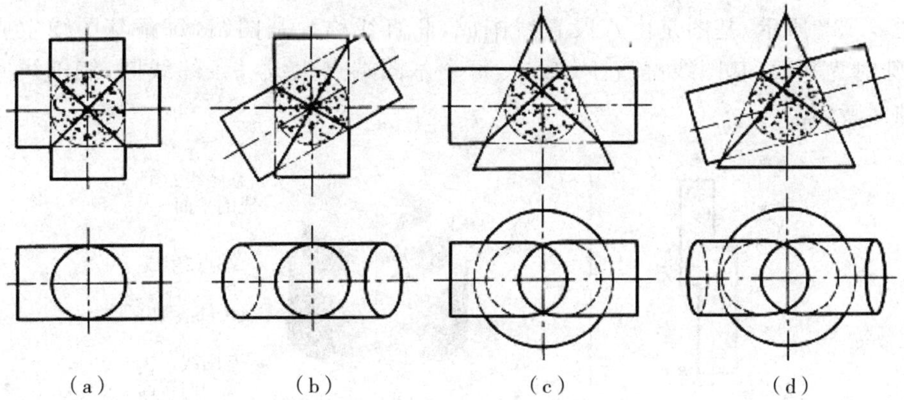

图 3-30　外切于同一球的两回转体的相贯线

3.4 构型设计和布尔运算

目前较先进的设计方法是用计算机构造出零件的三维形体,通过模拟加工、模拟装配,发现问题,改进设计后,直接加工。

计算机构造任何零件的三维形体时,要运用平面图形构造一些简单的基本体,通过布尔运算,构成零件的三维形体。

3.4.1 构型设计

前面讲过基本体,用计算机构型分两种:拉伸体和回转体。

1)拉伸体

构思并绘制一个平面图形,将其拉伸一定厚度所构成的实体称为拉伸体;此平面图形称为基图。

如图 3-31 所示,正六棱柱是 H 面的拉伸体,基面是平行 H 面的正六边形,六边形的边拉出的六个侧面称为拉伸面,六边形的端点拉出的六条相互平行且垂直于基图的棱线称为拉伸线,基面向上拉伸即成正六棱柱。

图 3-31 六棱锥的构型设计图

2)回转体

构思并绘制一个平面图形,将其绕指定轴线回转一周所构成的实体称为回转体。

如图 3-32 所示,基图是由八段直线围成,此直线称为基图线,每条基图线生成一个回转面,特殊时为平面(基图线垂直于轴线),每个基图端点生成一条纬线圆,绕轴线回转一周即成同轴回转体。

图 3-32 回转体的构型设计图

3.4.2 布尔运算

1)平面图形的布尔运算

计算机利用软件的布尔运算功能,对所画的多个图形进行并集、差集、交集三种运算,生成较复杂的平面图形。

如图 3-33 所示,(a)图为两个平面圆 A、B;(b)图为两圆并集(A+B);(c)图为两圆差集(A−B);(d)图为两圆差集(B−A);(e)图为两圆交集。

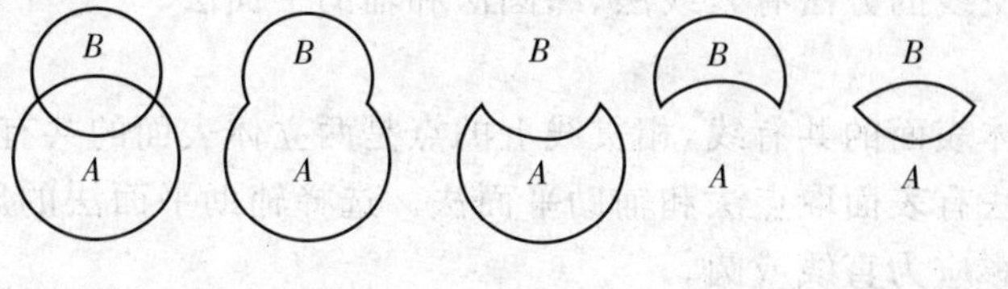

图 3-33 平面图形的布尔运算

2)两基本体的布尔运算

计算机利用软件对基本体同样可以做布尔运算。

如图 3-34 所示,(a)图为两个圆柱体 A、B;(b)图为两圆柱体并集(A+B);(c)图为两圆柱体差集(A−B);(d)图为两圆柱体交集。

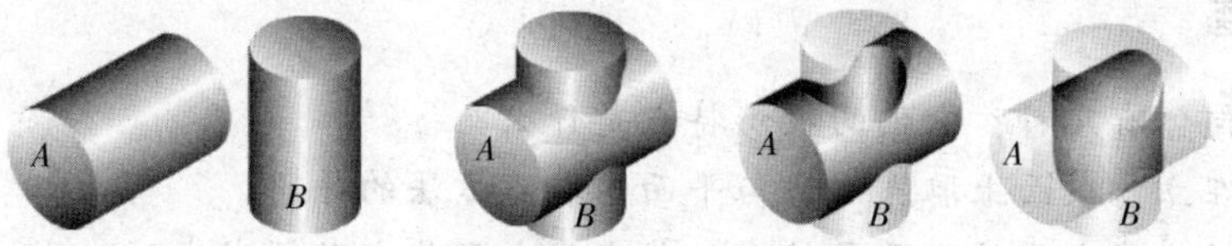

图 3-34 基本体的布尔运算

构型设计有两种方法:一是先对平面图形进行布尔运算,再拉伸成立体;二是先拉伸基本体,再进行布尔运算形成立体. 在实际设计中,两种方法可单独使用,也同时替使用。

本章小结

本章主要研究各种基本形体及基本形体经过截切和组合后的投影特性和作图方法。本章重点是基本体的投影,基本体的截切和相贯。本章难点是求截交线和相贯线。

1. 基本立体

立体分平面立体和曲面立体,表面都是平面的立体称平面立体,如棱柱、棱锥等;表面是平面与曲面、曲面的立体称曲面立体,如圆柱、圆锥、圆球、圆环等。

绘制平面立体的投影实质上就是绘制组成平面立体各平面的投影。一般只需画出各棱面、棱线和顶点的投影,并判别可见性,就能画出平面立体的投影。

绘制曲面立体的投影，就是绘制组成曲面立体的所有曲面与平面或曲面的投影，也就是绘制曲面立体的转向线及轴线的投影。

2. 截交线

平面立体的截交线是平面多边形，多边形的每一个顶点是截平面与立体棱线的交点，因此，求平面立体的截交线就是求出截平面与立体上各被截棱线的交点，判别可见性，然后依次连线即可。

曲面立体的截交线是截平面与立体表面的共有线，截交线上的点是截平面与立体表面上的共有点。求截交线的方法有素线法、纬圆法和辅助平面法。

3. 相贯线

相贯线是两立体表面的共有线，相贯线上的点是两立体表面的共有点。

求相贯线的方法有表面取点法和辅助平面法。选择辅助平面法的原则是辅助平面与两立体表面交线的投影应为直线或圆。

求相贯线的步骤：

① 分析相贯立体的类型，立体间的相对位置，交线空间形状的投影特性；

② 求特殊位置点；

③ 求一般位置点；

④ 判别可见性并依次光滑连线。

4. 构型方法和布尔运算

复习思考题

1. 基本几何体有几种？它们的投影特点是什么？
2. 试比较在立体表面上取点方法与平面内取点方法的异同。
3. 求作回转体截交线的步骤是什么？截交线上哪些点必须求出？
4. 圆锥截交线有几种类型？
5. 什么叫相贯线？求作相贯线的一般方法是什么？选择辅助平面的原则是什么？
6. 相贯线的特殊情况有哪几种？试述圆柱正交相贯线的简化画法。
7. 布尔运算有哪几种？

4　组合体三视图

基本要求：1. 掌握组合体的组合形式及连接方式；

2. 学会形体分析法画组合体三视图；

3. 准确规范标注组合体尺寸；

4. 掌握用形体分析法及线面分析法读组合体视图。

重点：1. 形体分析法画组合体三视图及尺寸标注；

2. 形体分析法与线面分析法相结合读组合体三视图。

难点：组合体三视图的正确绘制与读图。

各种机械零件，不管其形状如何复杂，都可以看成由若干个基本几何体按照一定方式组合而成。由两个或两个以上基本体按一定方式组合而成的形体，称为组合体。本章主要介绍组合体视图的画法、尺寸标注和读组合体视图的方法。

4.1　组合体的组合形式与连接方式

4.1.1　组合体的组合形式

组合体的组合形式分为三种：叠加、切割、综合，而最常见的组合方式为叠加和切割，但实际运用中综合方式也较多出现。

1)叠加

组合体是由若干个基本几何体通过简单堆叠而成，各个基本几何体之间以面接触，如图4-1(a)所示。

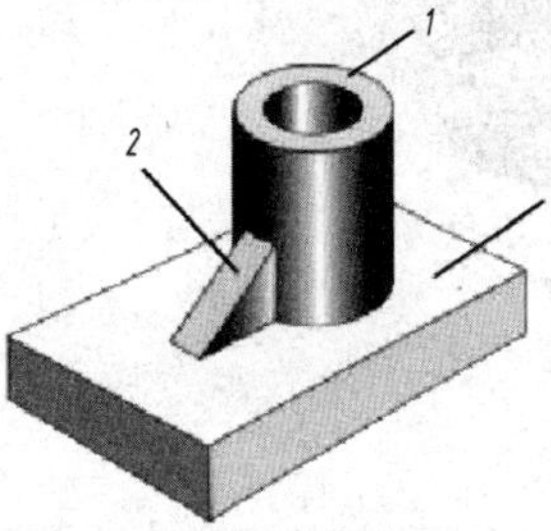

(a) 叠加

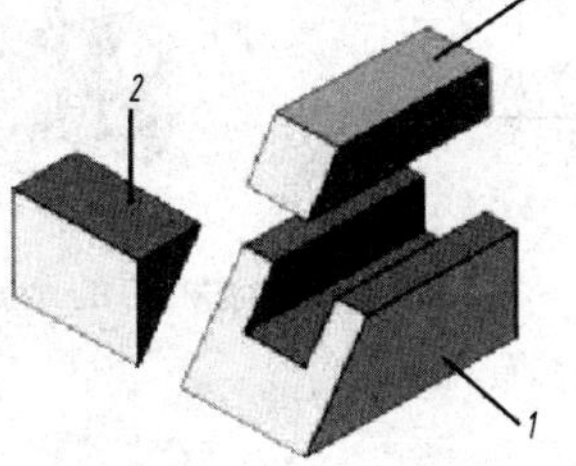

(b) 切割

(c) 综合

图4-1　组合体的组合形式

2)切割

组合体是由较大的基本几何体经过若干次切割而成,如图 4-1(b)所示。

3)综合

组合体是由叠加与切割两种形式而成,如图 4-1(c)所示。

4.1.2 组合体的连接方式

组合体上相邻两表面的连接方式有三种:平齐、相切、相交。

1)平齐

当组合体相邻两形体的表面共面(平齐)时,共面的表面在视图上不画分界线,如图 4-2(a)所示;当组合体相邻两形体的表面不共面(不平齐)时,在视图上则要画出分界线,如图 4-2(b)所示。

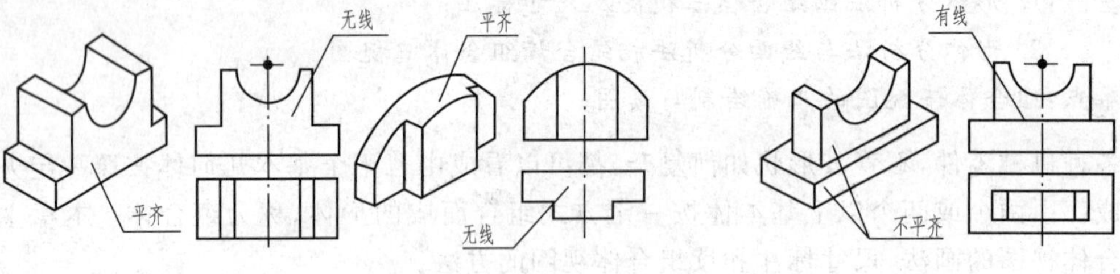

(a) 平齐　　(b) 不平齐

图 4-2　组合体表面平齐与不平齐的画法

2)相切

相切是指两相邻几何体的表面(平面与曲面或曲面与曲面)光滑过渡,相切处不存在轮廓线,如图 4-3 所示,在视图上一般不画分界线的投影。

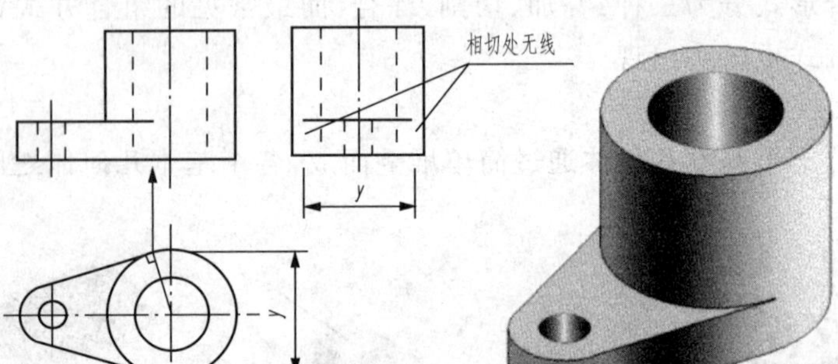

图 4-3　组合体表面相切的画法

3)相交

当两立体表面相交时,两表面交界处有交线,要按投影关系画出表面交线,如图 4-4 所示。

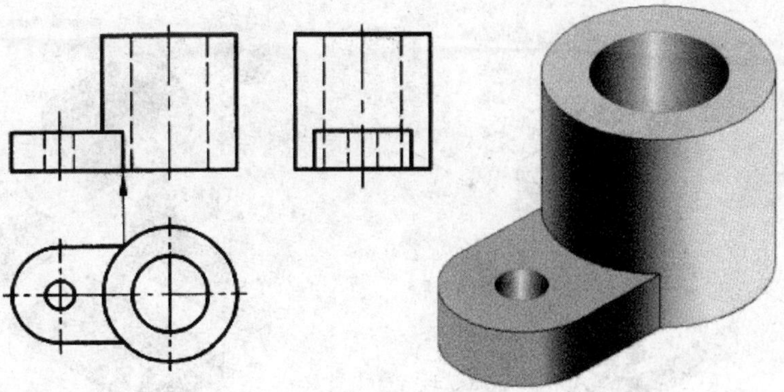

图 4-4 组合体表面相交的画法

4.2 组合体三视图的画法

4.2.1 形体分析法与线面分析法

根据组合体的组合形式不同，画组合体主要有两种方法：形体分析法和线面分析法。

1)形体分析法

画组合体三视图时，按照组合体的形状特征将其分解为若干个基本几何体，并分析其形状、组合形式、相对位置与表面连接关系的方法称为形体分析法。形体分析法是组合体分析的主要方法，也是画图、看图及标注尺寸的基本方法，尤其对于叠加型组合体更为有效。

2)线面分析法

线面分析法是在形体分析的基础上，对不易表达清楚的局部，运用点、线、面的投影特性来分析视图中图线和线框的含义、线面的形状及空间相对位置的方法，该方法特别适用于较复杂的切割型组合体。

在画组合体三视图时，对于较复杂的构型，尤其是综合了叠加与切割两种形式的组合体，在进行分析画图时往往以形体分析法为主，辅以线面分析法，运用投影特征，完成三视图的绘制。

4.2.2 画叠加型组合体三视图

现以图 4-5(a)所示的轴承座为例，说明画叠加型组合体三视图的方法与步骤。

1)形体分析

轴承座可分解为：底板 1、圆筒 2、支撑板 3、肋板 4、凸台 5 共 5 个基本形体，属于叠加型组合体，采用形体分析法，如图 4-5(b)所示。各个基本形体间的关系如下：

(1)支撑板与肋板均叠加在底板上方，底板与支撑板后面平齐；

(2)圆筒由支撑板和肋板支撑，支撑板的左、右两侧与圆筒的外圆柱面相切；

(3)肋板左、右两侧面与圆筒表面相交有截交线；

(4)凸台与圆筒外表面相贯，内孔表面也相贯。

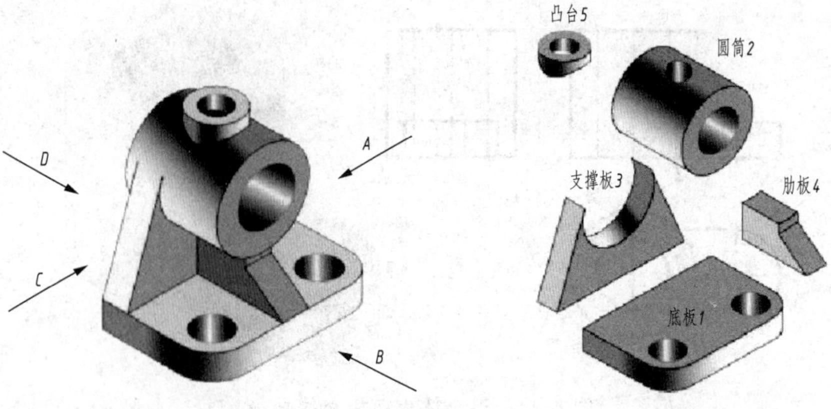

（a）　　　　　　　　　　（b）

图 4-5　轴承座

2)视图选择

主视图是三视图中最主要的视图，其选择是否恰当，直接影响组合体视图表达的清晰度。选择主视图需要注意以下原则：

(1)主视图应最能反映组合体的结构形状特征，即在主视图上尽可能清楚地表达组成该组合体的各基本几何体形状及相对位置。

(2)组合体应按符合工作安放习惯的自然位置来放置。

(3)在三视图中尽量减少虚线，在选择组合体安放位置时，要同时考虑到使其他各视图中不可见部分最少。

如图 4-5(a)所示，将轴承座自然放置，对所示的四个方向投射所得视图进行比较，D 向视图出现较多虚线，没有 B 向视图清楚；C 向视图与 A 向视图同等清晰，但如以 C 向视图作为主视图会造成左视图中虚线过多，所以不如 A 向视图好；再以 A 向视图和 B 向视图进行比较，两者对反映各部分的形状特征和相对位置来说，均符合主视图的选择条件，且各有特点，但 B 向视图上轴承座各组成部分的形状特点及其相互位置反映得最清楚，因此选用 B 向作为主视图的投射方向较 A 向更好。

主视图选定后，根据组合体结构的复杂程度再选择其他视图。确定视图数量的原则是在完整、清晰地表达出组合体各部分形状的前提下，力求制图简便，使视图的数量最少，即不画多余的视图。还以轴承座为例，为了表达出底板的形状以及底板上两个圆孔中心的位置，还需画出俯视图；为了表达肋板的形状及与其他形体的连接关系，需要画出左视图。因此，该轴承座用主视、俯视、左视三个视图即可表达清楚。

3)画图步骤

(1)主视图确定后，选择画图比例，确定图幅，布置视图并画出基准线。

(2)打底稿。按照形体分析法，先画主要形体，后画次要形体；先画完整基本体，后画挖孔切割结构；先画可见部分，后画不可见部分。同时，要先从反映形状特征的视图入手，按照三视图投影规律同时绘制，并注意各形体之间表面连接处的画法。底稿要画得轻、细、稳、准。

(3)检查、加深。底稿完成后，注意检查各视图是否缺漏、错画图线，最后按机械制图标准线型加深。

轴承座的具体画法见图 4－6 所示。

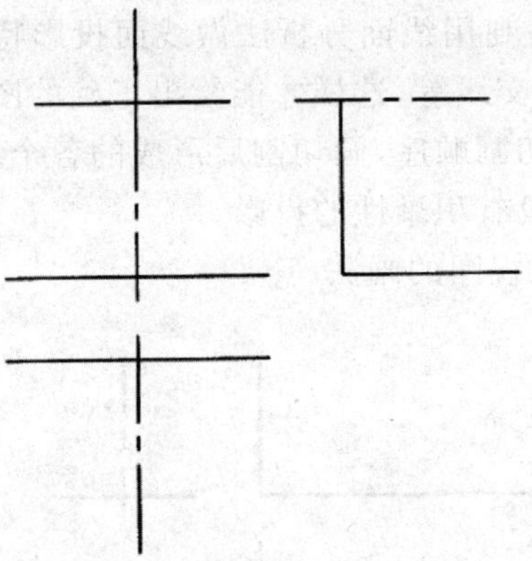

（a）布图、画基准线

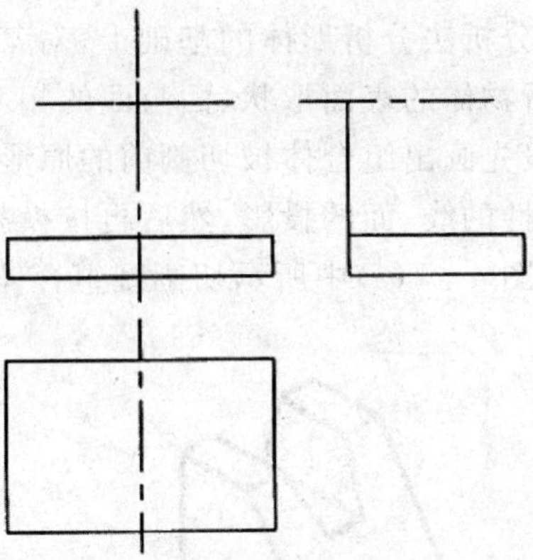

（b）画底板的三视图

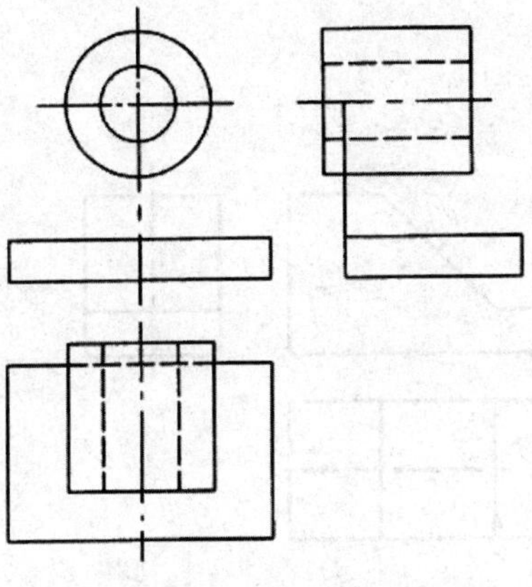

（c）画圆筒的三视图

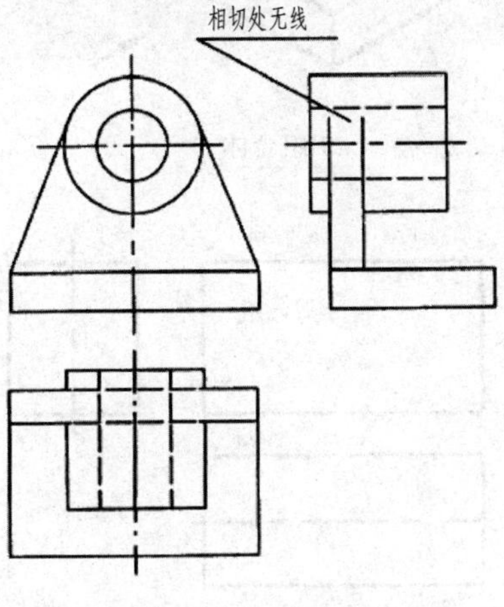

（d）画支撑板的三视图

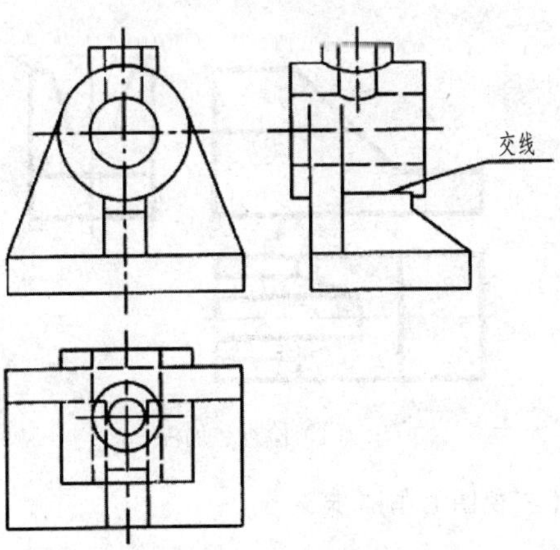

（e）画凸台与肋板的三视图

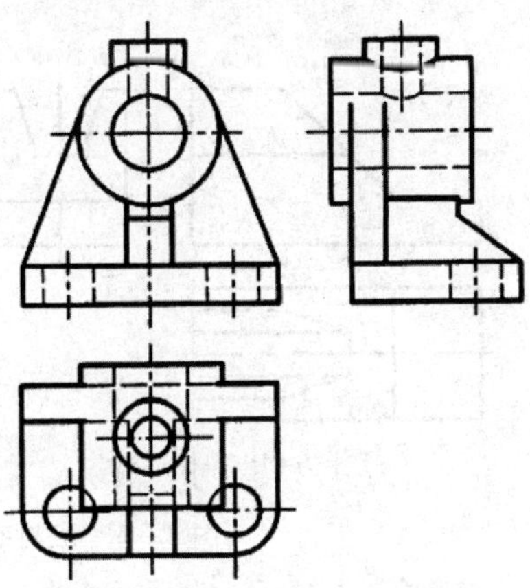

（f）画细节，检查，加深

图 4－6　轴承座三视图的画图步骤

4.2.3 画切割型组合体三视图

对于切割体来说，在挖切过程中形成的面和交线较多，形体不完整。解决这类问题时，在用形体分析法分析形体的基础上，对某些线面还要利用线面分析法做线面投影特性的分析，如分析物体的表面形状、面与面的相对位置、表面交线等，这样才能绘出正确的图形。作图时，一般先画出组合体被切割前的原形，然后再按切割顺序，画切割后形成的各个表面，先画有积聚性的线、面的投影，然后再按投影规律画出没有积聚性的投影。

现以图 4 - 7(a)中所示切割型组合体为例说明三视图的画法。

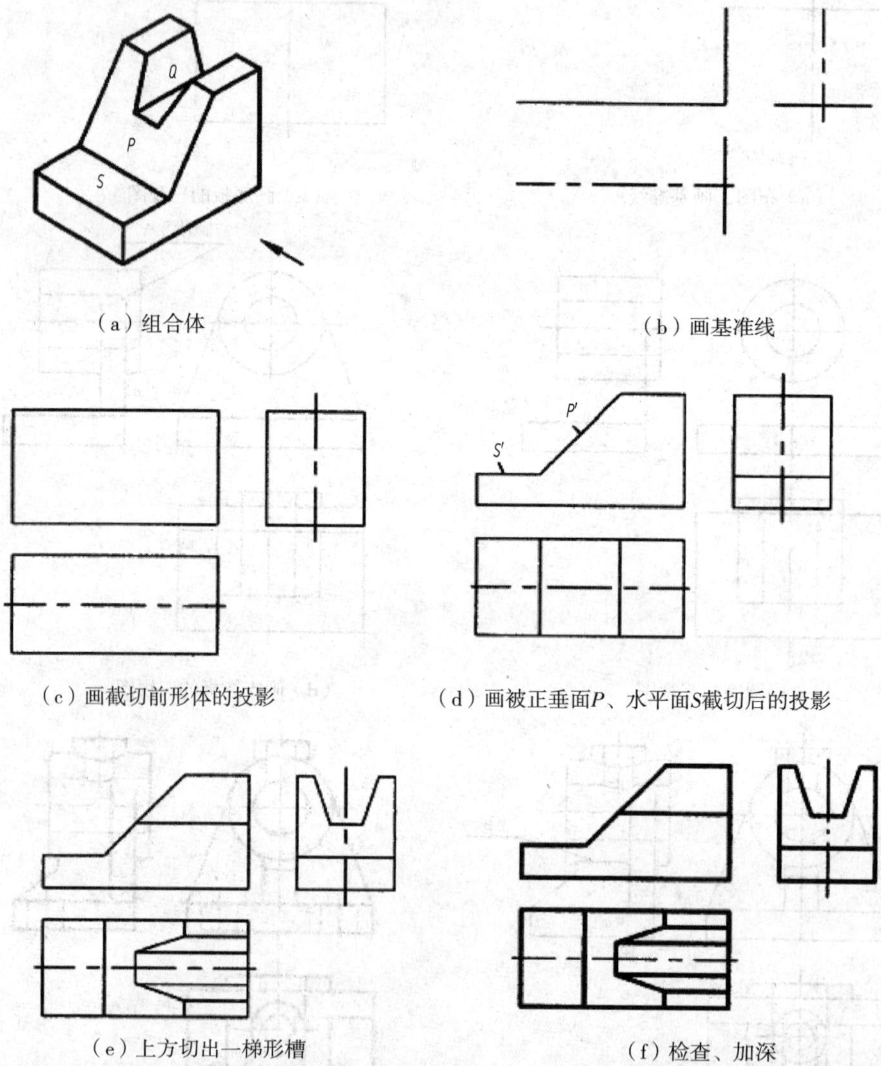

(a) 组合体　(b) 画基准线

(c) 画截切前形体的投影　(d) 画被正垂面P、水平面S截切后的投影

(e) 上方切出一梯形槽　(f) 检查、加深

图 4 - 7　切割型组合体三视图的画图步骤

(1)先画被切割前的完整基本体。如图 4 - 7(c)所示，该组合体可认为是由长方体切割去掉两个部分的形体而形成的。

(2)选择主视图。根据主视图的选择原则,确定图 4-7(a)中箭头方向为主视方向。

(3)按切割过程逐个画出被切去部分视图。画图时,应先画反映被切割部分形状特征的视图(切割面的积聚性投影),再画其他视图,仍然按照三视图投影规律,三个视图同时配合作图。

4.3　组合体的尺寸标注

组合体的视图只能反映它的形状,而各形体的真实大小及其相对位置,则要通过标注尺寸来确定。本节是在平面图形尺寸标注的基础上,进一步学习基本形体和组合体的尺寸标注法。尺寸标注的基本要求是尺寸正确、完整、清晰并符合国家标准中关于尺寸标注的规定。

4.3.1　基本体的尺寸标注

为了掌握组合体的尺寸标注,必须先熟悉基本体的尺寸标注。常见基本体的尺寸标注方法如图 4-8 所示。棱柱、棱锥等平面立体一般需要标注长、宽、高三个方向的尺寸;圆柱、圆锥、球及环等回转体一般需要标注轴向和径向两个方向的尺寸。

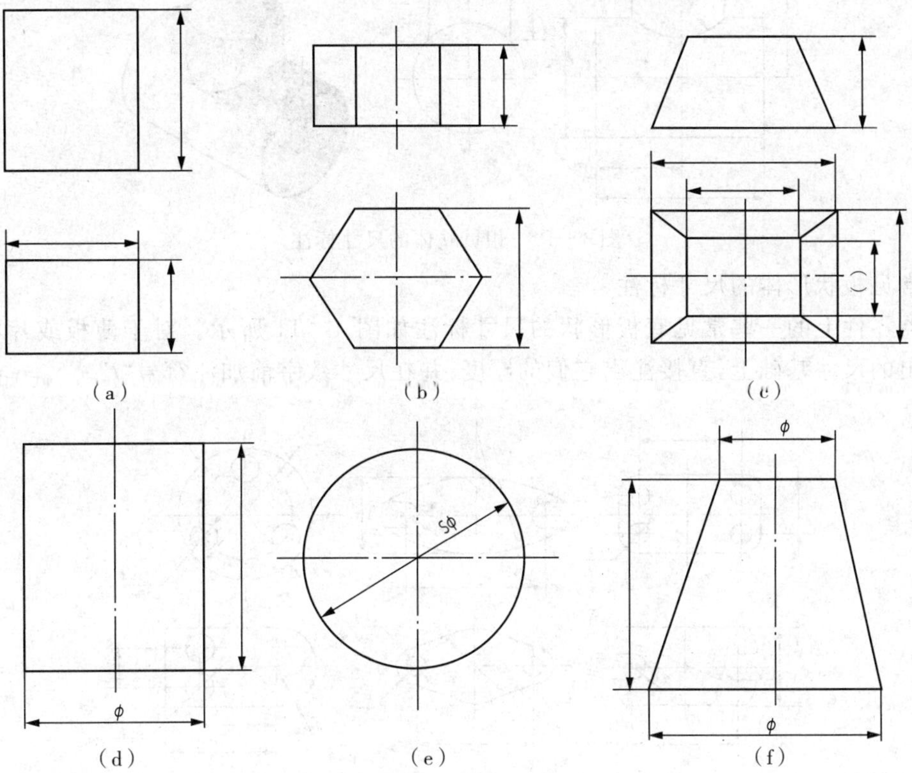

图 4-8　基本体的尺寸标注

4.3.2 常见结构的尺寸标注

1)带有截交线、相贯线立体的尺寸标注

截交线的形状和大小取决于立体的形状、大小以及截平面与立体的相对位置,因此标注截交线部分的尺寸时,只需标注立体的尺寸和截平面的位置尺寸,如图 4-9 所示。

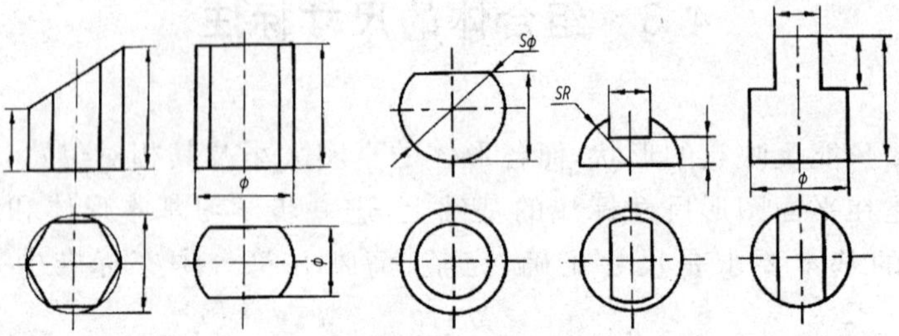

图 4-9　截切立体的尺寸标注

相贯线的形状和大小取决于参与相贯的各立体的形状、大小及其相对位置,标注相贯线部分的尺寸时,只需标注与相贯的各立体的尺寸及其相对位置尺寸,如图 4-10 所示。

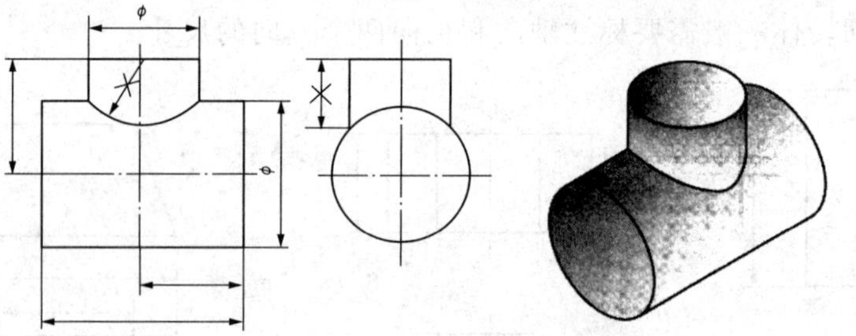

图 4-10　相贯立体的尺寸标注

2)常见板状形体的尺寸标注

机器零件上的一些常见底板形状的尺寸标注如图 4-11 所示。对于薄板或片状零件,可在标出的尺寸基础上,直接注出它们的厚度,并在尺寸数字前加注符号“t”。

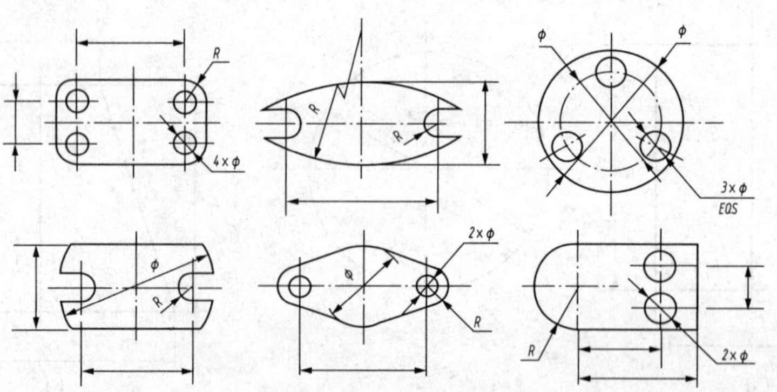

图 4-11　板状形体的尺寸标注

4.3.3 组合体的尺寸标注

标注组合体尺寸的方法仍然是形体分析法。首先通过形体分析将组合体分解为若干基本体，对每一个基本体标注定形尺寸和定位尺寸，最后再根据组合体的结构特点标注出总体尺寸，并对已注的尺寸做必要的调整。

现以图 4－12 所示轴承座为例，说明组合体尺寸标注的方法及步骤。

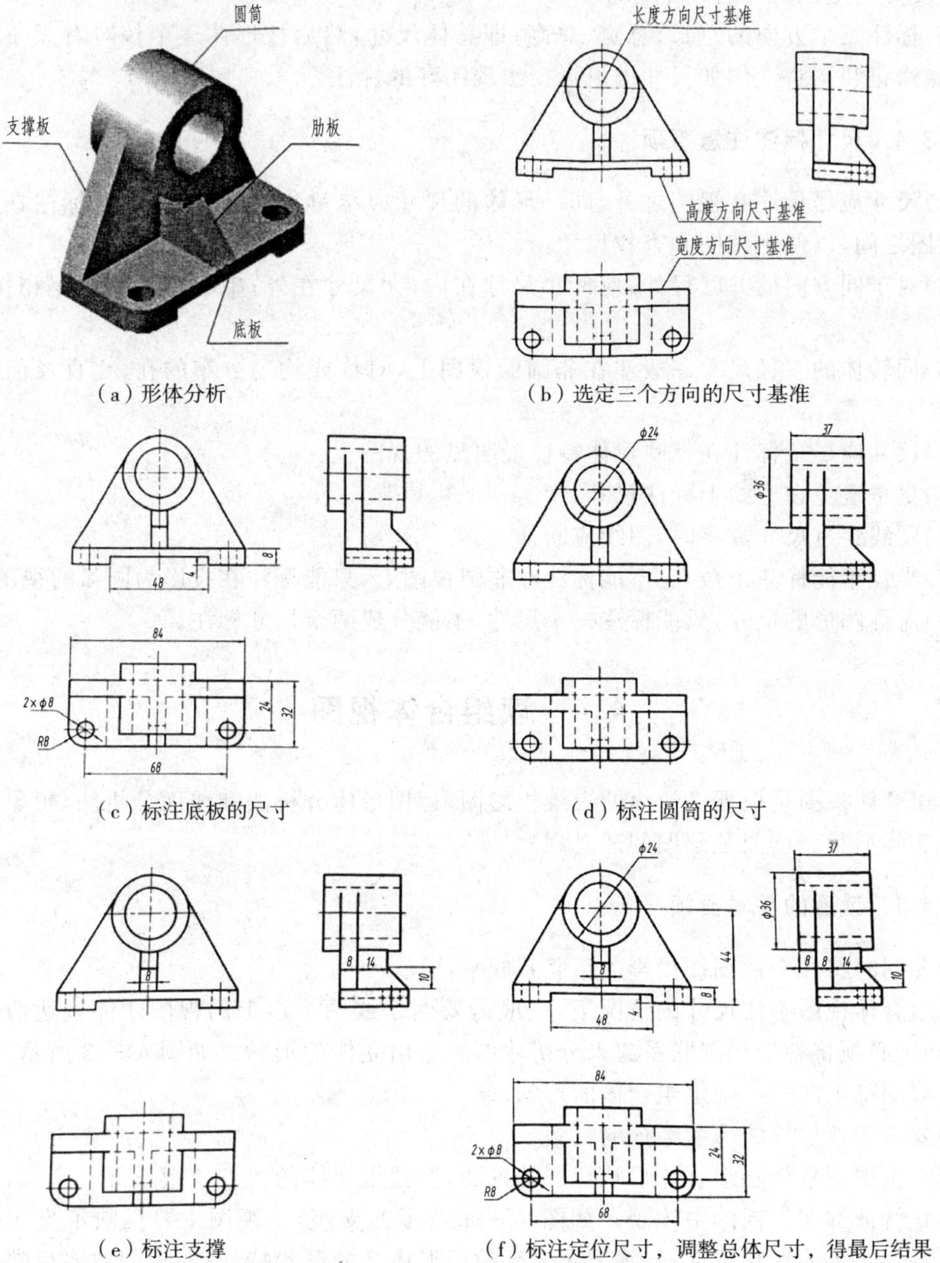

（a）形体分析　（b）选定三个方向的尺寸基准

（c）标注底板的尺寸　（d）标注圆筒的尺寸

（e）标注支撑　（f）标注定位尺寸，调整总体尺寸，得最后结果

图 4－12　组合体的尺寸标注步骤

(1)按形体分析法，轴承座可以看作是由 4 个基本部分组成，此处不再赘述。

(2)选定三个方向的尺寸基准。由轴承座的结构特点可知：底板的下表面是轴承座的安装基面，因此下表面可作为高度方向上的尺寸基准；轴承座是左右对称的结构，对称平面可作为长度方向上的尺寸基准；底板和支撑板共面的后端面可作为宽度方向上的尺寸基准。

(3)逐个标注各个形体的定形尺寸。

(4)从三个基准面出发，标注各个形体的定位尺寸。其中轴承座长度方向上是对称的，因此长度方向定位尺寸可以不标注。

(5)标注三个方向的总长、总宽、总高，即总体尺寸，然后按形体逐个核对有无重复或遗漏，并做修正和调整。例如尺寸链里不要出现闭环的标注。

4.3.4 尺寸标注注意事项

(1)尺寸应尽量注在视图之外，同一形体的尺寸应尽量集中标注，并尽量标注在该形体的两视图之间，以便于读图和查找尺寸。

(2)对于同方向的并联尺寸，应使小尺寸在内，大尺寸在外；串联尺寸应首尾相接，箭头对齐。

(3)回转体的直径尺寸一般注在非圆的视图上，对称或均匀分布的孔，在直径前注孔的数量。

(4)尺寸应尽量标注在反映形体特征最明显的视图上。

(5)尽量避免在虚线上标注尺寸。

(6)图线穿过尺寸数字时，图线应断开。

(7)半径不能标注个数，也不能标注在非圆视图上，只能标注在投影为圆弧的视图上。

(8)对称图形的尺寸，只能标注一个尺寸，不能分成两个尺寸标注。

4.4 读组合体视图

读组合体视图是根据已给出的二维投影图，运用形体分析法和线面分析法，想象出空间物体的实际形状。读图是画图的逆过程。

4.4.1 读图的基本要领

1)要同时将几个视图按投影关系联系起来读

在组合体视图不注尺寸的情况下，一般需要两个或两个以上的视图才能表达清楚。因此看图时，必须将各个视图联系起来分析才能想象出立体的形状。如图 4-13 所示，一个甚至两个视图都不能唯一确定组合体的形状。

2)要善于抓住反映形状特征的视图

通常主视图是反映组合体形状特征的视图，但就组合体的每一个组成部分来说，不一定每个形状特征都在主视图中体现。如图 4-14 所示的支座，主视图主要反映了支座的形状特征以及形体 1 的形状特征；俯视图主要反映了形体 2 的形状特征；左视图主要反映了形体 3 的形状特征。因此在看图时要善于抓住各部分形状特征视图。

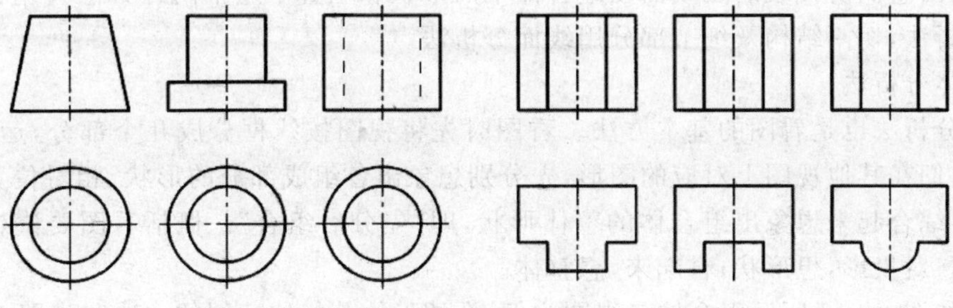

图 4-13 几个视图联系起来读图

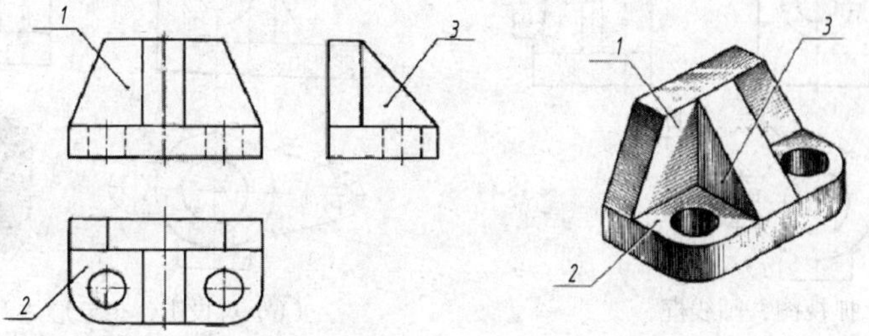

图 4-14 抓住特征视图读图

3)明确视图中封闭线框与图线的含义

(1)视图中封闭线框的含义

① 一个封闭线框代表组合体上的一个表面或通孔的投影,如图 4-15 所示 Ⅰ是平面,Ⅱ是平曲相切复合面,Ⅲ是曲面,Ⅳ是通孔。

② 相邻两封闭线框,表示组合体上相交或相错两个表面的投影,如 Ⅰ与 Ⅱ、Ⅱ与 Ⅲ。

③ 线框中包含线框,表示物体上的凸台、凹坑或通孔,图中 Ⅴ表示凸起的圆台,Ⅵ表示凹下的锥台,Ⅶ表示圆柱通孔。

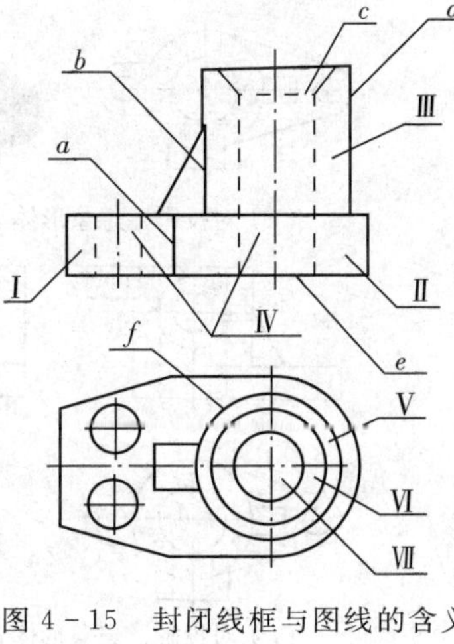

图 4-15 封闭线框与图线的含义

(2)视图中图线的含义

① 两表面交线的投影:

平面与平面的交线,见图 4-15 中 a;

平面与曲面的交线,见图 4-15 中 b;

曲面与曲面的交线,见图 4-15 中 c。

② 平面和曲面上具有积聚性的投影,见图 4-15 中 e 和 f。

③ 回转体转向轮廓线的投影,见图 4-15 中 d。

4.4.2 读图的方法

读图的基本方法也是形体分析法,但是当某些组合体具有形状复杂的结构时,只用形体分析法是不够的,还需要辅以线面分析法。通过对线、面的投影进行分析,也就是分析线及线框,想象出它们所代表的线或面在组合体中的形状和位置。通常两种方法并用,叠加结构用形体分析法,切割结构及细节部分用线面分析法。

1)形体分析法

形体分析法也是看图的基本方法。看图时先将视图按线框分成几个部分,运用投影规律,找出它们在其他视图上对应的图形,先分别想象出各组成部分的形状、相对位置、表面连接关系,再综合起来想象出组合体的整体形状,即“先分后组合”。概括看图要诀就是:抓视图,画线框;对投影,想形状;合起来,想整体。

现以如图 4-16 所示组合体三视图为例,介绍形体分析法读图的方法和步骤。

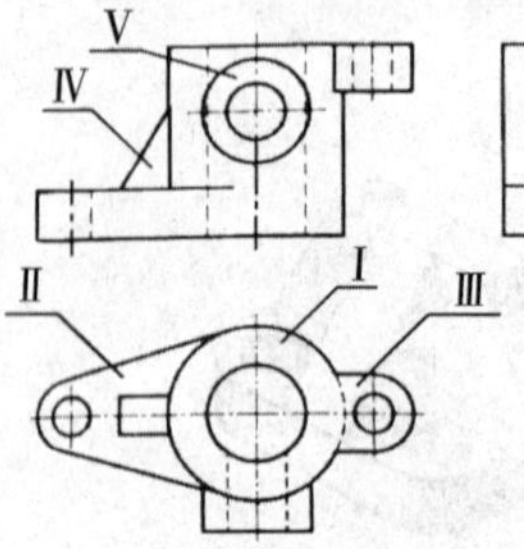

(a) 抓视图, 画线框

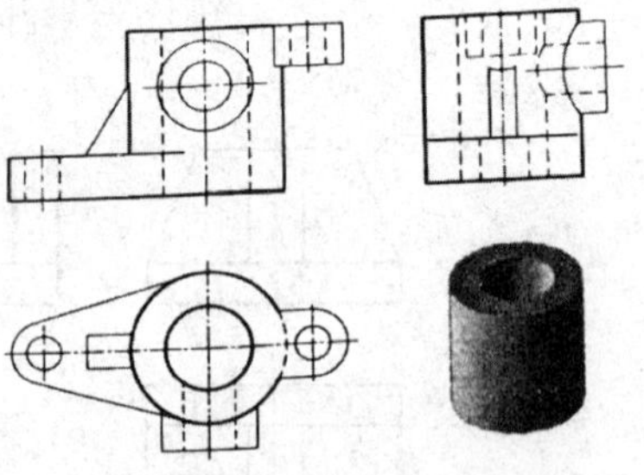

(b) 对投影, 想象形体Ⅰ的形状

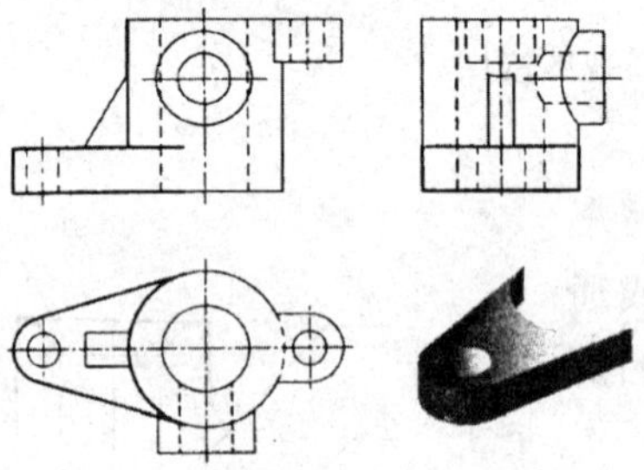

(c) 对投影, 想象形体Ⅱ的形状

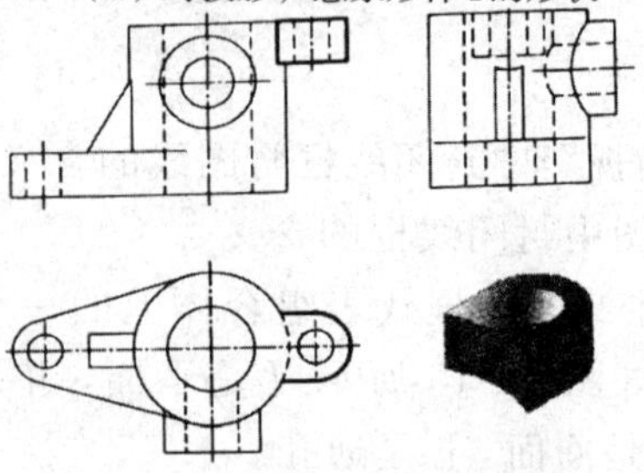

(d) 对投影, 想象形体Ⅲ的形状

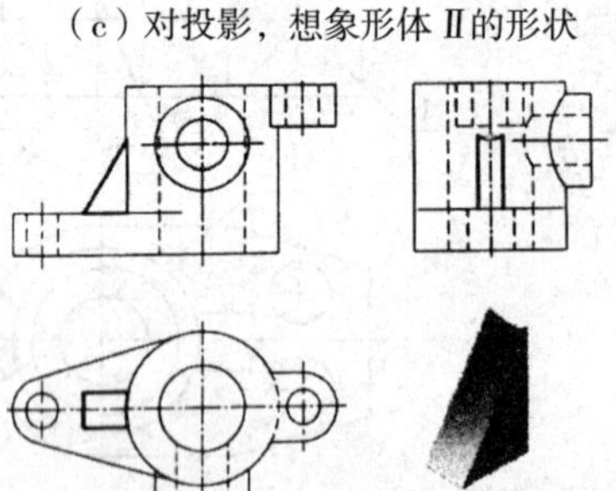

(e) 对投影, 想象形体Ⅳ的形状

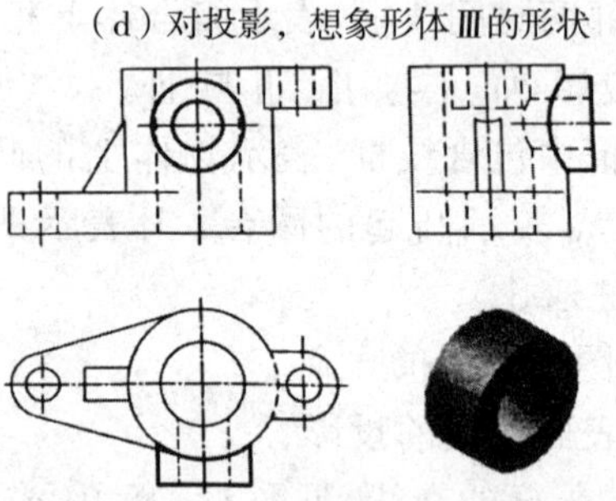

(f) 对投影, 想象形体Ⅴ的形状

(g) 综合起来, 想整体

图 4-16 形体分析法读图的步骤

2)线面分析法

线面分析法是在形体分析法的基础上，运用点、线、面的投影规律，分析视图中线、面的空间位置、形状，进而想象出物体形状的一种方法。特别是在读切割体视图时，对挖切部分较多，所形成的交线较复杂的部分，采用线面分析法读图，对提高读图速度和准确率更为有效。

现以如图 4 - 17 所示压块的三视图为例，介绍线面分析法读图的方法和步骤。

(1)对压块作形体分析。压块三个视图的主要轮廓线都是矩形，因此它在被切割前是一个四棱柱。

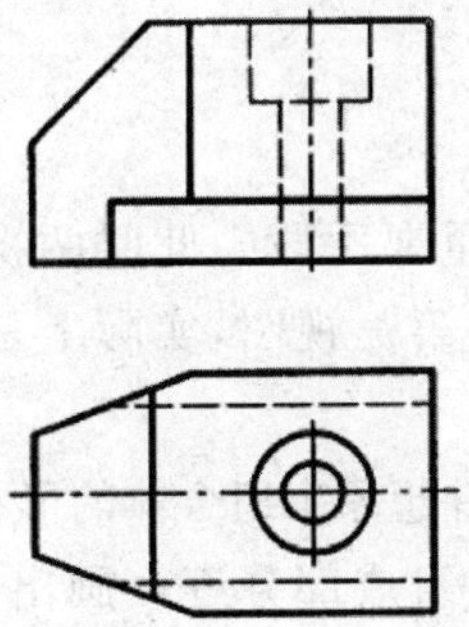

(a) 压块三视图

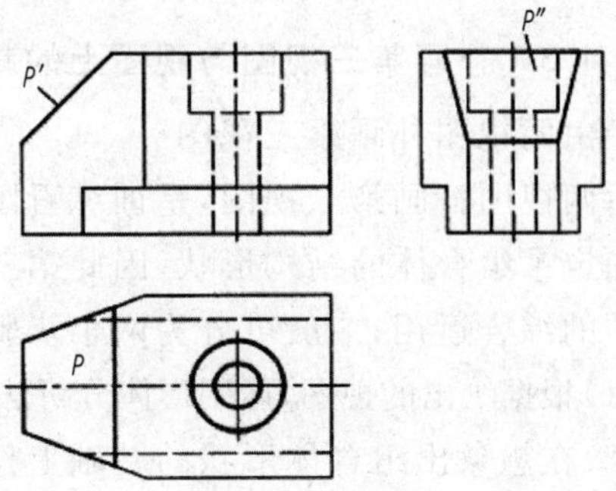

(b) 分析 p 面投影

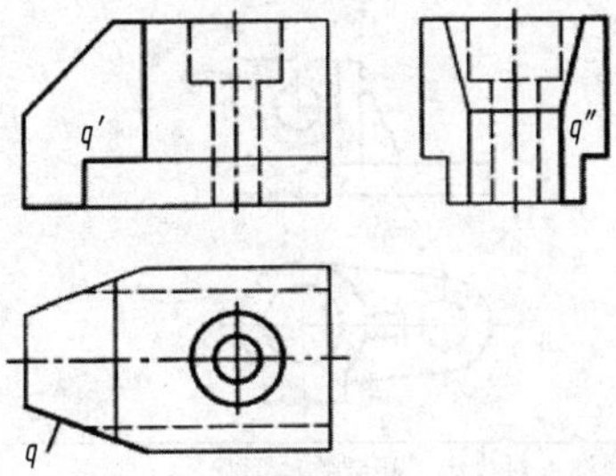

(c) 分析q面投影

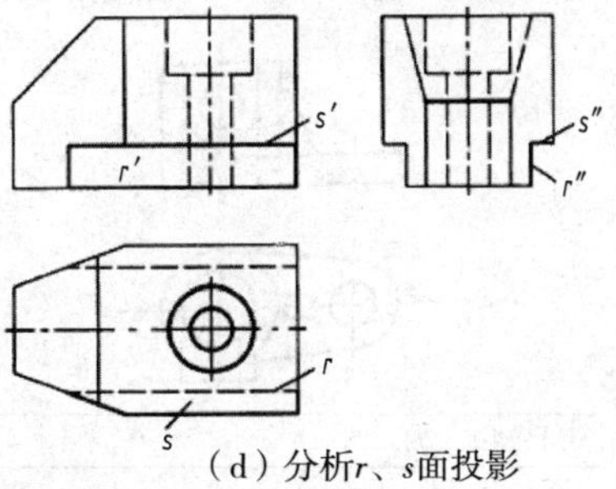

(d) 分析r、s面投影

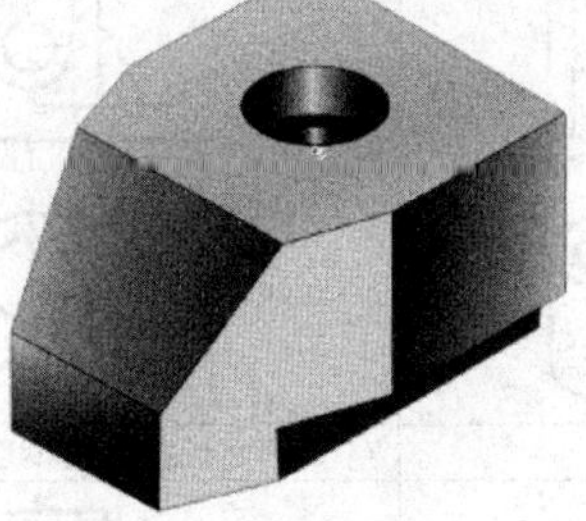

(e) 压块整体形状

图 4 - 17　线面分析法读图的步骤

(2)再进行线面分析。

① 俯视图中的线框 p，由“长对正”在主视图中与它对应的投影是一斜线，在左视图中与之对应的投影为一梯形线框，根据投影面垂直面“一直线两类似形”的投影特性，可知这是一个正垂面，即用正垂面切去四棱柱的左上角。

② 分析主视图中的线框 q，在俯视图与它对应的投影为一斜线，左视图上与它对应的投

影为七边形，根据平面的投影特性确定 q 面为一铅垂面，即四棱柱被两个铅垂面在左端前、后各对称地截去了两个角。

③ 分析主视图中的线框 r，其余两投影均积聚成直线，根据投影面平行面“一实形两直线”的投影特性，说明它是一个正平面。分析俯视图上的 s 线框，对应其他两投影均为直线，说明是一水平面。由此可知，左视图上前、后两个缺口是被正平面和水平面截切而成的。

其余的表面比较简单，不再一一分析。

(3)综合起来想整体。在看懂压块各表面的空间位置与形状后，还必须根据视图弄清面与面之间的相对位置，进而综合想象出压块的整体形状。

4.4.3 补画第三视图与视图上的漏线

1)由两视图补画第三视图

由两视图补画第三视图，是训练看图能力、培养空间想象力的重要手段。此时两视图已完全确定了组合体的结构形状，因此第三视图是唯一的。因此补画第三视图，实际上是看图和画图的综合运用，一般可分为两个步骤：

(1)根据给出的视图，运用形体分析法和线面分析法将视图看懂，并想象出组合体的形状；

(2)在想象出组合体形状的基础上作图，在作图时，仍然是按各组成部分逐一画出，进而完成整个组合体第三视图。

如图 4-18 所示，已知物体的主、俯视图，补画左视图。

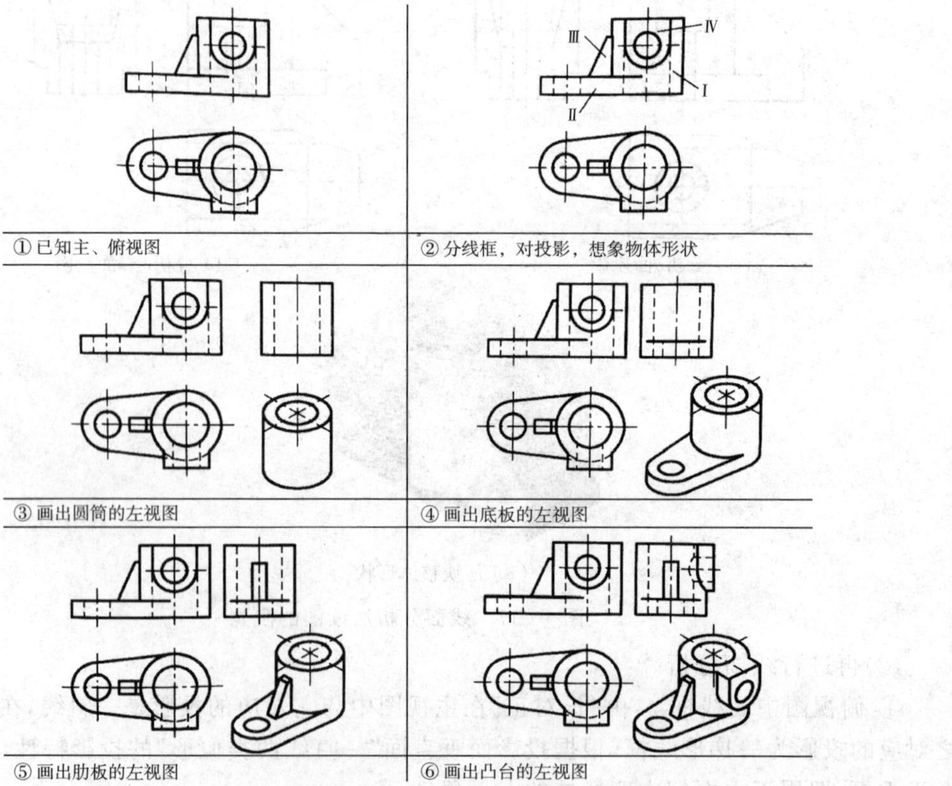

图 4-18　补画第三视图

2)补画漏线

补画漏线与补画视图一样，是训练读图能力的非常有效的方法。物体的三个视图一般都给出来，但其中有的视图有漏线，要求补全这些漏线。这类题目也是运用看组合体视图的基本方法，分线框、对投影，从反映物体形状和位置特征的视图入手，联系其他视图看懂物体形状，通过补全漏线来验证，最终搞清楚物体的形状。

如图 4-19 所示，补全视图中的漏线。

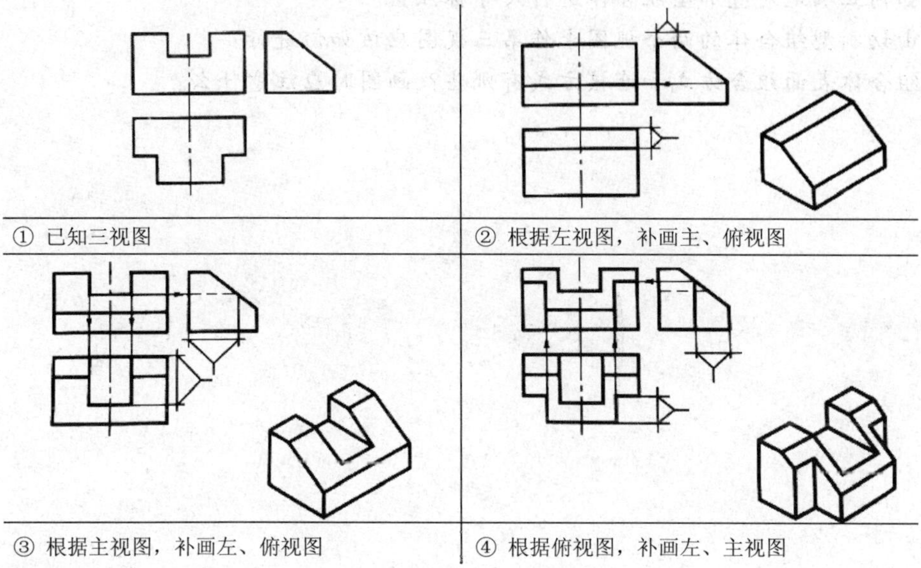

图 4-19　补画三视图中的漏线

本章小结

本章重点在于利用形体分析法和线面分析法绘制和阅读组合体视图。

1. 绘图

(1)对叠加型组合体，主要运用形体分析法。逐个形体画图，先画主要形体，后画次要形体；先定位置，后画形状；先画形体，后画交线；先画具有形状特征的视图，后画其他视图以及尽可能几个视图联系起来。

(2)对切割型组合体，主要运用线面分析法。选一个基本形体作为画图的基础，画出其视图，再在此基础上按切割面依次画出切割后的斜面投影。

2. 读图

(1)读叠加型组合体视图，主要运用形体分析法，以线面分析法分析难点位置，通过分线框、对投影，综合各组成形体和相互位置想整体。

(2)读切割型组合体视图，主要运用线面分析法。通过分线框、对投影，综合各表面的形状和位置想整体。

读图的过程，一般从特征视图入手，先读易懂的形体，后读难懂的形体。遇到难点时，可采用“先假定后验证，边分析边想象”的方法来突破。

复习思考题

1. 何谓形体分析法？何谓线面分析法？
2. 请叙述读叠加型组合体的步骤。
3. 如何正确地对叠加型组合体进行尺寸标注？
4. 由切割型组合体的两个视图求作第三视图应该如何进行？
5. 组合体表面组合方式和连接方式有哪些？画图时应注意什么？

5 轴测图

基本要求：1. 了解轴测图的基本知识；

2. 掌握正等轴测图的形成及画法；

3. 掌握斜二轴测图的形成及画法。

重点：1. 正等轴测图的画法；

2. 斜二轴测图的画法。

难点：组合体正等轴测图的画法。

正投影图在工程上可以准确完整表达零件形体的真实大小，作图简便、度量性好，但其立体感差，必须具备基本的投影知识才能看懂。为了直观的表达物体，工程上也经常采用轴测图，它能在一个投影面上同时反映物体的长、宽、高三个方向的形状，立体感和直观性好，容易看懂。轴测图一般不能反映物体的真实形状及大小，度量性差，作图麻烦，因此常作为辅助图样以方便正投影图的读图。

5.1 轴测图的基本知识

5.1.1 轴测图的形成及投影特性

如图 5-1 所示，将物体连同其直角坐标系，沿不平行于任何坐标面的方向，用平行投影法将其投射在单一投影面上所得到的图形称为轴测投影，简称轴测图。在轴测投影中，投影面 P 称为轴测投影面，投射方向 S 称为轴测投射方向。

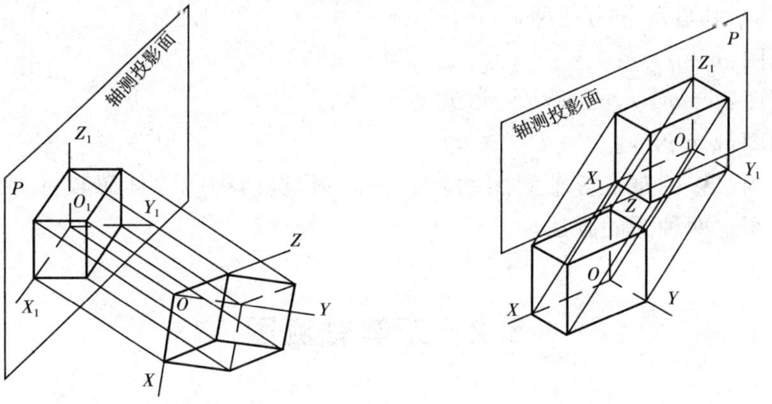

(a) 正轴测图的形成　　　　(b) 斜轴测图的形成

图 5-1　轴测图的形成

由于轴测图是用平行投影法作出的，因此仍然具有平行投影的基本特性。

(1)平行性：物体上互相平行的线段，在轴测图上仍然互相平行。

(2)定比性：物体上两平行线段或同一直线上的两线段长之比，在轴测图上保持不变。

这两个特性，在画轴测图时，应熟练掌握和运用。

5.1.2 轴测图的基本术语

1)轴测轴

空间直角坐标系的坐标轴在轴测投影面上的投影称为轴测投影轴，简称轴测轴。如图5-1中的O_1X_1轴、O_1Y_1轴和O_1Z_1轴。

2)轴间角

两轴测轴之间的夹角称为轴间角，如图5-1中的$\angle X_1O_1Y_1$、$\angle Z_1O_1Y_1$、$\angle X_1O_1Z_1$。

3)轴向伸缩系数

轴测轴上的单位长度与相应直角坐标轴上的单位长度的比值称为轴向伸缩系数。X、Y、Z轴的轴向伸缩系数分别用p_1、q_1、r_1表示，即

$p_1=O_1X_1/OX$；$q_1=O_1Y_1/OY$；$r_1=O_1Z_1/OZ$

5.1.3 轴测图的分类

根据投射方向与轴测投影面的相对位置不同，轴测图可分为以下两类。

1)正轴测图

投射方向与轴测投影面垂直，即用正投影法得到的轴测图，如图5-1(a)所示。根据轴向伸缩系数不同，其又可以分为三种。

正等轴测图：$p=q=r$；

正二轴测图：$p=q\neq r$，或$p\neq q=r$，或$p=r\neq q$；

正三轴测图：$p\neq q\neq r$。

2)斜轴测图

投射方向与轴测投影面倾斜，即用斜投影法得到的轴测图，如图5-1(b)所示。根据轴向伸缩系数不同，其也可分为三种。

斜等轴测图：$p=q=r$；

斜二轴测图：$p=q\neq r$，或$p\neq q=r$，或$p=r\neq q$；

斜三轴测图：$p\neq q\neq r$。

工程上应用最多的是正等轴测图和斜二轴测图，这两种图立体感较强、作图较为简便。后面将重点介绍这两种图的画法。

5.2 正等轴测图

当物体上的三根直角坐标轴与轴测投影面倾斜的角度相同时，得到的轴测图称为正等轴测图。

5.2.1 轴间角和轴向伸缩系数

在正等轴测图中，由于直角坐标系的三个坐标轴对轴测投影的倾角相等，因此轴间角$\angle X_1O_1Y_1=\angle Z_1O_1Y_1=\angle X_1O_1Z_1=120°$，如图 5-2 所示。一般取 O_1Z_1 轴为竖线。

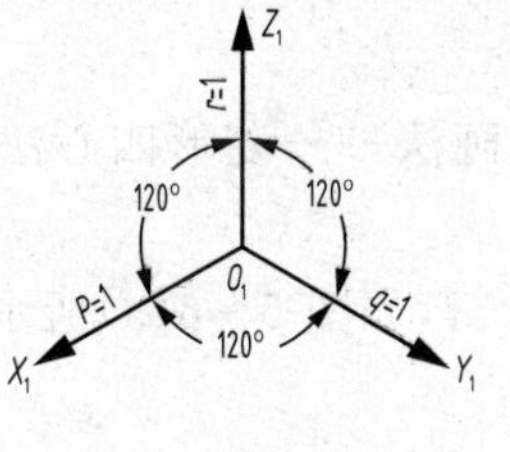

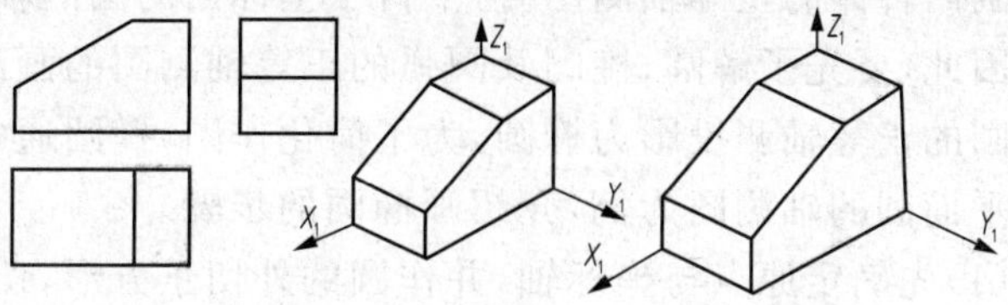

(a)　　(b) $p=q=r=0.8$　　(c) $p=q=r=1$

图 5-2　正等轴测图的轴间角　　　　图 5-3　不同伸缩系数的正等轴测图

正等轴测图的各轴向伸缩系数均相等，即 $p_1=q_1=r_1=0.82$。为了作图方便，国家标准规定简化的轴向伸缩系数 $p_1=q_1=r_1=1$，意思是平行于坐标轴的线段，均按原尺寸画出，此时的正等轴测图比实际物体放大了 1.22 倍，但图形形状不变，如图 5-3 所示。

5.2.2 平面立体正等轴测图的画法

画轴测图的基本方法是坐标法。所谓坐标法就是根据立体表面上每个顶点的坐标，画出它们的轴测投影，然后连成立体表面的轮廓线，从而获得立体轴测投影的方法。

画轴测图时，先要确定轴测轴的位置，然后再把轴测轴作为基准画轴测图。轴测轴一般设置在反映物体本身某一特征位置的线上，可以是主要棱线、对称中心线、轴线等。

画轴测图时还要注意以下两点：

(1)一般情况下物体的可见轮廓用粗实线表示，不可见轮廓的细虚线可省略不画。

(2)当立体表面上所画直线与坐标轴平行时，可直接量取尺寸；当所画直线不与坐标轴平行时，绝不可在图上直接度量，而应按 x、y、z 坐标分别作出直线两端点的轴测图，然后连线得到直线的轴测图。

【例 5-1】如图 5-4 所示为正六棱柱的两投影视图，作出正等轴测图。

作图步骤如下：

(1)在两视图上确定直角坐标系，坐标原点取为顶面的中心，如图 5-4 所示。

(2)画轴测轴，分别在 X_1、Y_1 方向截取长度 A、B，再利用平行性及六边形边长作出顶面的轴测投影，如图 5-5(a)、(b)所示。

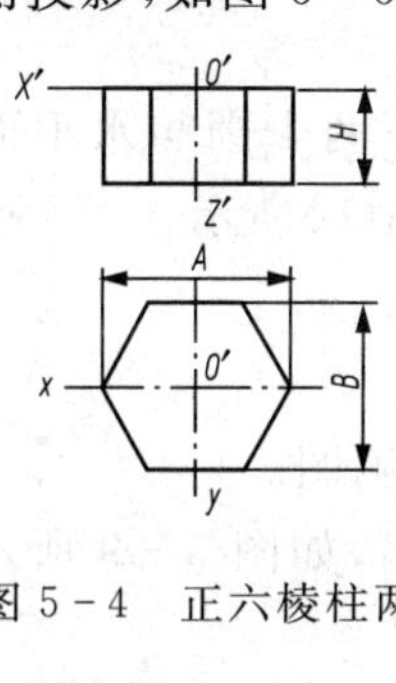

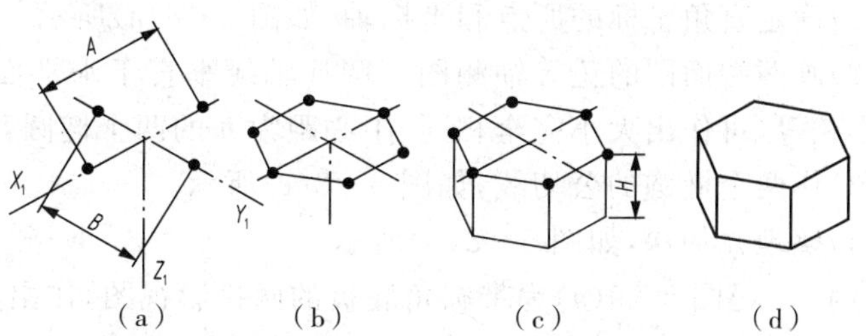

(a)　　(b)　　(c)　　(d)

图 5-4　正六棱柱两视图　　　　图 5-5　正六棱柱的正等轴测图

(3)根据高度在 Z_1 方向截取 H,作出底面各点轴测投影,如图 5－5(c)所示。

(4)连接边长与棱线,擦去作图线,即完成正六棱柱的正等轴测图,如图 5－5(d)所示。

5.2.3 回转体正等轴测图的画法

画回转体的正等轴测图时,平行于坐标面的圆的轴测投影都是椭圆,圆弧的投影为椭圆弧。因此,要先了解圆、椭圆及圆弧的正等轴测图的画法。

圆的正等轴测投影为椭圆,为了简化作图,椭圆通常采用近似画法——菱形四心法。现以水平面圆的轴测图为例,介绍画椭圆的步骤。

(1)先确定原点与坐标轴,并作圆的外切正方形,切点为 a、b、c、d,如图 5－6(a)所示;

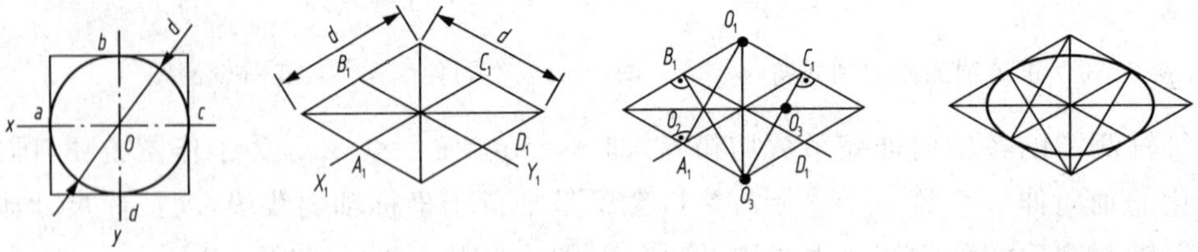

(a)　(b)　(c)　(d)

图 5－6　圆的正等轴测图近似画法

(2)如图 5－6(b)所示,作轴测轴和切点 A_1、B_1、C_1、D_1,通过切点作外切正方形的轴测投影,即得菱形,并作菱形的对角线;

(3)如图 5－6(c)所示,短对角线两端点为 O_1、O_3,连接 O_1A_1、O_3C_1 交长对角线于 O_2、O_4,得圆心 O_1、O_2、O_3、O_4。

(4)如图 5－6(d)所示,以 O_1、O_3 为圆心,O_1A_1 为半径,作圆弧 A_1D_1、C_1B_1;以 O_2、O_4 为圆心,O_2A_1 为半径,作圆弧 A_1B_1、C_1D_1,连接成近似椭圆。

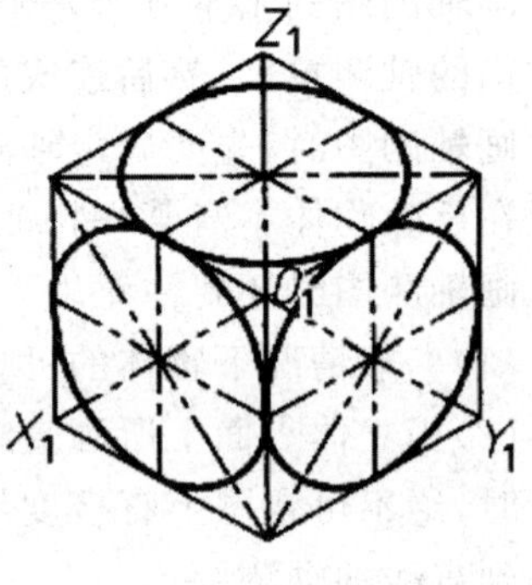

图 5－7　平行于坐标面的圆的正等轴测图

另外,如图 5－7 所示画出了平行于三个坐标面上圆的正等轴测图,它们都可用菱形法画出。只是椭圆的长、短轴的方向不同,并且三个椭圆的长轴构成等边三角形。

【例 5－2】图 5－8 为圆柱的两投影视图,作出其正等轴测图。

作图步骤如下:

(1)确定直角坐标的原点和坐标轴,如图 5－8(a)所示。

(2)画两端面圆的正等轴测图。圆柱轴线垂直于水平面,其上、下两个圆与水平面平行且大小相等,可作出大小完全相同、中心距为 h 的两个椭圆,如图 5－8(b)所示。

(3)作两个椭圆的公切线,如图 5－8(c)所示。

(4)整理并加深,如图 5－8(d)所示。

【例 5－3】图 5－9(a)为带圆角底板的两投影视图,作出其正等轴测图。

立体上 1/4 圆角在正等轴测图是 1/4 椭圆弧,可用近似画法作出,如图 5－9 所示。作

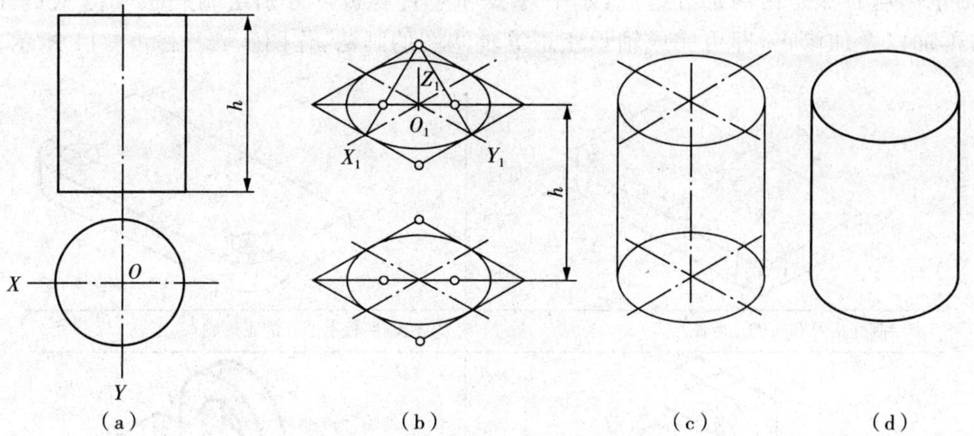

图 5-8　圆柱的正等轴测图的画法

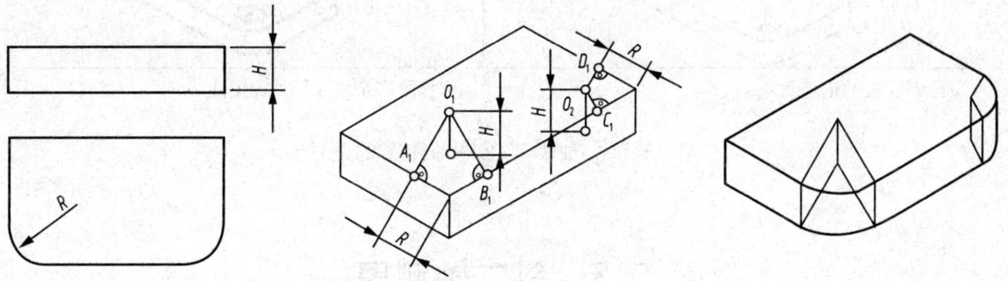

图 5-9　圆角底板的正等轴测图画法

图时根据已知圆角半径 R，找出切点 A_1、B_1、C_1、D_1，过切点分别作圆角邻边的垂线，两垂线的交点即为圆心，以此圆心到切点的距离为半径画圆弧即得圆角的正等轴测图。底面圆角可将顶面圆弧下移 H 即得，如图 5-9(b)、(c)所示。

5.2.4　组合体正等轴测图的画法

【例 5-4】作出图 5-10 所示的轴承座的正等轴测图。

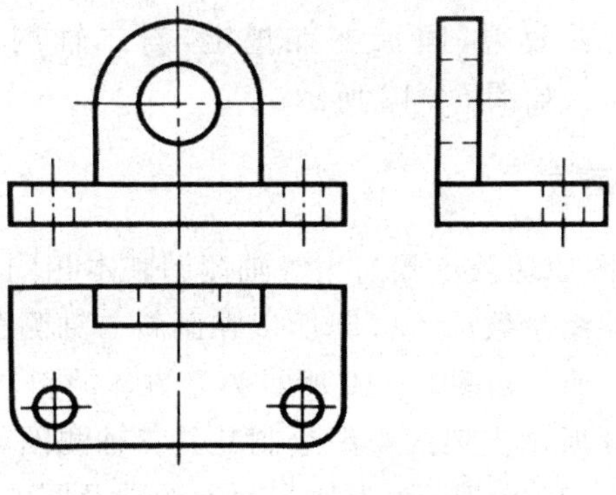

图 5-10　轴承座的三视图

轴承座可看作是由两部分组成：水平底板和竖直立板。分别绘制底板和立板的正等轴测图，再加以叠加修正，即可完成轴承座正等轴测图的画法，作图步骤见图 5－11 所示。

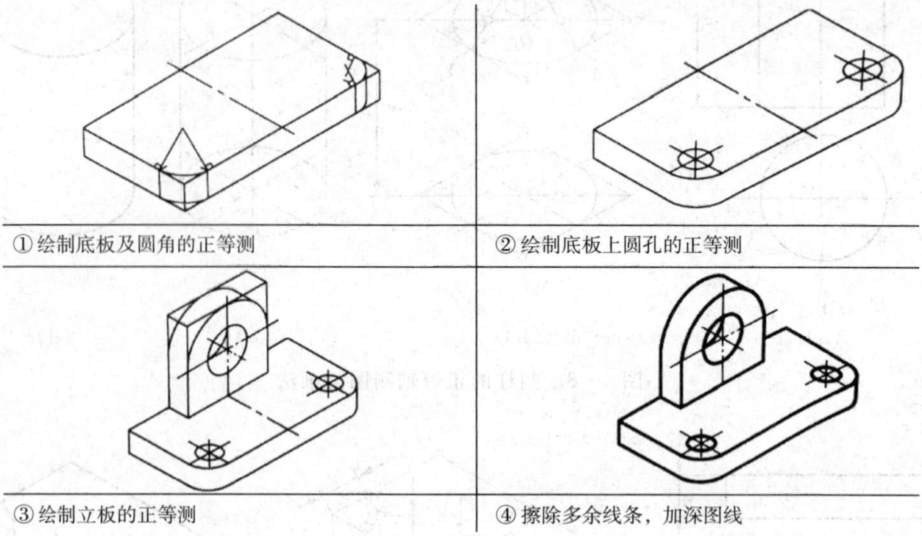

图 5－11　轴承座正等轴测图的画法

5.3　斜二轴测图

斜二轴测图是轴测投影面平行于一个坐标平面，且平行于坐标平面的那两个轴的轴向伸缩系数相等的斜轴测投影。

5.3.1　轴间角和轴向伸缩系数

如图 5－12 所示，一般选择正面平行于轴测投影面，因此它在轴测投影面上的投影反映实形，即轴间角$\angle X_1O_1Z_1=90°$，X 轴和 Z 轴的轴向伸缩系数 $p_1=r_1=1$。

由于投射方向不同，Y 轴的轴向伸缩系数 q_1，Y_1 轴与 X_1、Z_1 轴间的轴间角会不同。为了绘图的简便和更接近视觉效果，国家标准规定，斜二轴测图中，取 $q_1=0.5$，轴间角$\angle X_1O_1Y_1=\angle Y_1O_1Z_1=135°$，如图 5－12 所示。

5.3.2　斜二轴测图的画法

画斜二轴测图时，其作图原理及步骤与正等轴测图基本相同，只是轴间角和轴向伸缩系数不同。由于 Y 轴的轴向伸缩系数 $q_1=0.5$，所以在画斜二轴测图时，沿 Y_1 轴方向的长度应取物体上相应实际长度的一半。如图 5－13 所示为立方体的斜二轴测图的画法。

【例 5－5】根据图 5－13 所示支架的视图绘制其斜二轴测图。

分析物体形状。如图 5－13(a)所示，支架表面上的圆及圆弧均平行于正面，确定直角坐标系时，使坐标面 XOZ 与正面平行，坐标轴 Y 与圆孔轴线重合，坐标原点设置在前表面圆的

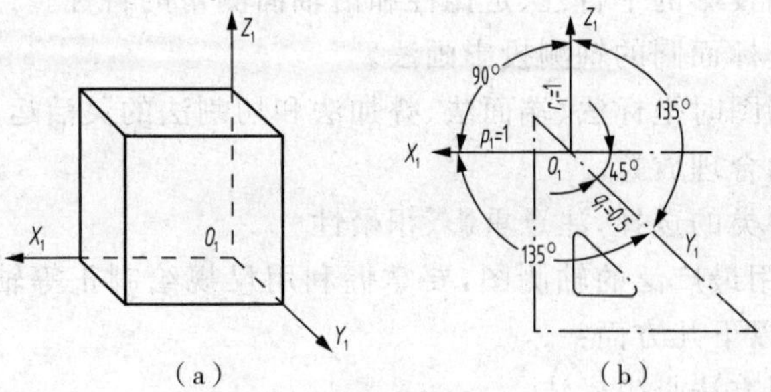

图 5-12 斜二测轴间角

中心。

(1)画轴测轴,如图 5-13(b)所示。

(2)画前表面。如图 5-13(c)所示,前表面平行于坐标面 XOZ,其轴测投影均反映实形。

(3)画后表面。画支架后表面时,沿 Y_1 轴方向量取 1/2 的距离,如图 5-1(d)所示。

(4)整理并加深,得到如图 5-13(e)所示支架的斜二轴测图。

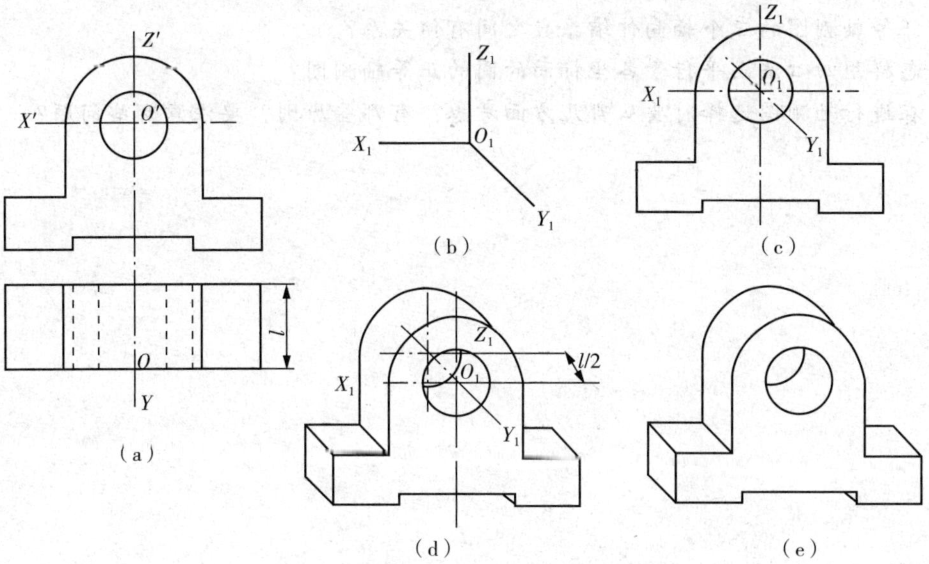

图 5-13 支架的斜二轴测图的画法

本章小结

本章重点为轴测图的形成,基本投影特性,常用的正等轴测图和斜二轴测图的轴间角、轴向伸缩系数以及画法。

在绘制轴测图时要注意把握以下几点:

(1)充分利用轴测投影的平行性、定比性和沿轴向测量的特性。

(2)注意平行于坐标面圆的轴测投影画法。

(3)注意绘制轴测图时坐标法、端面法、叠加法和切割法的灵活运用。

(4)注意坐标系的合理放置。

(5)注意轴测图种类的选择,注意重影、积聚性。

正等轴测图是使用最广泛的轴测图,要掌握利用尺规绘制正等轴测图的方法。画正等轴测图的方法主要有以下几方面:

(1)基本体的作图方法是坐标法。

(2)为提高效率和简化作图常用端面法和画椭圆的四心法。

(3)画组合体的正等轴测图时用叠加法和切割法。

复习思考题

1. 轴测图是怎样形成的?有什么投影特性?
2. 轴测图的种类有哪些?
3. 什么叫轴向伸缩系数?什么叫轴间角?
4. 工程上常用的轴测图有哪几种?其轴向伸缩系数和轴间角分别是多少?
5. 正等轴测图的三个轴向伸缩系数之间有何关系?
6. 怎样用四心法画平行于各坐标面的圆的正等轴测图?
7. 在进行轴测图选择时要从哪几方面考虑?有哪些原则?要注意哪些问题?

6 机件的常用表达方法

基本要求：1. 学会视图的拓展概念、分类、画法及尺寸标注；
2. 掌握各种类型剖视图的画法及标注，并能灵活运用；
3. 掌握断面图的类型、画法及标注方法；
4. 了解其他常见表达方法、局部放大图和简化画法。

重点：1. 视图的分类、画法和标注；
2. 各种剖视图的画法和标注；
3. 断面图的画法及标注。

难点：各种视图表达方法的灵活、正确运用。

日常生产和生活中各种机械零件（简称机件）的结构复杂多样，仅仅使用前面学习到的三视图知识是无法全面完整地表达出机件内外结构和形状，这样势必会对读图造成影响。因此，在国家标准中规定了机件的各种表达方法。本章内容将学习各种表达方法，涵盖视图、剖视图、断面图以及其他表达方法，在画图时要能根据机件结构特征灵活加以运用，同时在保证表达清楚的前提下，力求作图简便。

6.1 视图

视图是机件向各个投影面作正投影所得到的一组图形，主要用于表达机件的外形。视图主要用于表达机件的可见部分，必要时才用虚线画出其不可见部分，包括基本视图、向视图、斜视图和局部视图。

6.1.1 基本视图

当机件形状比较复杂时，为了清楚地表达机件上、下、左、右、前、后等方向的形状，国家标准规定，在原有三投影面的基础上再增加三个投影面，即组成一个正六面体，将机件放在其中，分别向六个基本投影面投影，即得到六个基本视图。除了前面介绍到的主视图、俯视图、左视图外，又增加了右视图、仰视图、后视图，如图 6-1 所示。

右视图——从物体的右面向左投影得到的视图；

仰视图——从物体的下面向上投影得到的视图；

后视图——从物体的后面向前投影得到的视图。

基本投影面的展开方式是正立投影面保持不动，其他投影面按如图 6-2 中箭头所指方向旋转到与正面共面的位置。

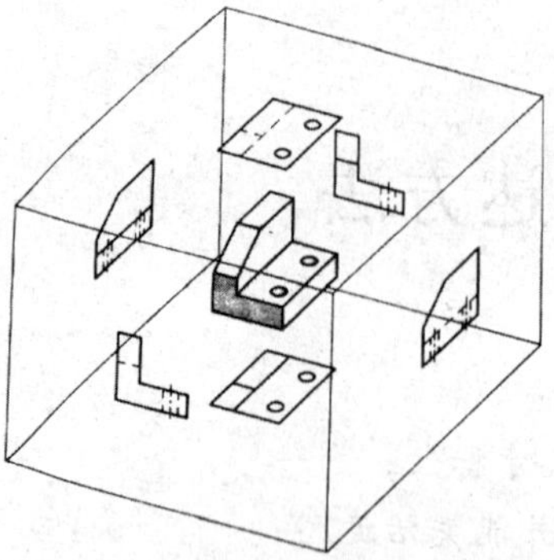

图 6-1　六个基本视图的形成

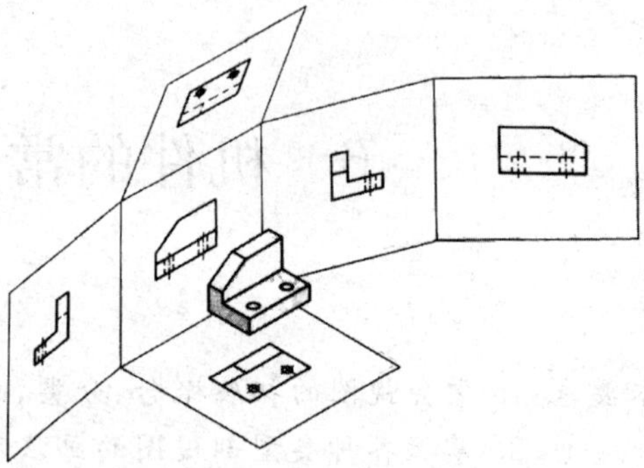

图 6-2　投影面的展开

各视图在展开后的配置如图 6-3 所示，六个基本视图仍然符合“长对正、高平齐、宽相等”的投影规律，一律不标注视图的名称，物体前后、左右、上下的方位关系按投影关系配置，即除后视图外，其他视图远离主视图的一边是物体的前面。

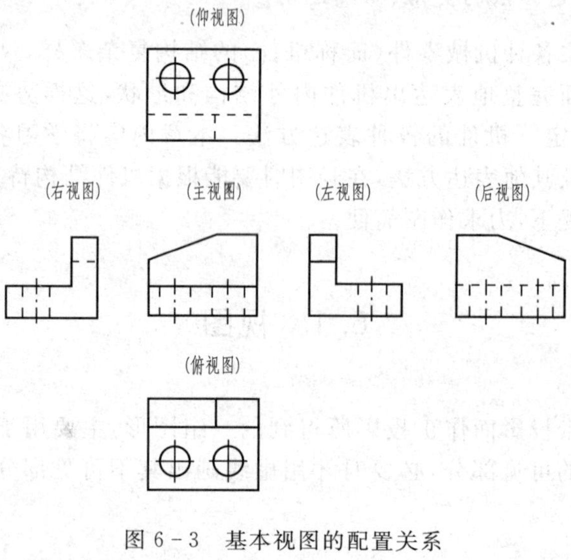

图 6-3　基本视图的配置关系

实际画图时，往往不需要画出全部六个基本视图，而是根据机件的结构特点和复杂程度，选择其中几个必要的基本视图来表达物体形状。一般优先选用主、俯、左视图。

6.1.2　向视图

向视图是可以自由配置的基本视图，是基本视图的另一种配置形式，它与基本视图的区别在于视图的配置形式不同。

实际画图过程中有时因图面布局影响无法按基本视图位置配置，可以使用向视图在任意位置进行布图，但要在视图上方用大写拉丁字母标注视图的名称，并在相应的视图附近用箭头标明投影方向，如图 6-4 所示。

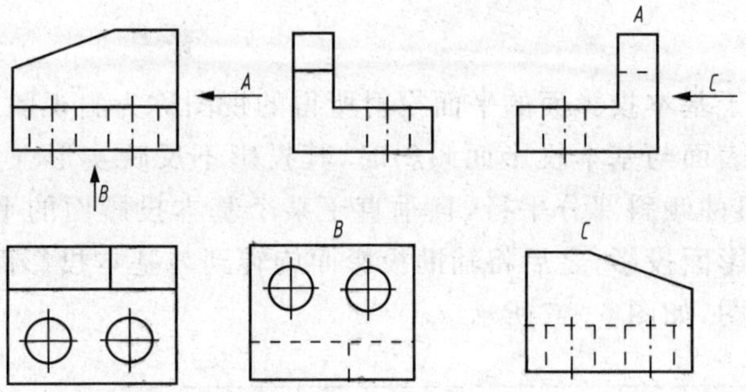

图 6-4 向视图

6.1.3 局部视图

当机件的主要形状已在基本视图上表达清楚，只有某些局部形状尚未表达清楚，而又没有必要再画出完整的基本视图，可单独将这一局部形状向基本投影面投射所得的视图称为局部视图，如图 6-5 所示。

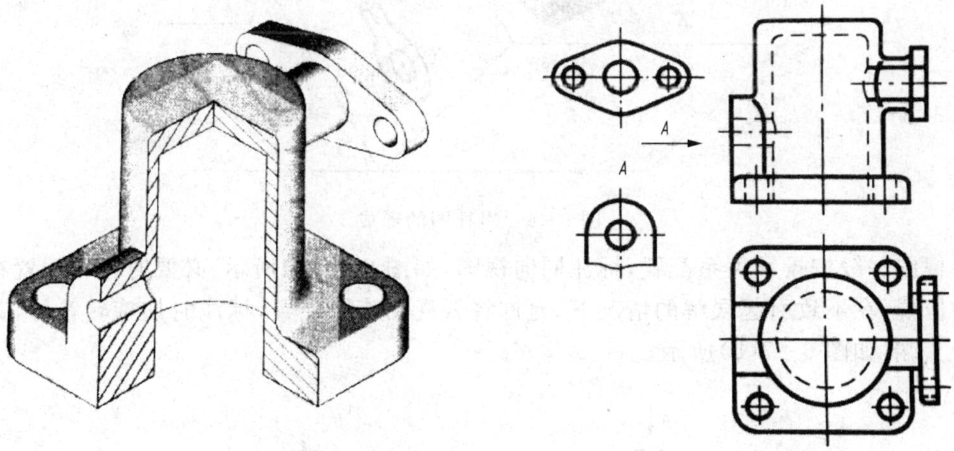

(a) (b)

图 6-5 局部视图

局部视图画法和标注的注意事项：

(1)局部视图可按基本视图的方位配置，当中间无其他图形隔开时，可省略视图符号的标注；

(2)局部视图也可按向视图的方位配置，此时须用带字母的箭头表示出投射方向，并且在局部视图上方标注视图符号；

(3)局部视图的断裂边界用波浪线或双折线表示。注意波浪线要单独画出，不能与其他图线重合，也不能画在延长线上；应画在物体的实体上，如遇到孔、槽结构时必须要断开。但当所表达的局部具有完整结构且外轮廓又是封闭线框时，波浪线可省略不画，如图 6-5(b)所示。

6.1.4 斜视图

将机件向不平行于基本投影面的平面投射所得的视图称为斜视图。

当机件上的某些表面与基本投影面倾斜时，其投影不反映实形。为了表达倾斜面的真实形状，增设一个与机件倾斜部分平行，且垂直于某个基本投影面的平面作为辅助投影面，并将倾斜部分向该投影面投影，之后将辅助投影面旋转到与基本投影面重合，即可得到反映倾斜表面实形的斜视图，如图 6 - 6 所示。

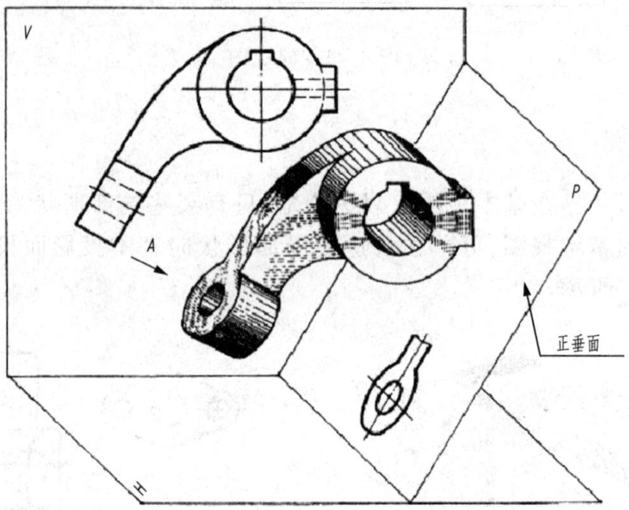

图 6 - 6　斜视图的形成

斜视图一般按投影关系配置，标注同向视图，如图 6 - 7(a)所示；必要时也可配置在其他适当的位置，在不致引起误解的情况下，允许将斜视图旋转配置，标注时加旋转符号，其字母靠近箭头端，如图 6 - 7(b)所示。

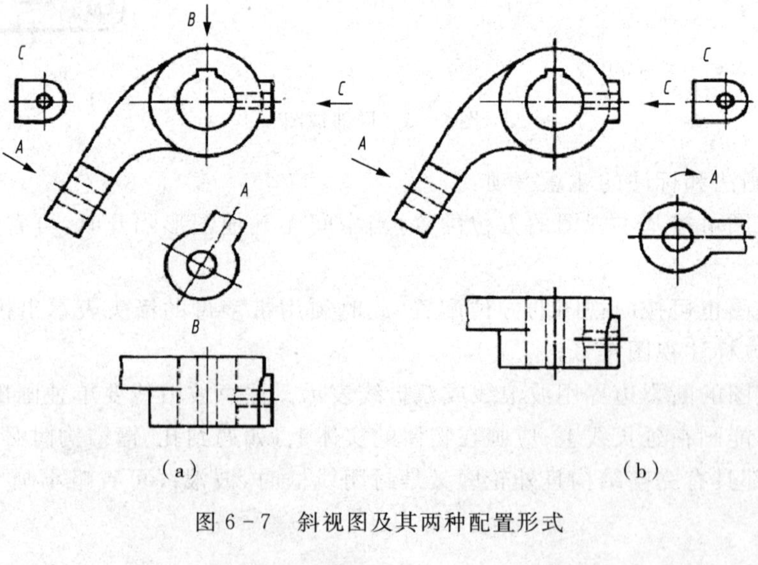

图 6 - 7　斜视图及其两种配置形式

斜视图只用于表达倾斜的结构，其余部分不必画出，用波浪线或双折线断开。若斜视图上表达的结构是完整且封闭的，波浪线可省略不画。

6.2 剖视图

当用视图表达物体的结构形状时，其内部不可见部分用虚线表示。当机件的内部结构较为复杂时，视图上将会出现很多虚线，并且在视觉上常常与其他线条相交，造成图样表达不清晰，不便于读图和尺寸标注。因此国家标准规定了用剖视图来表示机件的内部结构。

6.2.1 剖视图的概念

用一假想的剖切面将机件剖开，将处在观察者和剖切面之间的部分移去，而将剩余部分向基本投影面投影，所得到的图形称为剖视图，简称剖视，如图 6-8 所示。

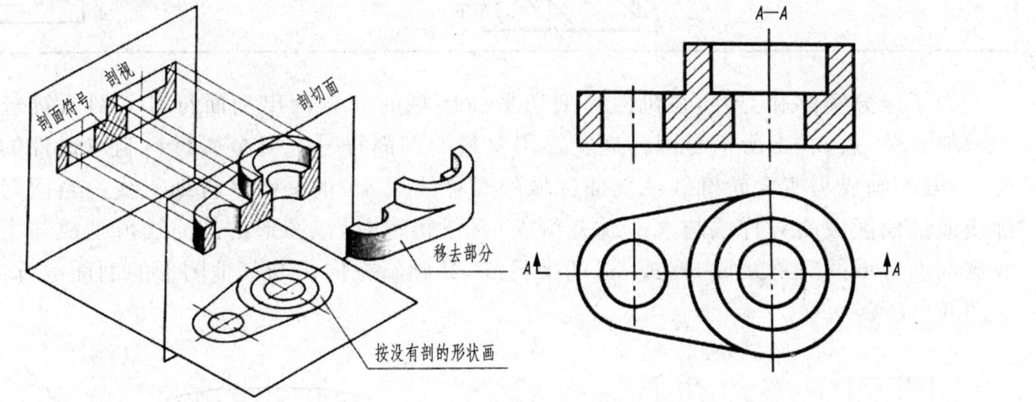

(a)　　(b)

图 6-8　剖视图的形成

6.2.2 剖视图的画法

1)画剖视图的步骤

(1)确定剖切面的位置

剖切平面一般应通过机件的对称面且平行于相应的投影面，即通过机件的对称中心线或通过机件内部的孔、槽的轴线，如图 6-8(a)所示。

(2)画出机件轮廓线

机件经过剖切后，内部不可见轮廓成为可见，将原来表示内部结构的虚线改画成粗实线，同时剖切面后机件的可见轮廓也要用粗实线画出。

(3)画剖面符号(剖面线)

表 6-1 剖面符号

材料名称	剖面符号	材料名称		剖面符号
金属材料，通用剖面线（已有规定剖面符号者除外）	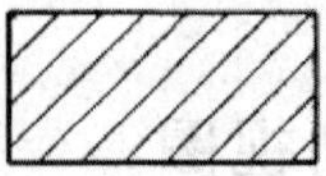	混凝土		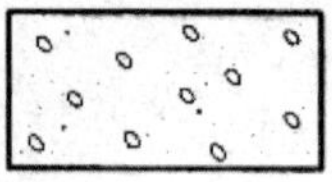
非金属材料（已有规定剖面符号者除外）	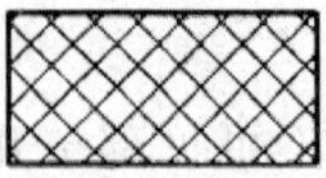	木材	纵剖面	
型砂、填沙、粉末冶金、砂轮、陶瓷刀片等	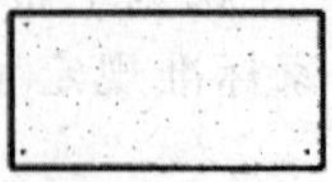		横剖面	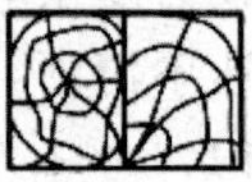
玻璃及其他透明材料	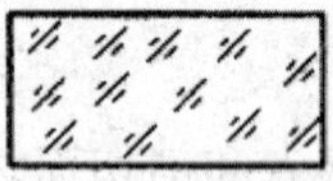	木质胶合板		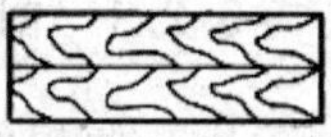
砖	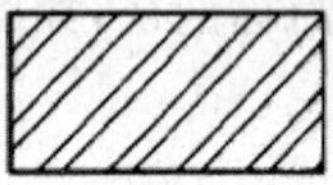	液体		

为了区分实体和空腔，在机件与剖切平面接触的部分画出剖面符号。剖面符号与机件的材料有关，表 6-1 所示是国标规定常用材料的剖面符号。对金属材料制成机件的剖面符号，一般应画成与主要轮廓线或剖面区域的对称线成 45°的一组平行细实线。当图形主要轮廓线或剖面区域的对称线与水平线夹角成 45°或接近时，该图形的剖面线可画成与主要轮廓线或剖面区域的对称线成 30°或 60°的平行线，其倾斜方向仍与其他图形的剖面线方向一致，如图 6-9 所示。

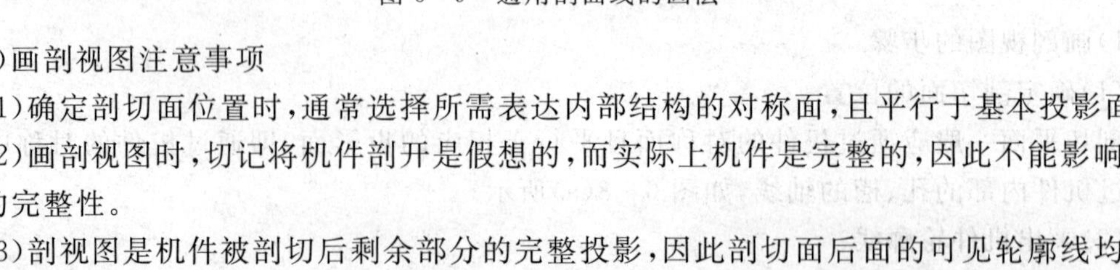

图 6-9 通用剖面线的画法

2)画剖视图注意事项

(1)确定剖切面位置时，通常选择所需表达内部结构的对称面，且平行于基本投影面。

(2)画剖视图时，切记将机件剖开是假想的，而实际上机件是完整的，因此不能影响其他视图的完整性。

(3)剖视图是机件被剖切后剩余部分的完整投影，因此剖切面后面的可见轮廓线均应全部画出。

(4)剖视图中，凡是在其他视图中已经表达清楚的不可见轮廓线、虚线应省略不画。必要时可画少量虚线。

3)剖视图的标注

(1)为了便于看图时找出剖视图与其他视图的投影关系,一般应在相应视图上画出剖切符号:用长约 5mm、线宽约 1d~1.5d(d 为粗实线线宽)的粗实线表示剖切面起、止及转折位置,画图时尽可能不与图形轮廓线相交,在起、止粗短线外端用箭头指明投射方向。在粗短线旁注字母"×",在剖视图正上方标注"×—×",如图 6-8(b)所示。

(2)当剖视图按投影关系配置,中间又没有其他图形隔开时,可省略箭头,图 6-8(b)俯视图的剖切符号可省略箭头标注;当单一剖切平面通过机件的对称平面或基本对称平面,且剖视图按投影关系配置,中间又没有其他图形隔开时,可全部省略标注。

6.2.3 剖视图的种类

按机件内部结构的表达需要以及剖切面剖开的范围大小,剖视图可分为全剖视图、半剖视图和局部剖视图。

1)全剖视图

用剖切面完全剖开机件所得到的剖视图称为全剖视图。如图 6-10 所示剖视图为全剖,前面图 6-8 也为全剖。

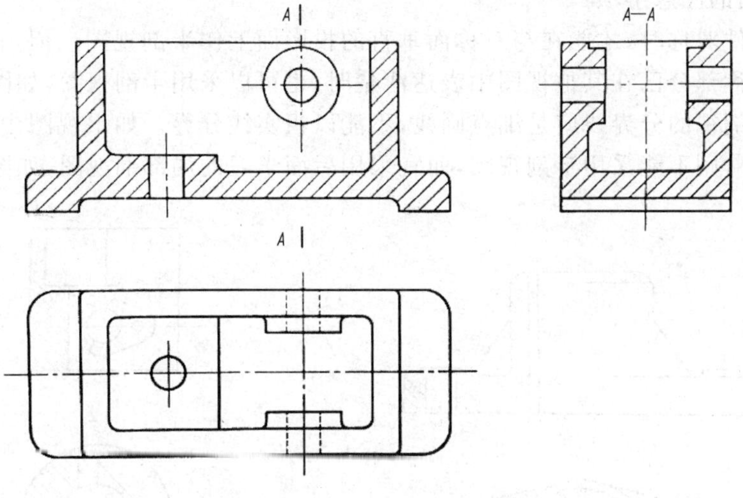

图 6-10 全剖视图

全剖视图一般用于外形简单或外形已在其他视图上表达清楚的,而内部结构较复杂且又不对称的机件。

全剖视图除符合剖视图标注的省略条件外,均应按规定进行标注。

2)半剖视图

当机件具有对称平面时,在垂直于对称平面的投影面上投射所得的图形,以对称中心线为界,一半画成剖视图,另一半画成视图,这种剖视图称为半剖视图。半剖视图既表达了机件的外部形状,又表达了其内部结构,它适用于内外结构都需要表达且具有对称平面的机件。

如图 6-11 所示,机件的内外形状都具有前后、左右对称的特点。如果主视图采用全剖视图，则凸台不能表达。如果俯视图采用全剖视图，则顶板的形状及四个小孔的位置也不能表达。为了同时表达该机件的内外结构，采用图示的剖切方法，将主视图和俯视图都画成半剖视图。

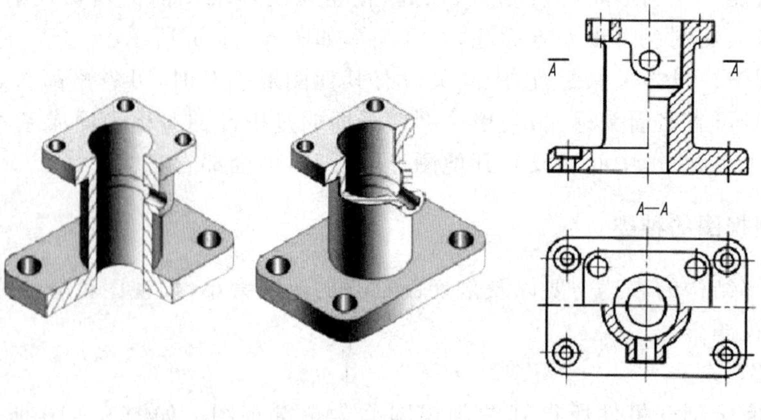

图 6-11　半剖视图

画半剖视图的注意事项：

(1)只有机件对称时，才能在与对称面垂直的投影面上作半剖视图。但当物体的形状基本对称，且不对称部分已在其他视图中表达清楚时，也可以采用半剖视图，如图 6-12 所示。

(2)视图和剖视的分界线应是细点画线，不能以粗实线分界。如果视图中轮廓线与图形对称中心线重合，则不能采用半剖视图，而宜采用后面学习的局部剖视图，如图 6-13 所示。

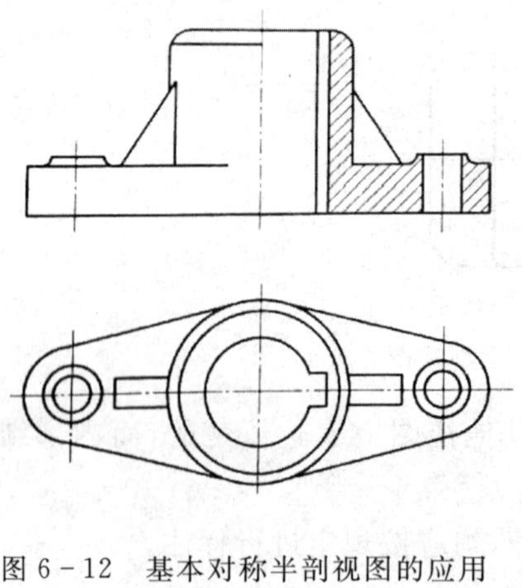

图 6-12　基本对称半剖视图的应用

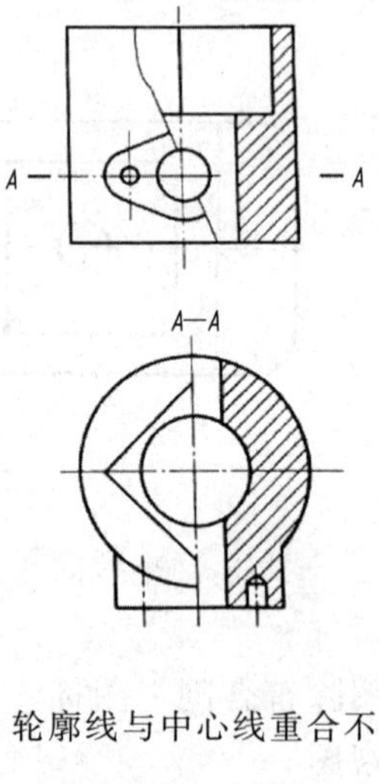

图 6-13　轮廓线与中心线重合不宜半剖

(3)在半剖视图中，不剖的半个视图中表示内部形状的虚线一般不必画出。

(4)半剖视图的标注方法与剖视图的标注方法完全相同。

3)局部剖视图

用剖切面局部地剖开机件所得到的剖视图，称为局部剖视图，如图 6-14 所示。

局部剖视图可以同时表达机件的内、外部结构，不受机件是否对称的条件限制，剖切位

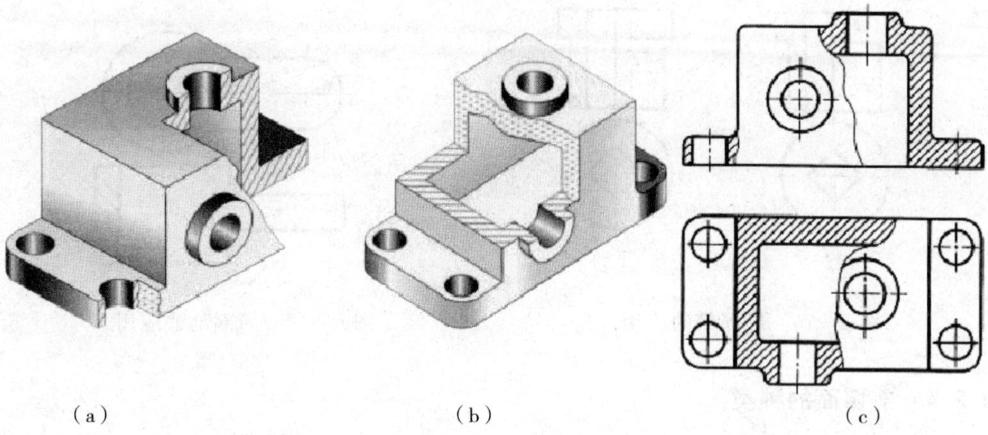

图 6 - 14　局部剖视图

置、剖切范围的大小均可根据实际需要而定，是一种相对灵活的表达方法，因此在制图上受到广泛应用。

画局部剖视图应注意以下几点：

(1)局部剖视图的标注与全剖视图相同，剖切位置明显的局部视图一般可省略标注。

(2)一个视图中选用局部剖的次数不宜过多，否则造成视图凌乱，影响读图。

(3)局部剖视图中，视图部分和剖视部分一般以波浪线为分界线，不能超出视图的轮廓线，且不应与轮廓线重合或画在其延长线上，也不能穿过中空处，如图 6 - 15 所示。

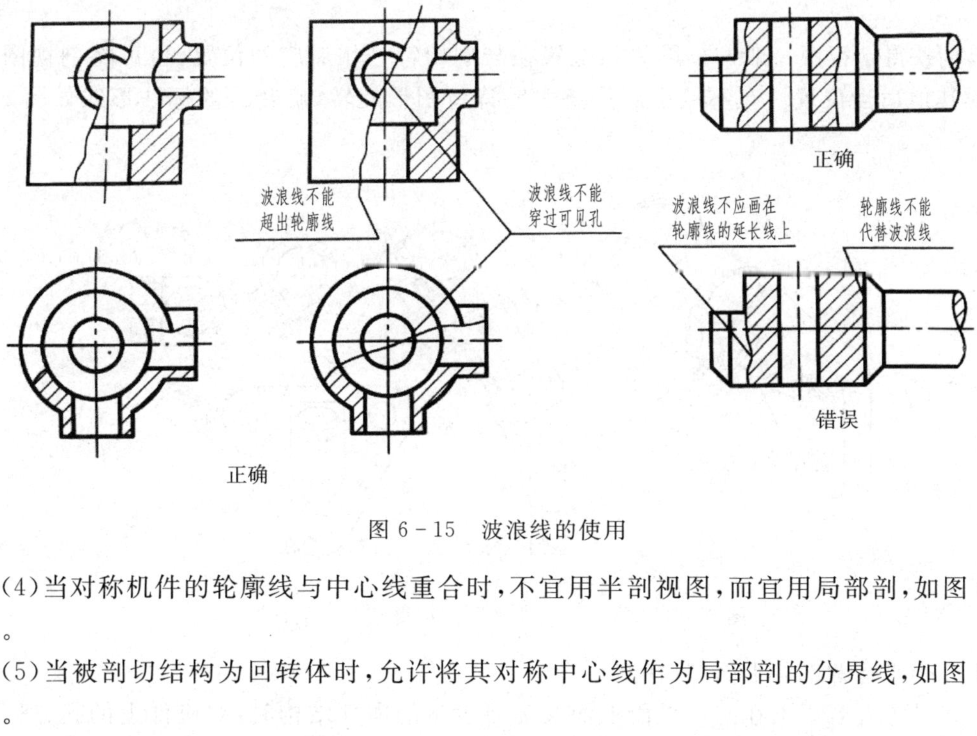

图 6 - 15　波浪线的使用

(4)当对称机件的轮廓线与中心线重合时，不宜用半剖视图，而宜用局部剖，如图 6 - 16 所示。

(5)当被剖切结构为回转体时，允许将其对称中心线作为局部剖的分界线，如图 6 - 17 所示。

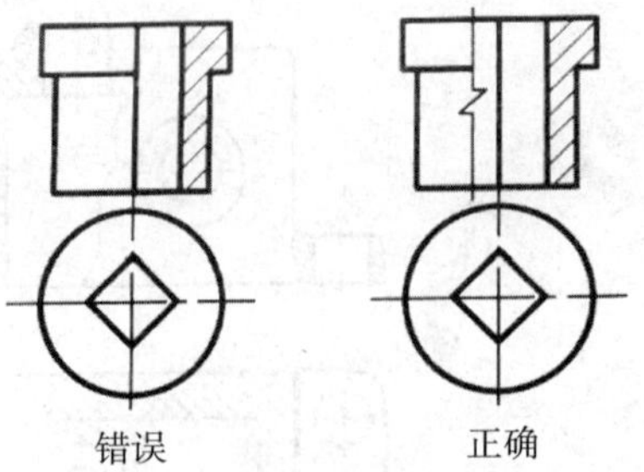

图 6 - 16　局部剖的应用

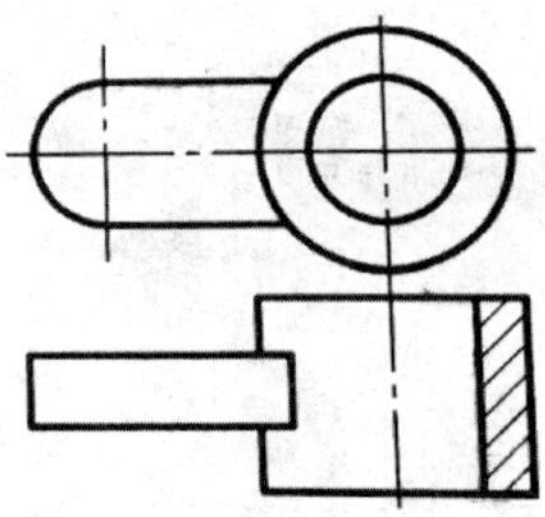

图 6 - 17　局部剖的应用

6.2.4　剖切面的种类

国家标准规定，剖切面可以是平面或曲面；既可以是单一剖切面，也可以用几个平行或相交的剖切面。绘图时，应根据机件的结构特点，恰当地选用剖切面。

1)单一剖切面(单一剖)

仅用一个剖切平面剖开机件，有两种情况：

(1)单一平行剖切平面，即用一个平行某一基本投影面的平面作为剖切平面剖开机件。以上所述图例均是采用这种方式得到的全剖、半剖、局部剖视图。

(2)单一斜剖切平面，即用一个不平行于任何基本投影面的平面作为剖切平面剖开机件。若机件上有倾斜的内部结构需表达时，可选择一个与该倾斜部分平行的辅助投影面，用一个平行于该投影面的剖切面剖开机件，在辅助投影面上获得剖视图，称为斜剖视图(简称斜剖)。

斜剖获得剖视图一般按投影关系配置在与剖切符号相对应的位置，也可将剖视图移至图纸的其他适当位置。在不致引起误解时允许将图形旋转，旋转后的标注形式如图 6 - 18 所示。

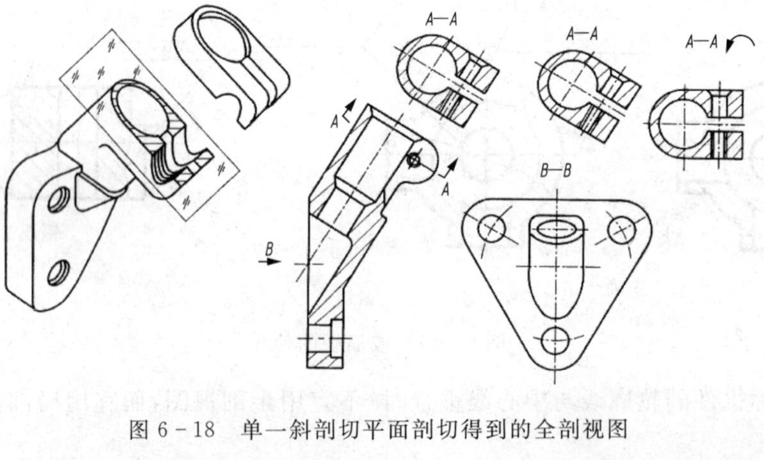

图 6 - 18　单一斜剖切平面剖切得到的全剖视图

2)几个平行的剖切平面(阶梯剖)

当机件上有若干不在同一平面上而又需要表达的内部结构时，如机件上的孔、槽、空腔等内部结构分布在互相平行的平面上时，可采用几个平行的剖切平面剖切机件，这种剖切称为阶梯剖，如图6－19所示。

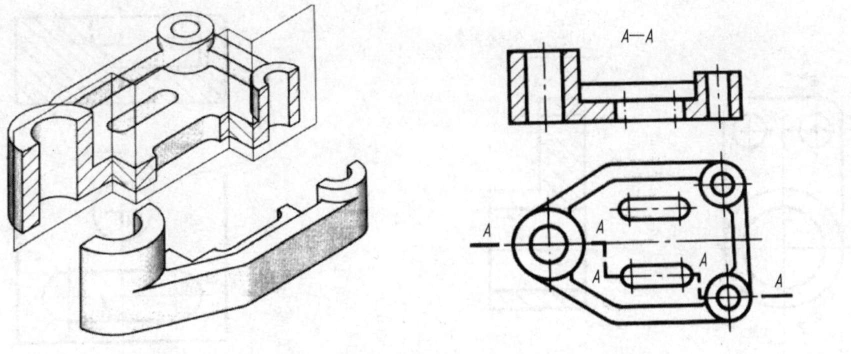

图 6－19　几个平行剖切平面剖得的全剖视图

阶梯剖应注意以下几点：

(1)在剖视图的上方必须标注名称“×—×”，在剖切平面的起止和转折处画出剖切符号并注上相同的字母。若按投影关系配置，中间又没有其他图形隔开时，允许省略箭头，如图6－19所示；在转折处位置有限，且不致引起误解时，允许省略字母。

(2)在阶梯剖中，不应画出剖切平面转折处的界线，且剖切平面的转折处也不应与图中轮廓线重合，如图 6－20 所示。

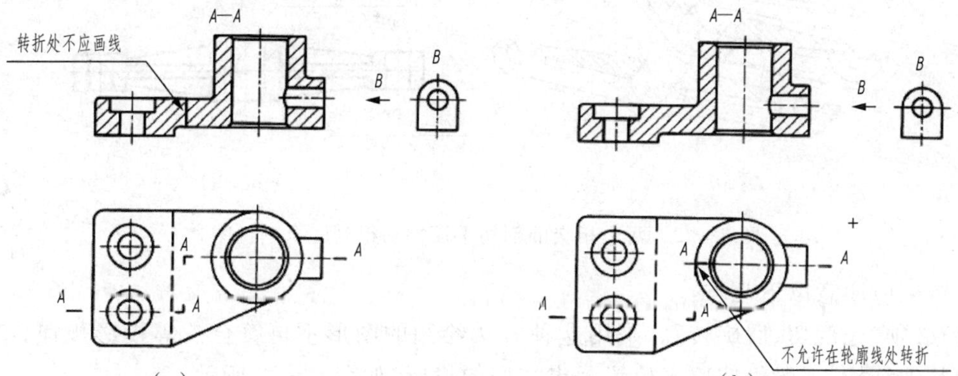

(a)　　(b)

图 6－20　阶梯剖的常见错误

(3)在阶梯剖中，一般不应出现不完整的结构要素，只有当两个要素在图形上具有公共对称中心线或轴线时，才允许剖切平面在中心线或轴线处转折，两个要素各画一半，并以共同的中心线分界，如图 6－21 所示。

3)几个相交的剖切平面(旋转剖)

当机件的内部结构形状用一个剖切平面不能表达完全，且这个机件在整体上又具有回转轴时，可采用相交两平面(交线垂直于某一基本投影面)来剖切机件，将被倾斜剖切面剖开的部分，旋转到与选定的投影面平行后进行投射，这种剖切称为旋转剖，如图 6－22 所示。

旋转剖主要用表达孔、槽等内部结构不在同一剖切平面内，但又具有公共回转轴线的机件。

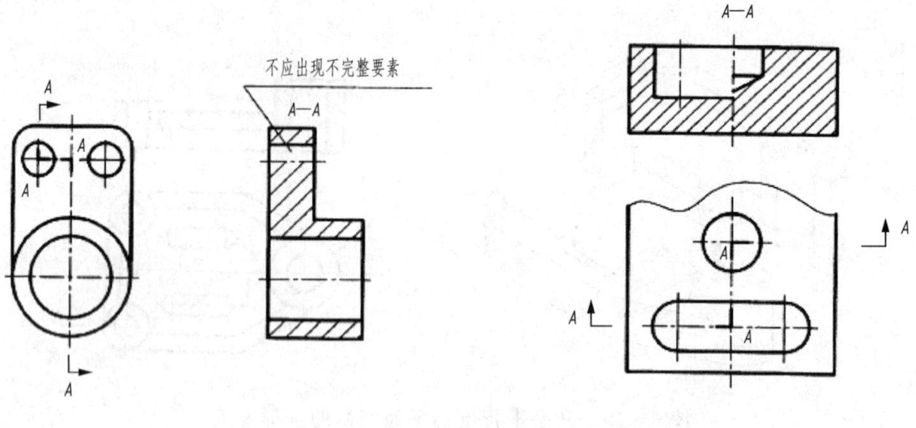

图 6 - 21　剖切面注意要点

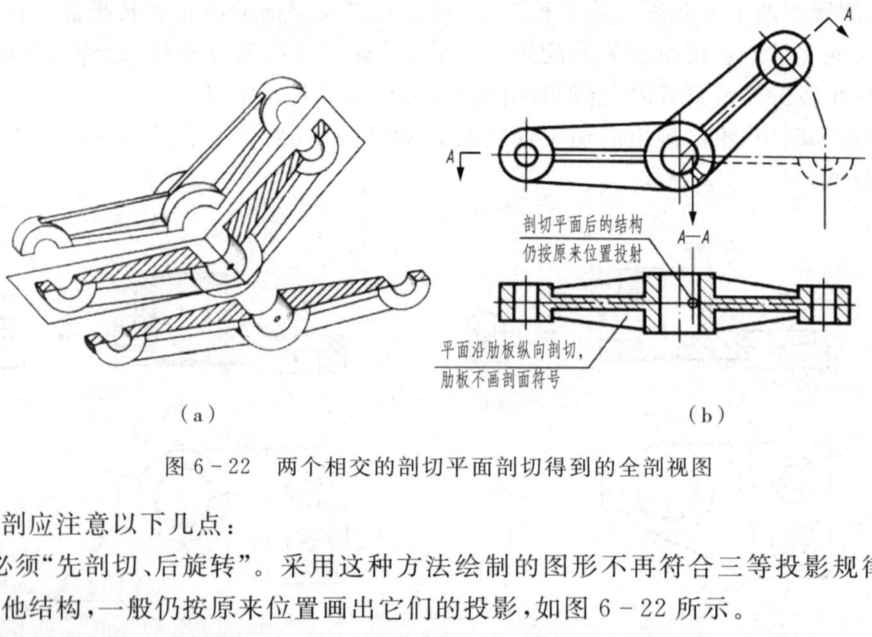

（a）　　　　　　　　　　　　（b）

图 6 - 22　两个相交的剖切平面剖切得到的全剖视图

旋转剖应注意以下几点：

(1)必须“先剖切、后旋转”。采用这种方法绘制的图形不再符合三等投影规律；剖切平面后的其他结构，一般仍按原来位置画出它们的投影，如图 6 - 22 所示。

(2)当剖切后产生不完整要素时，应将此部分按不剖绘制，如图 6 - 23 所示。

(3)剖切平面的交线应与物体的回转轴线重合。

(4)必须进行标注，标注形式与阶梯剖相同。

4)兼有平行与相交的剖切平面(复合剖)

机件除了可以用以上剖切平面剖切外，对于复杂的机件还可以用既有相交也有平行的剖切平面剖切。用几个既有相交也有平行的剖切平面剖开机件的方法称为复合剖，其画法和标注如图 6 - 24、图 6 - 25 所示。采用复合剖时，如遇到机件的某些内部结构投影重叠而表达不清楚或剖切平面为圆柱面时，可将其展开画出，但在剖视图上方应标注“×—×展开”，如图 6 - 25 所示。

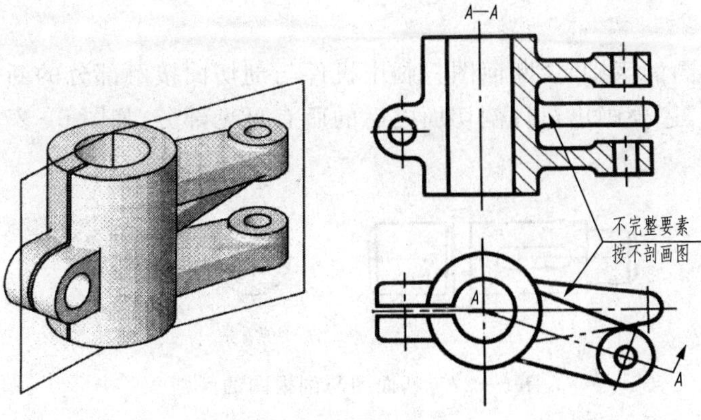

图 6-23 剖切后形成不完整要素的画法

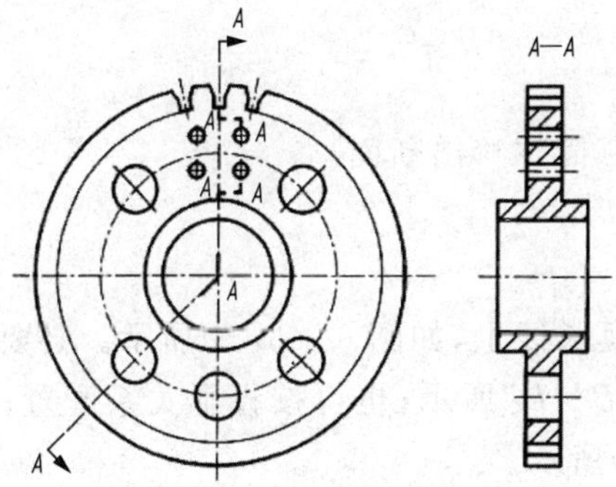

图 6-24 复合剖画法

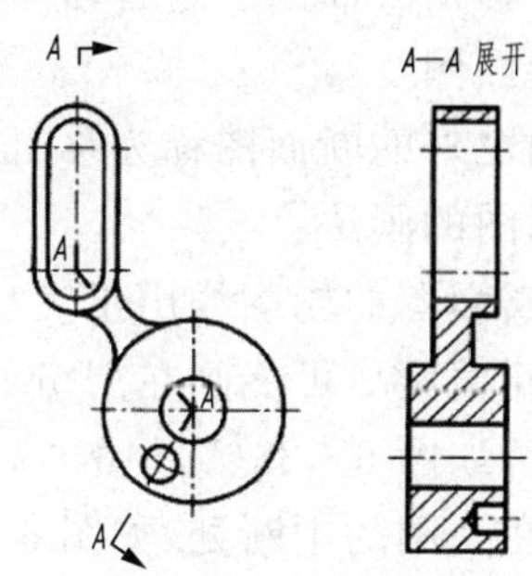

图 6-25 复合剖展开画法

6.3 断面图

断面图也是机件的一种表示法，主要用来表达机件截断面处的形状，其与剖视图有些相似，但要注意区别。

6.3.1 断面图的概念

假想用剖切平面将机件的某处切断，仅画出剖切面与机件接触部分的图形称为断面图，简称断面，如图 6-26 所示。

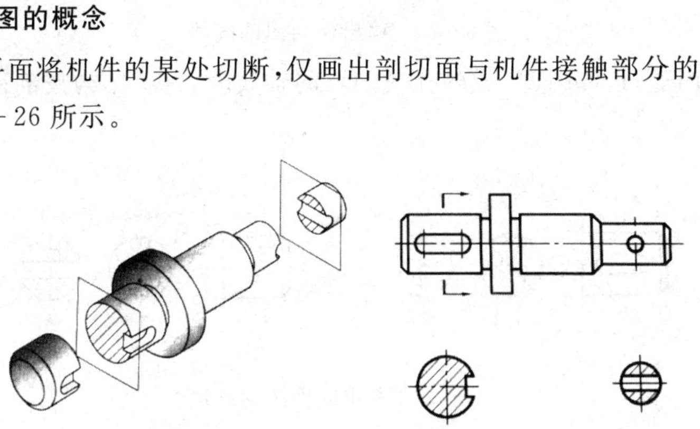

图 6-26 断面图的形成

断面图主要用来表达机件上的某些部分的断面形状,如肋、轮辐、键槽、小孔及各种细长杆件、型材等。

断面图与剖视图的区别是:断面图只画出机件与剖切面接触部分的断面形状,而剖视图除了断面形状以外,还要画出机件剖切面之后的所有可见部分,如图 6-27 所示。

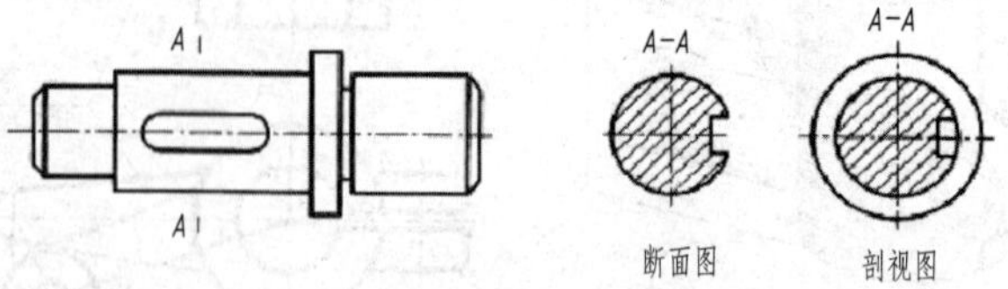

图 6-27　断面图与剖视图的区别

6.3.2　断面图的种类及画法

断面图分移出断面图和重合断面图两种。

1)移出断面图

画在视图之外的断面图称为移出断面图(简称移出断面)。

移出断面图的画法:

(1)移出断面图的轮廓线用粗实线绘制。

(2)移出断面图尽可能画在剖切平面的延长线上,如图 6-28(a)所示。必要时可配置在其他适当位置,如图 6-28(b)中的“A—A”“B—B”所示;也可按投影关系配置;断面图形对称时,也可画在视图的中断处,如图 6-28(c)所示。

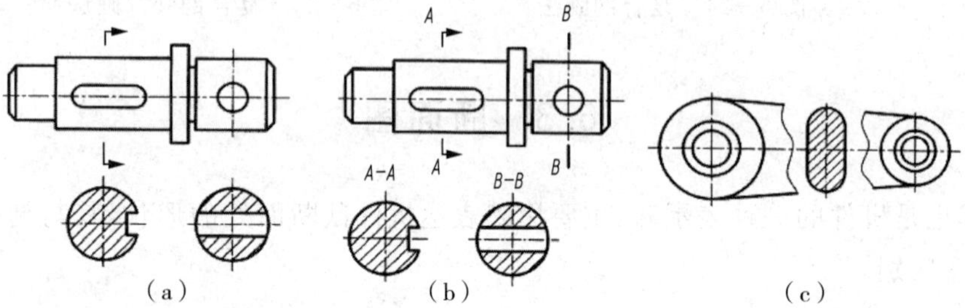

图 6-28　移出断面图的画法

(3)当剖切平面通过回转面形成的孔或凹坑的轴线时,这些结构按剖视绘制,如图 6-29 所示。

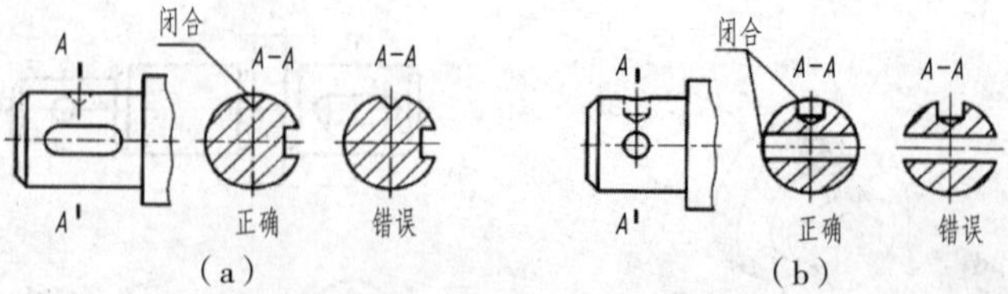

图 6-29　移出断面图的画法

(4)剖切平面通过非圆孔而导致出现完全分离的两个断面时,则这些结构应按剖视绘制，在不致引起误解时，允许将图形旋转，如图 6-30(a)所示。

(5)断面图是表示机件结构的断面形状，因此剖切面要垂直于该结构的主要轮廓线或轴线，如图 6-30(b)所示；由两个或多个相交剖切平面得出的移出断面，中间应断开，如图 6-30(c)所示。

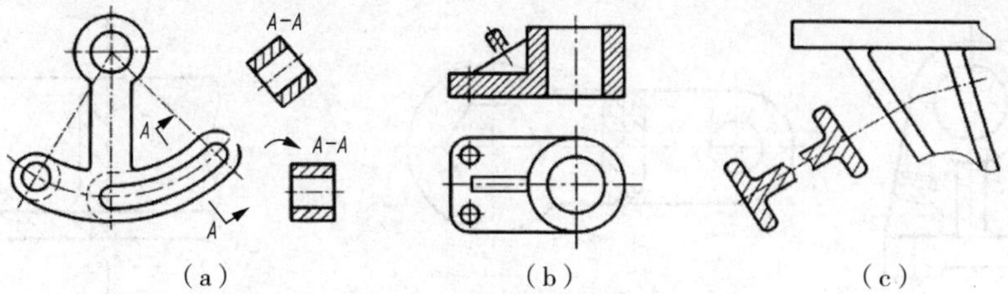

图 6-30 移出断面图的画法

移出断面图的标注：

(1)移出断面一般应用粗短实线表示剖切位置，用箭头表示投射方向并注上字母，在断面图的上方应用同样字母标出相应的名称"×—×"，如图 6-28 所示。

(2)配置在剖切符号或剖切平面迹线的延长线上的移出断面图，如果断面图不对称可省略字母，但应标注投射方向；如果图形对称可省略标注，如图 6-28 所示。

(3)移出断面按投影关系配置，可省略投射方向的标注，如图 6-27 所示。

(4)配置在视图中断处的移出断面，可省略标注，如图 6-28(c)所示。

2)重合断面图

如图 6-31 所示，在不影响图形清晰的条件下，断面也可按投影关系画在视图内，画在视图内的断面图称为重合断面图(简称重合断面)。

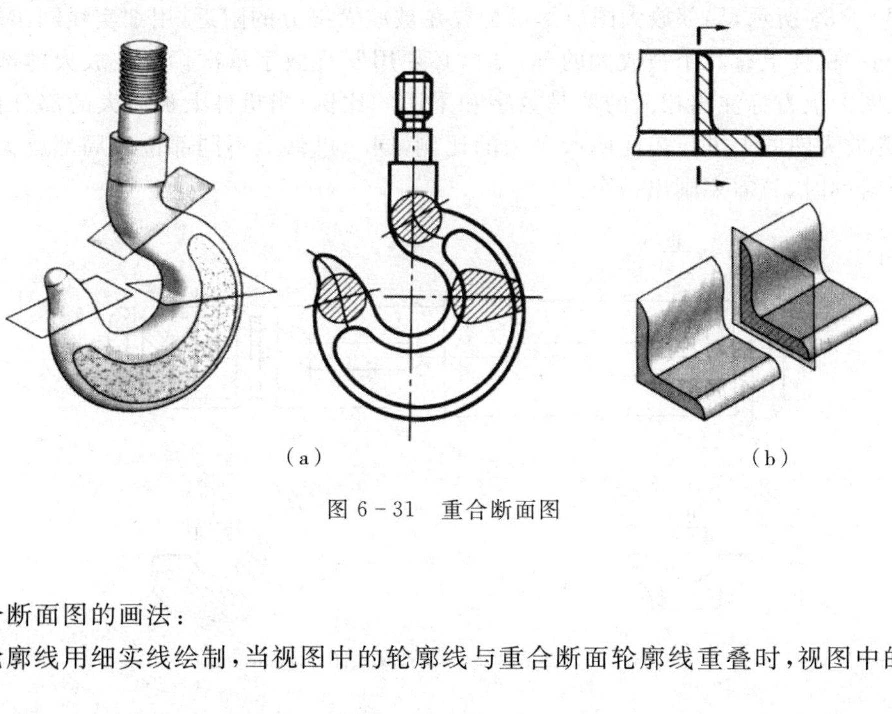

图 6-31 重合断面图

重合断面图的画法：

其轮廓线用细实线绘制，当视图中的轮廓线与重合断面轮廓线重叠时，视图中的轮廓线仍然应连续画出不可间断，如图 6－31 所示。

重合断面图的标注：

对称的重合断面不必标注剖切位置和断面图的名称，如图 6－32(a)、(b)所示。不对称重合断面在剖切符号处标注投射方向，但不必标注字母，如图 6－32(c)所示。

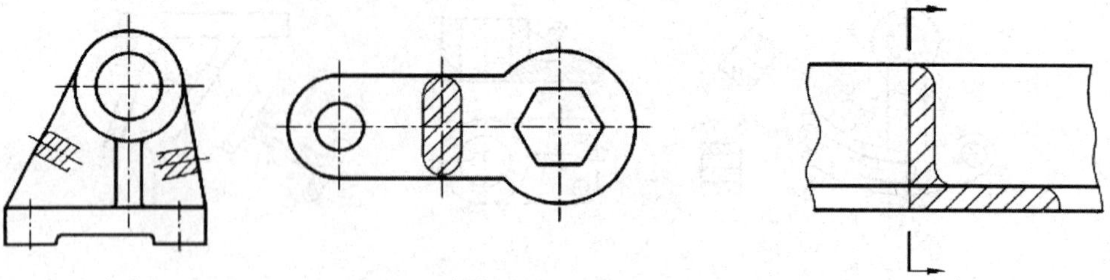

图 6－32　重合断面图的标注

6.4　其他表达方法

在画图中对于机件的常见表达方法还有局部放大图和简化画法。

6.4.1　局部放大图

为了清楚地表示机件上某些细小结构，将这种细小结构用大于原图形所采用的比例画出的图形，称为局部放大图。局部放大图可画成视图、剖视图、断面图，它与被放大部分的表达方式无关。

如图 6－33 所示，局部放大图应尽量配置在被放大部分的附近，用细实线圈出被放大的部位；当同一机件上有几个被放大的部位时，必须用罗马数字依次标明被放大的部位，并在局部放大图的上方标注出相应的罗马数字和采用的比例；当机件上被放大的部分仅有一处时，在局部放大图的上方只需注明所采用的比例，同一机件上不同部位的局部放大图，当图形相同或对称时，只需要画出一个。

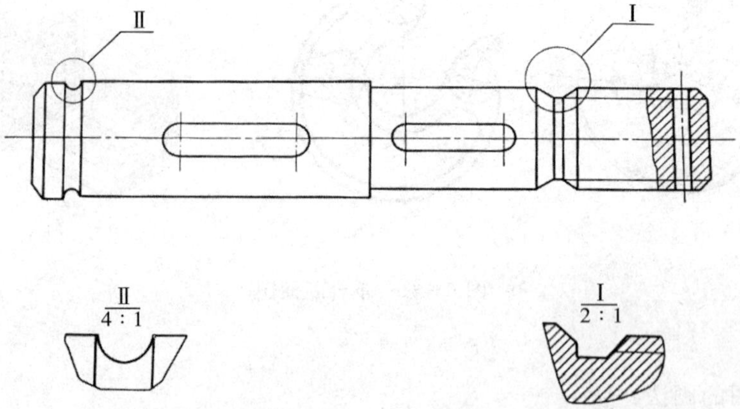

图 6－33　局部放大图

6.4.2 简化画法

在不影响完整清晰地表达机件的前提下，为了画图简便起见，国家标准《技术制图》和《机械制图》统一规定了一些简化表示法，这些都是在生产实践中行之有效的画法。简化画法是指包括规定画法、省略画法、示意画法等在内的绘图方法。下面介绍几种常见的简化画法。

1)肋板、轮辐及薄壁的画法

对于机件上的肋、轮辐及薄壁等，如按纵向剖切，这些结构都不画剖面符号，而用粗实线将它与邻接部分分开，如图 6-34 所示。

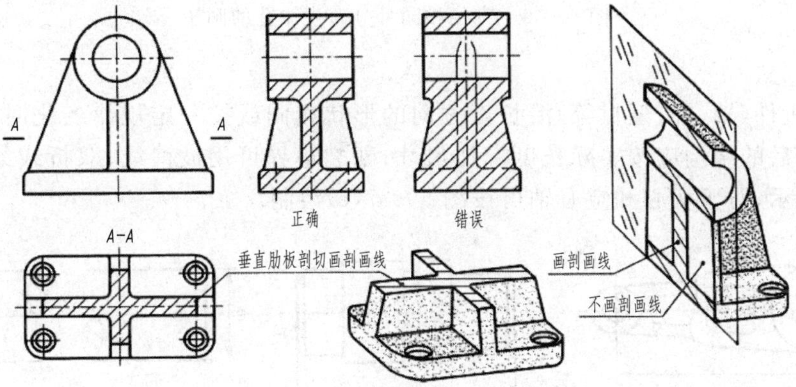

图 6-34 肋板剖切的画法

2)均匀分布的肋板和孔的画法

当机件回转体上均匀分布的孔、肋和轮辐等结构不处于剖切平面上时，可将这些结构旋转到剖切平面上画出，如图 6-35 所示。

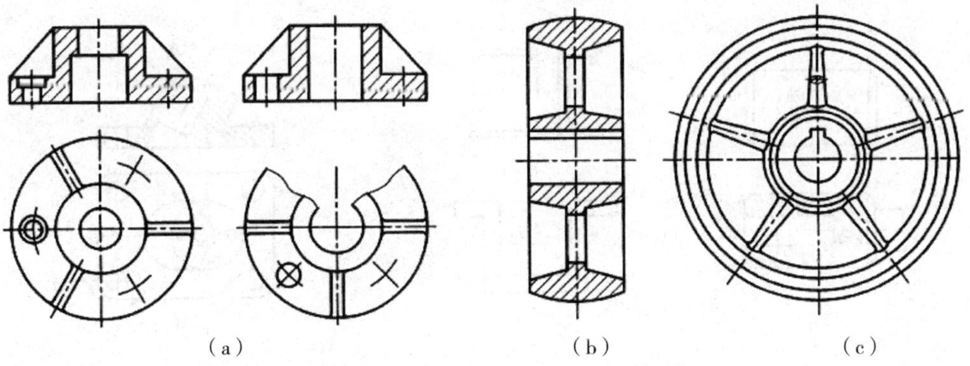

图 6-35 均布肋板和孔的画法

3)相同结构要素的画法

当机件上具有相同的结构要素(如孔、槽)并按一定规律分布时，只需要画出几个完整的结构，其余的可用细实线连接或画出他们的中心位置，并在图中注明其总数，如图 6-36 所示。

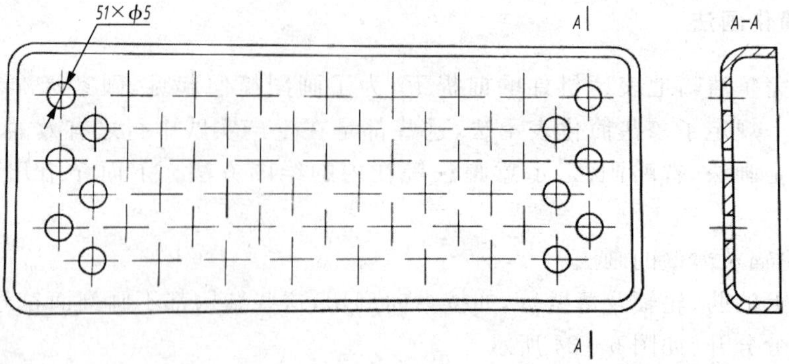

图 6-36 直径相同且分布规律孔的画法

4)断开画法

较长的机件(轴、杆、型材等)沿长度方向的形状相同或按一定规律变化时,可断开后缩短绘制,断开后的结构应按实际长度标注尺寸;断裂边界可用波浪线、双折线绘制,如图 7-37(a)、(b)所示;对于实心和空心轴可按图 6-37(c)绘制。

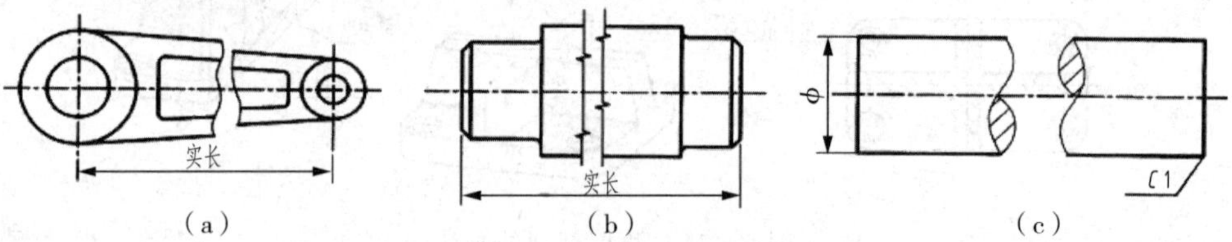

图 6-37 较长机件断开画法

5)较小结构

(1)机件上较小结构如在一个图形中已表示清楚,其他图形可简化或省略不画,如图 6-38(a)中俯视图相贯线简化和主视图圆的省略。

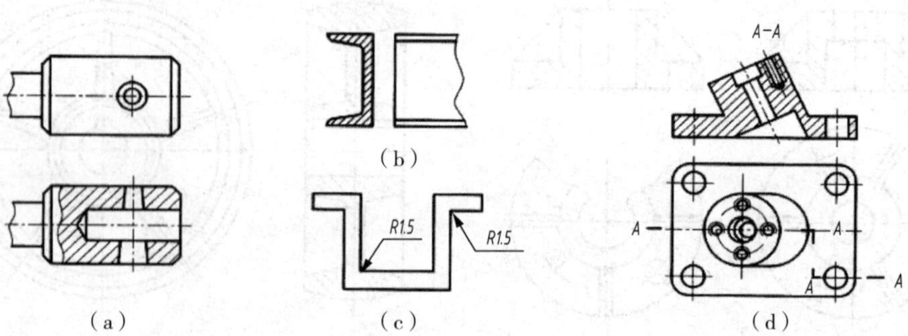

图 6-38 较小结构的画法

(2)斜度和锥度较小时,其他投影也可按小端画出,如图 6-38(b)所示。

(3)在不致引起误解时,机件图中的 45°小倒角和小圆角均可省略不画,但必须注明尺寸或在技术要求中加以说明,如图 6-37(c)、图 6-38(c)所示。

(4)与投影面倾斜角度小于或等于 30°的圆或圆弧,其投影可用圆或圆弧代替椭圆或椭圆弧,如图 6-38(d)所示。

6)其他简化画法

(1)在不致引起误解的情况下,机件图中的移出断面允许省略剖面符号,但剖切位置和断面图的标注必须遵照原来的规定,如图 6-39 所示。

(2)机件上有网状物、编织物或滚花部分,可在轮廓线附近用粗实线示意画出,并在零件图或技术要求中注明这些结构的具体要求,如图 6-40 所示。

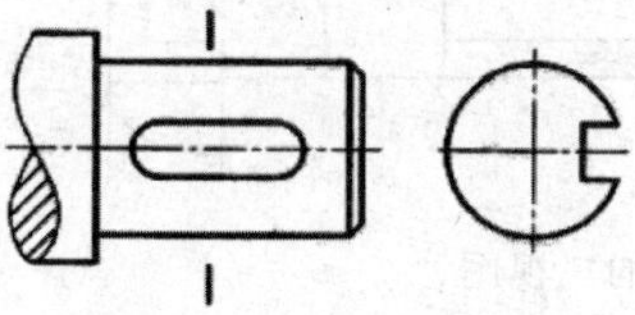

图 6-39 剖面符号省略

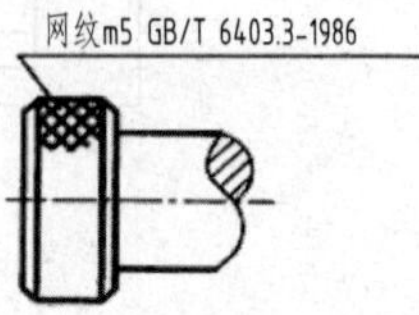

图 6-40 滚花的表示

(3)当回转体上图形不能充分表达平面时,可用平面符号表示该平面,如图 6-41 所示。

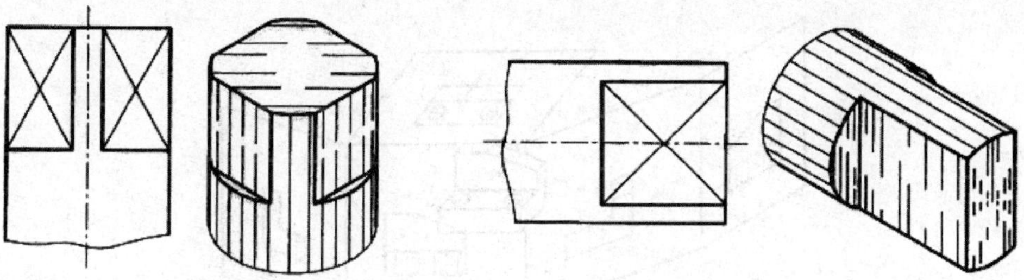

(a) (b)

图 6-41 回转体平面的表示

6.5 第三角画法简介

我国国家标准规定,机件图形优先按正投影绘制,采用第一角投影法作图。虽然国际上大多数国家也如此,但诸如美国、日本、加拿大等国家主要采用第三角投影法。随着国际交流合作的日益增加,作为工程技术人员也有必要了解第三角投影法。

三个互相垂直的投影面 V、H 和 W 将空间分为八个区域,每一区域称为一个分角,若将物体放在 H 面之上,V 面之前,W 面之左进行投射,则称第一角投影;如将机件放置在 H 面之下,V 面之后,W 面之左进行投射,则称第三角投影。在第一角投影中,物体放置在投影面与观察者之间,形成人—物—面的相互关系,习惯上机件在第一角投影中得到的三视图是主视图、俯视图、左视图;而在第三角投影中,投影面位于观察者和物体之间,就如同隔着玻璃观察物体并在玻璃上绘图一样,即形成人—面—物的相互关系,习惯上物体在第三角投影中得到的三视图是前视图、顶视图和右视图,如图 6-42 所示。

采用第三角画法的三视图满足正投影的投影规律,前、顶视图长对正;前、右视图高平齐;顶、右视图宽相等,且前后对应。

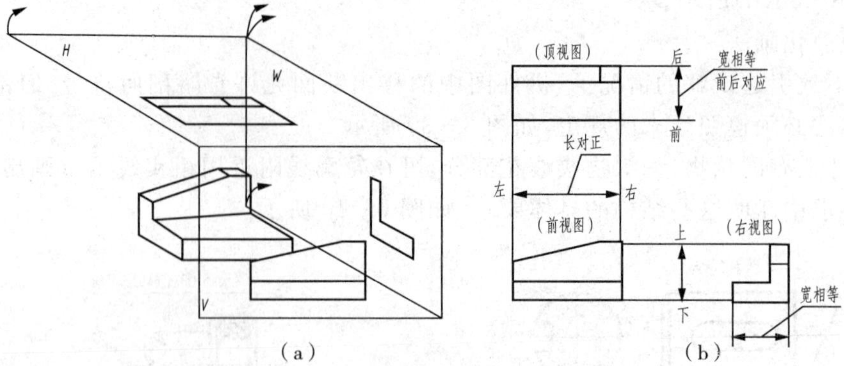

图 6-42　采用第三角画法的三视图

第三角投影也可以从物体的前、后、左、右、上、下六个方向，向六个基本投影面投影得到六个基本视图，它们分别是前视图、顶视图、右视图、底视图、左视图和后视图。六个基本视图按图 6-43 方向展开，展开后各基本视图的配置如图 6-44 所示。

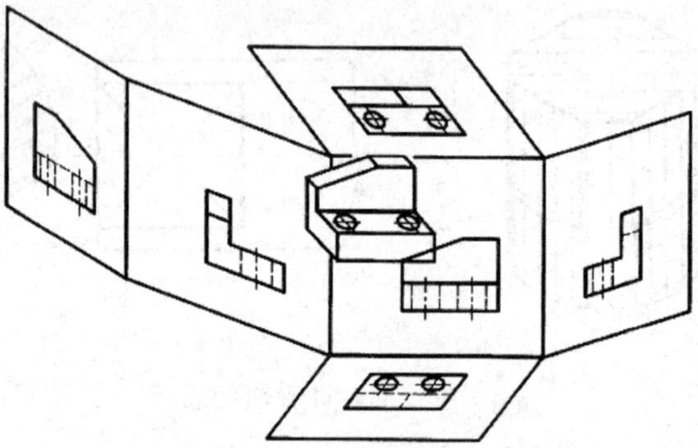

图 6-43　第三角投影中六个基本视图的形成

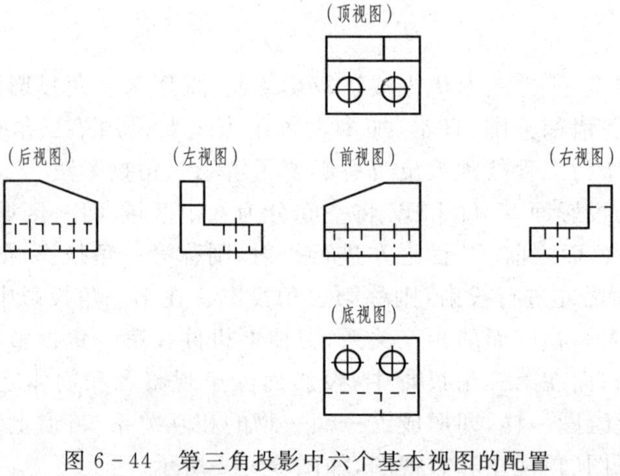

图 6-44　第三角投影中六个基本视图的配置

为了区分第三角画法与第一角画法，国家标准规定了相应的识别符号，如图 6-45 所示。该符号一般标注在图纸标题栏的上方或专设的格内。采用第三角画法时,必须在图样中画出识别符号。

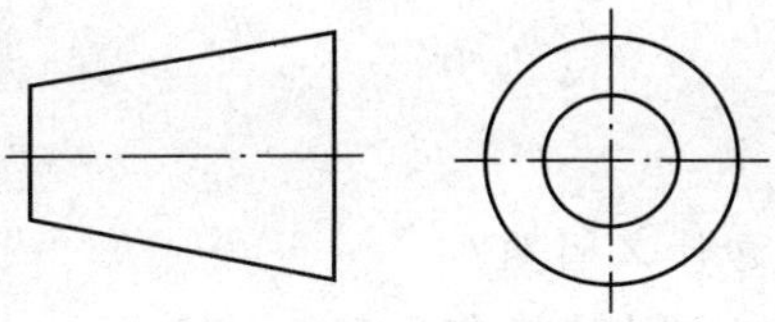
(a)第一角投影符号

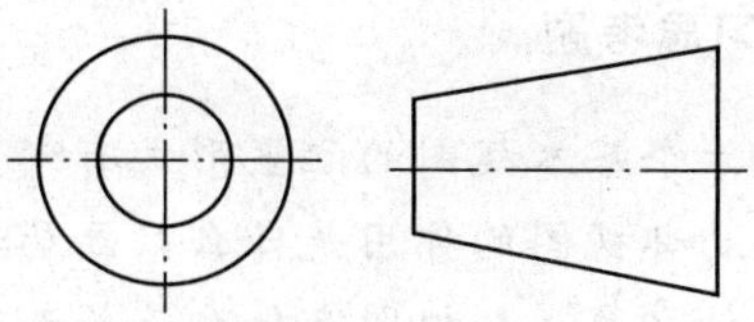
(b)第三角投影符号

图 6-45　两种投影法的标识符号

本章小结

本章的重点:基本视图、向视图、局部视图、斜视图的画法和标注;剖视图的概念,全剖、半剖、局部剖视图的画法和标注;断面的概念、种类、画法和标注以及其他重要的画法。

1. 视图

基本视图——共六个,优先选用主、俯、左视图。

向视图——利用它可自由配置视图的位置。

局部视图——表示机件局部外形的基本视图。

斜视图——表示机件上倾斜部分的局部外形。

以上除按规定位置配置的基本视图外,其余的视图均需标注。

2. 三种剖视图

全剖视图——用于外形简单而内形复杂的不对称机件或外形简单的对称机件。

半剖视图——主要用于内、外形都需要表达的具有对称平面的机件。

局部剖视图——用于内、外形都需表示又没有对称平面的机件。

3. 剖视图的剖切方法

以一个投影面平行面剖切。

以几个投影面平行面剖切——阶梯剖,注意两剖切面的连接处不画线。

以两个相交平面剖切——旋转剖,注意倾斜剖切面剖切后的旋转处理。

以组合的剖切方式剖切——复合剖。

4. 断面图

表示机件某局部处的断面实形。

移出断面——断面的轮廓线以粗实线表示。

重合断面——断面的轮廓线以细实线表示。

5. 剖视、断面的标注

(1)标注的要素:表示剖切面起、止的粗短线、表示投射方向的箭头和表示视图名称的大写字母。

(2)剖切面的起、止和转折线不要和图中的粗实线、虚线相交,剖视名称必须写在剖视图的上方。

(3)省略标注:标注的要素中已经明确的要素可省略标注。

复习思考题

1. 六个基本视图的配置形式有哪几种?
2. 局部视图的作用是什么?画局部视图时应注意什么问题?
3. 什么是半剖视图?什么是局部剖视图?两者在画法上有何区别?
4. 什么是旋转剖?什么是阶梯剖?
5. 断面图和剖视图之间有什么区别?画法上有什么不同?
6. 剖视图、断面图的标注包含哪些内容和注意事项?

7　标准件和常用件

基本要求：1. 掌握螺纹紧固件的国家标准及规定画法；

2. 掌握齿轮种类、国家标准和规定画法；

3. 了解键、销的作用和连接画法；

4. 熟悉滚动轴承的类型代号及规定画法。

重点：1. 螺纹紧固件的连接画法；

2. 圆柱齿轮及其啮合画法；

3. 滚动轴承的代号及画法。

难点：常用螺纹紧固件的查表方法及其连接装配图的画法。

7.1　螺纹紧固件

螺纹紧固就是利用一对内、外螺纹的连接作用来连接或紧固一些零件。常用的螺纹紧固件有螺栓、双头螺柱、螺钉、螺母和垫圈等，如图 7 - 1 所示。

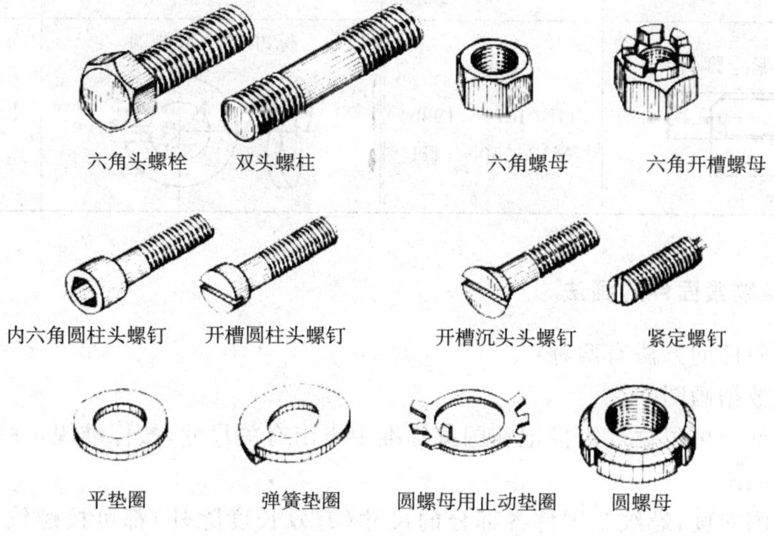

图 7 - 1　螺纹紧固件

7.1.1 螺纹紧固件的标记(GB/T 1237—2000)

常用螺纹紧固件的规定标记格式如表 7-1 所示。

表 7-1 螺纹紧固件的规定标记一般格式

名称	规定标记示例	名称	规定标记示例
六角头螺栓 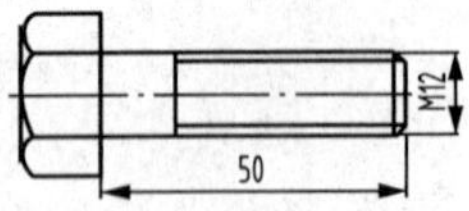	螺栓 GB/T 5780—2000 M12×50	内六角圆柱头螺钉 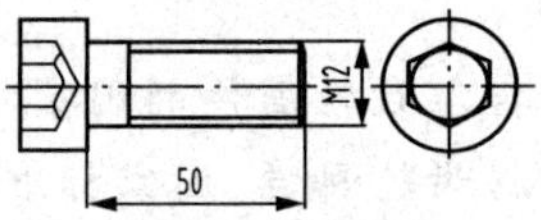	螺钉 GB/T 70.1—2000 M12×50
双头螺柱 A 型 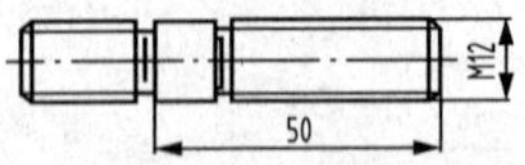	螺柱 GB/T 897—1988 AM12×50	1 型六角螺母 C 级 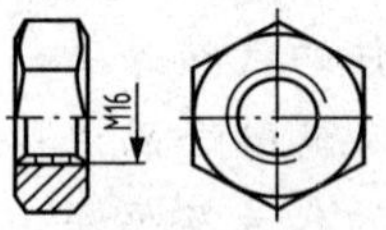	螺母 GB/T 41—2000 M16
开槽圆柱头螺钉 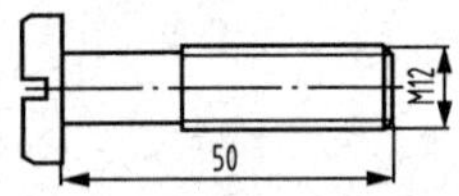	螺钉 GB/T 65—1985 M12×50	1 型六角开槽螺母 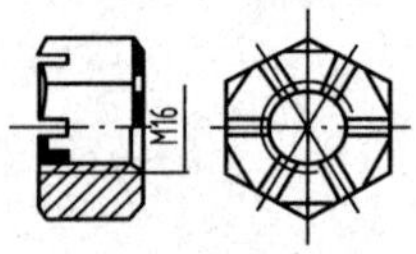	螺母 GB/T 6178—1986 M16
开槽沉头螺钉 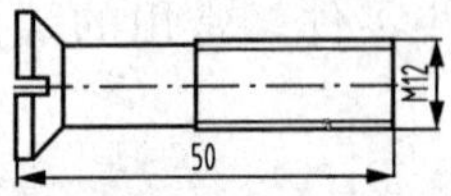	螺钉 GB/T 68—2000 M12×50	垫圈 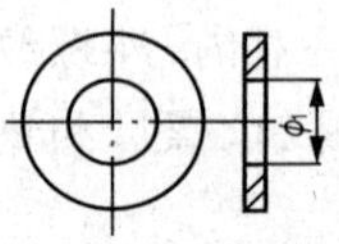	垫圈 GB/T 97.1—2002 -16
开槽锥端紧定螺钉 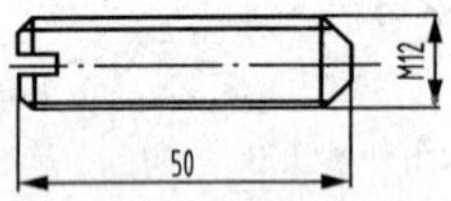	螺钉 GB/T 71—1985 M12×50-14H	标准型弹簧垫圈 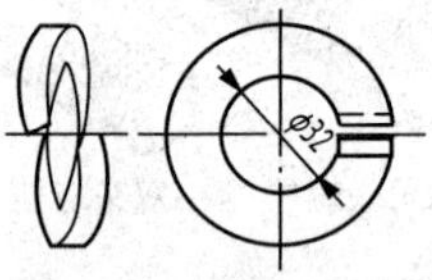	垫圈 GB/T 93—1987 -16

7.1.2 螺纹紧固件的画法

画螺纹紧固件的方法有两种：

1)按标准数据画图

紧固件各部分可根据规定标记在国家标准中查出有关尺寸，按标准规定的数据画图。

2)按比例画图

为提高画图速度，螺纹紧固件各部分的尺寸(有效长度除外)都可按螺纹的公称直径 d 或 D 的一定比例关系画图，称为比例画法。常用螺纹紧固件的比例画法如图 7-2 所示。

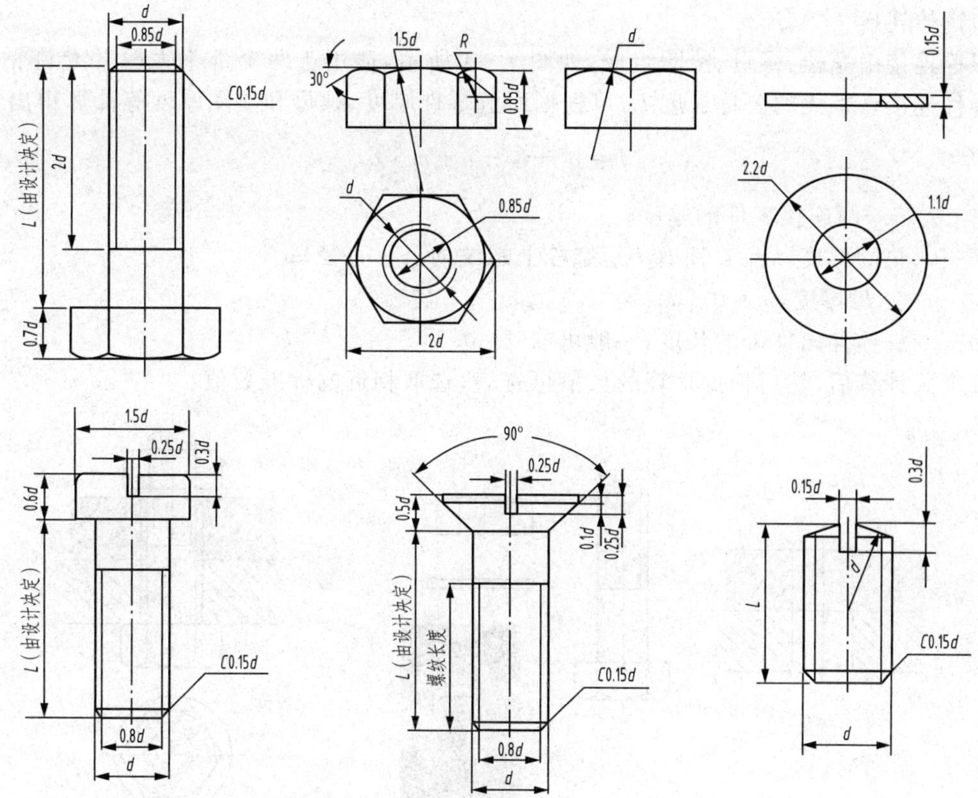

图 7-2　常用螺纹紧固件的比例画法

7.1.3　螺纹紧固件的装配画法

1)基本规定

螺纹紧固件的连接,通常有螺栓连接、螺钉连接和螺柱连接三种。画螺纹紧固件连接图时必须遵守如下基本规定,如图 7-3 所示:

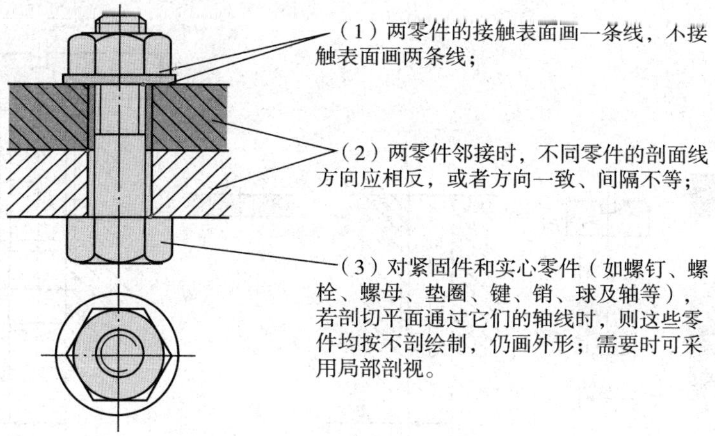

图 7-3　画螺纹紧固件连接的规定

2)螺栓连接

螺栓连接由螺栓、螺母、垫圈组成，如图 7 - 4 所示，适用于两个都不太厚并允许钻成通孔的零件连接。螺栓的公称长度 L，可根据所选零件厚度、螺母和垫圈厚度等计算得出，即

$$L=\delta_1+\delta_2+h+m+a$$

式中：δ_1、δ_2——两连接零件的厚度；

h——垫圈厚度，$h=0.15d$（d 是螺栓上螺纹的公称直径）；

m——螺母厚度，$m=0.7d$；

a——螺栓伸出螺母的长度，一般可取 $a=0.3d$。

按上式计算后，然后根据估算的数值可查表，选取相近的标准数值。

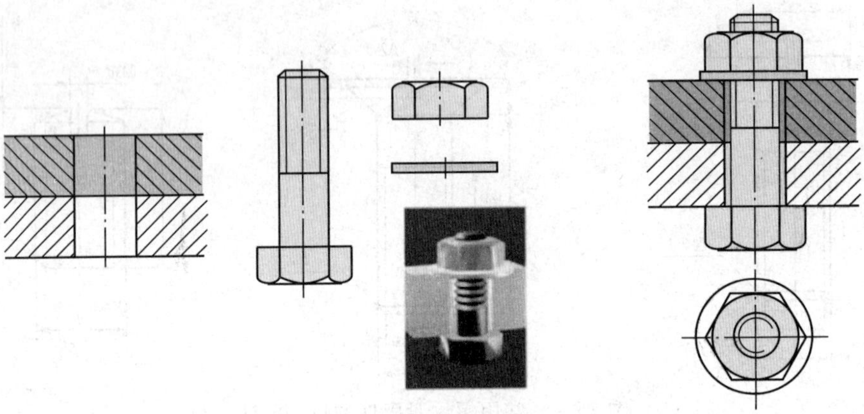

图 7 - 4　螺栓的连接画法

3)螺钉连接

螺钉按用途分为连接螺钉和紧定螺钉。连接螺钉适用于不经常拆卸、受力不大或被连接件之一较厚不便加工成通孔的情况。螺钉连接不用螺母，而是直接将螺钉拧入零件的螺孔内。如图 7 - 5 所示为圆柱头螺钉的连接画法。图 7 - 6 为沉头螺钉的连接画法。

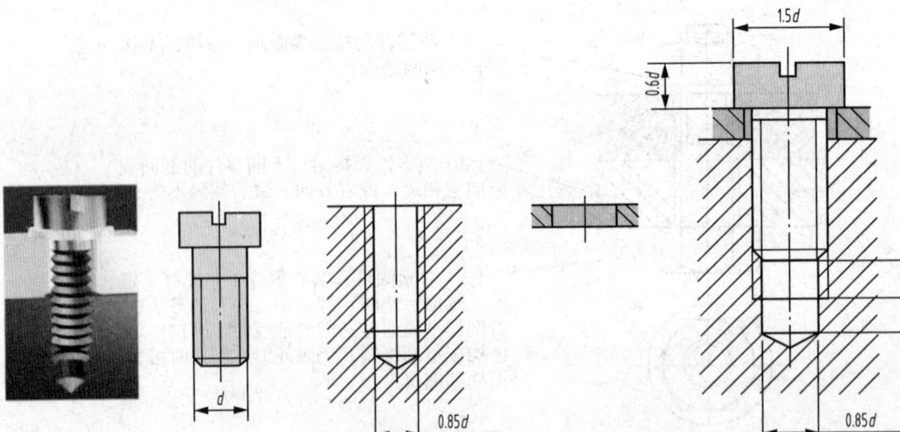

图 7 - 5　圆柱头螺钉的连接画法

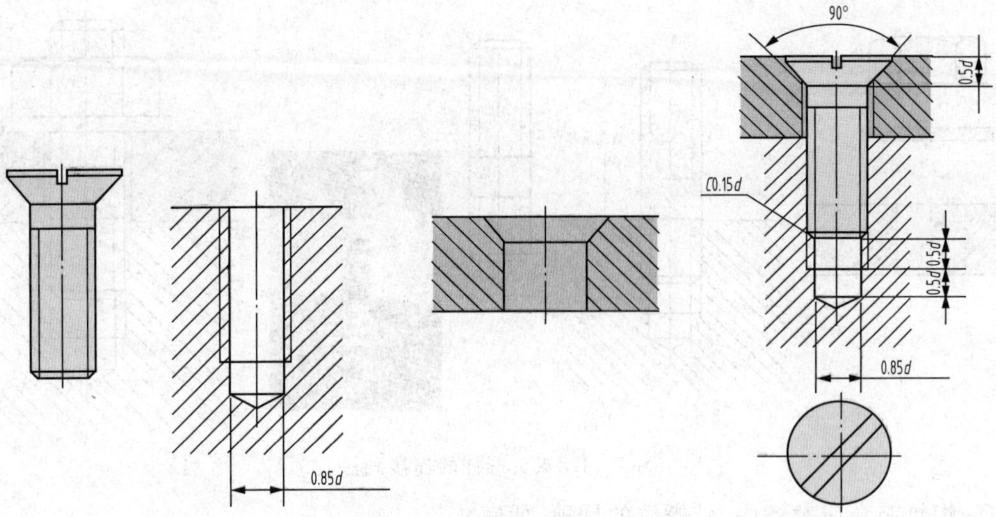

图 7-6　沉头螺钉的连接画法

紧定螺钉用来固定两个零件的相对位置，使它们不产生相对运动。如图 7-7 所示轴和齿轮（图中只画出轮毂部分），用一个开槽锥端紧定螺钉旋入轮毂的螺孔，使螺钉端部的 90°锥顶与轴上的 90°锥坑压紧，从而固定了轴和齿轮的相对位置。

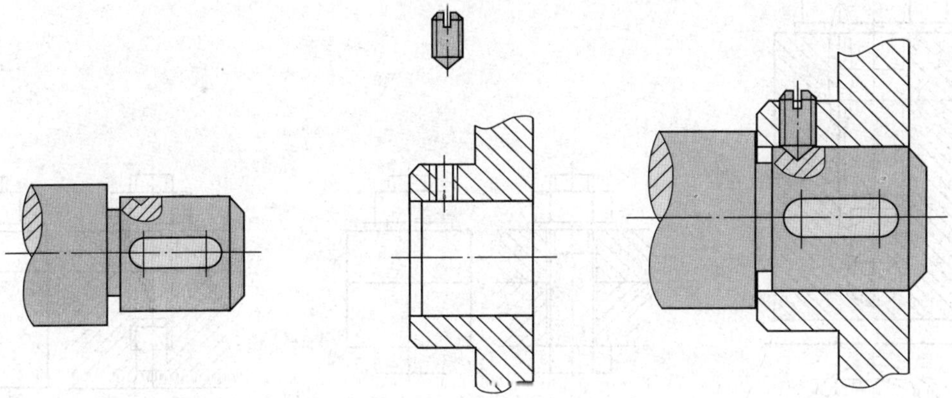

图 7-7　紧定螺钉的连接画法

4）双头螺柱连接

双头螺柱的两端都有螺纹，当被连接两零件之一较厚，不允许被钻成通孔，可采用螺柱连接。连接前，先在较厚的零件上加工出螺纹孔，在另一零件上加工出通孔，将螺柱螺纹短的一端全部旋入该螺孔内，再在另一端套上通孔零件，加上垫圈，拧紧螺母，即完成了螺柱连接，如图 7-8 所示。

如图 7-9 所示为双头螺柱的常见错误画法。

① 螺柱伸出螺母部分螺纹表达不完整；

② 相邻零件剖面线方向应相反，或方向相同、间隔不同；

③ 上部被连接零件的孔径应比螺柱的稍大，应画两条轮廓线；

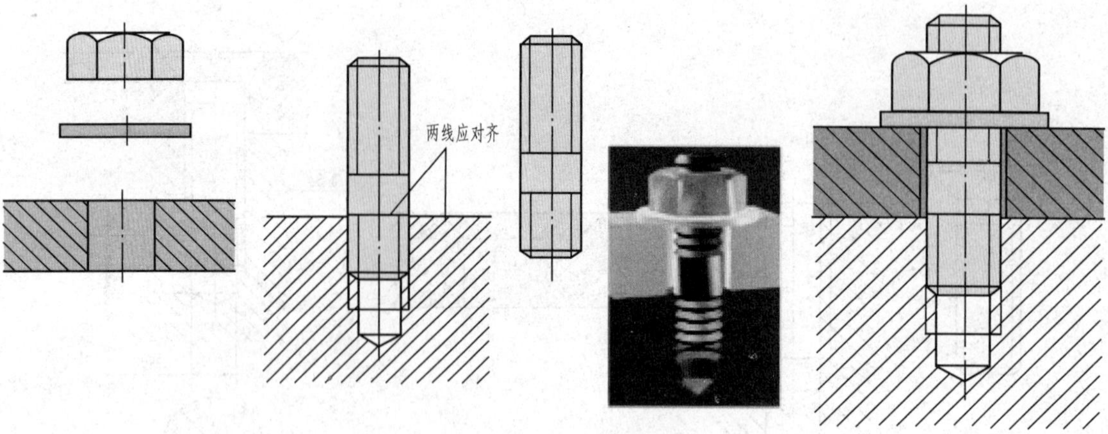

图 7-8　双头螺柱的连接画法

④ 螺纹旋合应对齐内、外螺纹的牙顶、牙底线；

⑤ 钻孔锥顶角应为 120°。

工程实践中为简化作图，螺纹紧固件连接图一般采用简化画法，如图 7-10 所示。

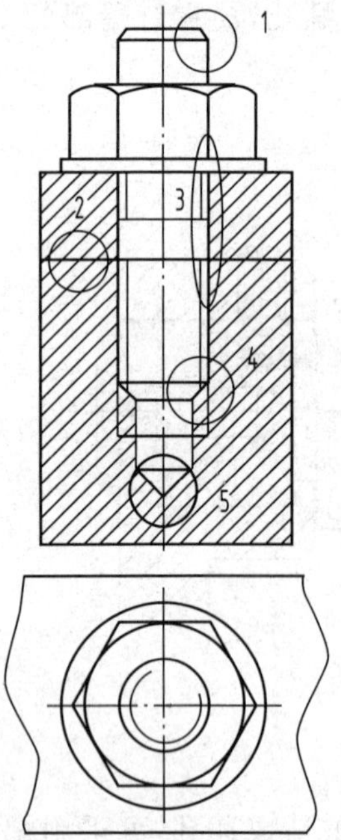

图 7-9　双头螺柱连接的错误画法

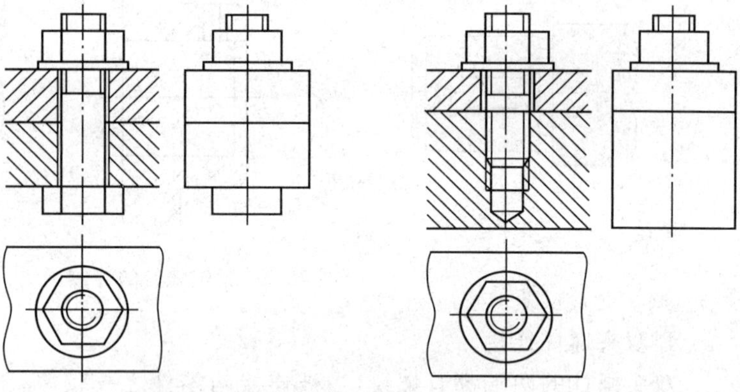

图 7-10　螺纹紧固件连接简化画法

7.2　键和销

7.2.1　键连接

键是一种标准件。在机械上用来连接皮带轮、齿轮与轴同时转动的一种连接件，如图

7-11。它的一部分被安装在轴上键槽内，另一凸出部分则嵌入轮毂键槽内，使两个零件一起转动，起到传递扭矩的作用。

图 7-11 齿轮、键与轴

1）常用键及其标记

键的种类很多，常用的有普通平键、半圆键、钩头楔键等，它们的型式和规定标记如下表 7-2 所示。

表 7-2 普通平键、半圆键、钩头楔键

名称及标准编号	图 例	标记示例
普通平键 GB/T 1096—1979 	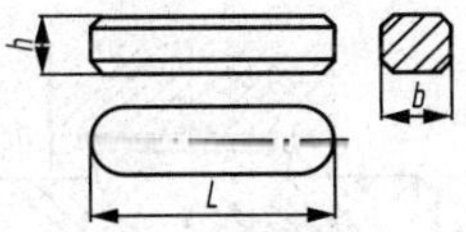	键 10×36 GB/T 1096—1979 表示：圆头普通平键（A 字可不写） 键宽 $b=10$ 键长 $L=36$
半圆键 GB/T 1099—1979 	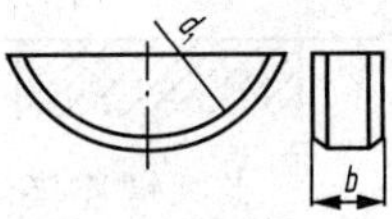	键 6×25 GB/T 1099.1—2003 表示：半圆键 键宽 $b=6$ 直径 $d_1=25$
钩头楔键 GB/T 1565—1979 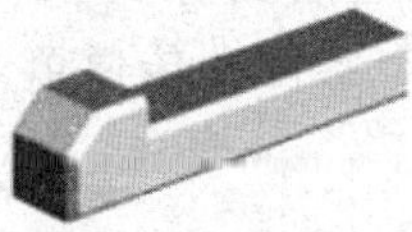	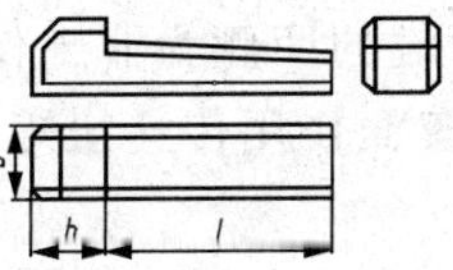	键 8×40 GB/T 1565—2003 表示：钩头楔键 键宽 $b=8$ 键长 $L=40$

用键连接轴和轮毂，需先在轴和轮毂上分别开一个键槽。图 7-12(a)为轴上键槽的画法及尺寸注法；图 7-12(b)为轮毂上键槽的画法及尺寸注法。

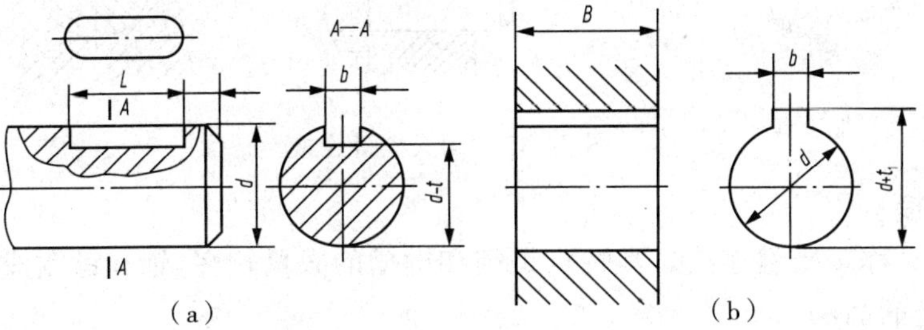

(a) (b)

图 7-12 轴、轮毂键槽

2)普通平键连接

普通平键是用两侧面为工作面来作周向固定、传递转速和动力,因此,其两侧面和下底面均与轴上、轮毂上键槽的相应表面接触,而平键顶面与轮毂键槽顶面之间不接触,则留有间隙。其装配图画法如图 7-13 所示。

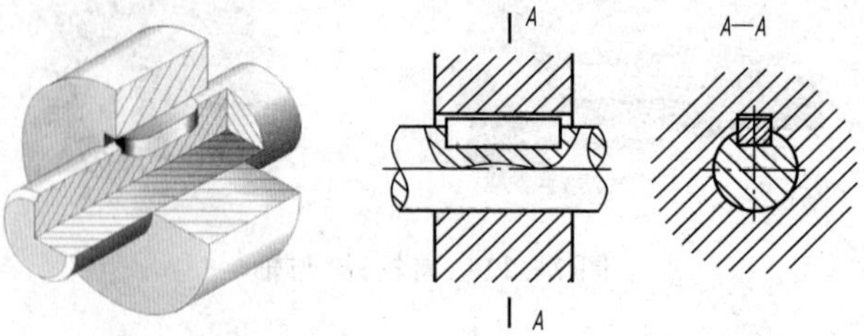

图 7-13　平键连接

3)半圆键连接

半圆键的两侧面为工作面,与轴和轮毂上的键槽两侧面接触,而半圆键的顶面与轮毂键槽顶面之间不接触,则留有间隙。由于半圆键在键槽中能绕槽底圆弧摆动,可以自动适应轮毂中键槽的斜度,因此适用于具有锥度的轴,如图 7-14 所示。

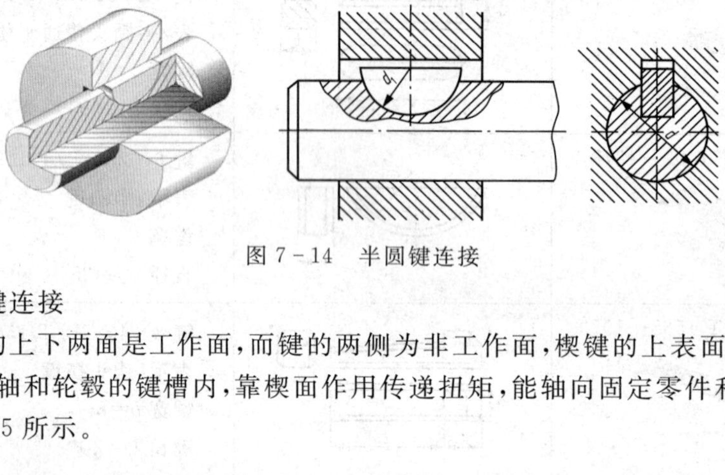

图 7-14　半圆键连接

4)钩头楔键连接

钩头楔键的上下两面是工作面,而键的两侧为非工作面,楔键的上表面有 1∶100 的斜度,装配时打入轴和轮毂的键槽内,靠楔面作用传递扭矩,能轴向固定零件和传递单向的轴向力,如图 7-15 所示。

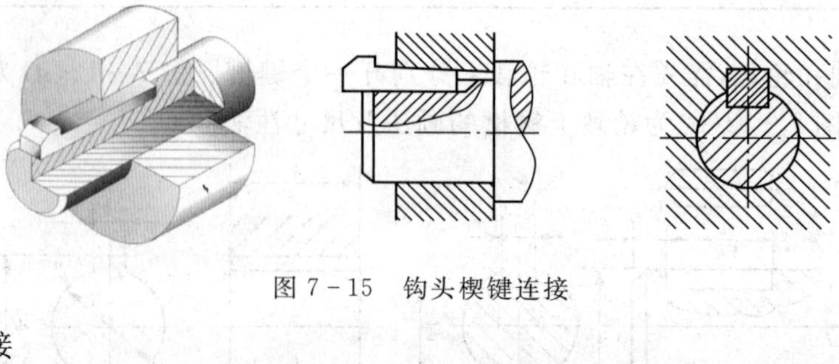

图 7-15　钩头楔键连接

5)花键连接

花键连接又称多槽键连接。其特点是键和键槽的数量较多,轴和键制成一体。

(1)外花键的画法

在平行于花键轴线投影面的视图中,大径用粗实线绘制,小径用细实线绘制,并要画入倒角内;花键工作长度终止线和尾部长度的末端均用细实线绘制,并与轴线垂直,尾部画成与轴线成 30°的斜线;在剖视图中,小径也画成粗实线。在垂直于轴线的视图或剖面图中,可画出部分或全部齿形,也可只画出表示大径的粗实线圆和表示小径的细实线圆,倒角可省略不画,如图 7-16 所示。

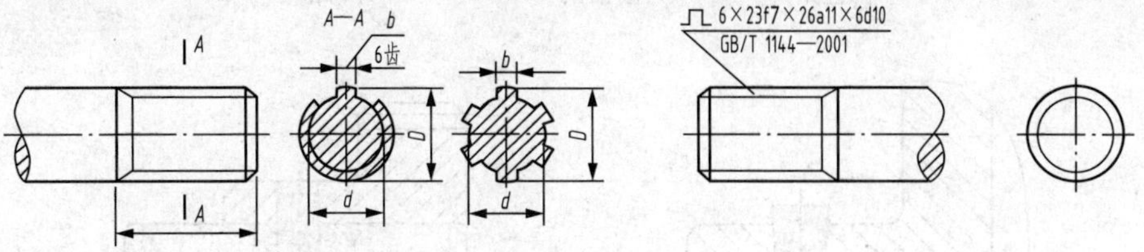

图 7-16　外花键的画法

(2)内花键的画法

在平行于花键轴线的剖视图中,大径及小径均用粗实线绘制。在垂直于轴线的视图中,可画出部分或全部齿形,如图 7-17 所示。

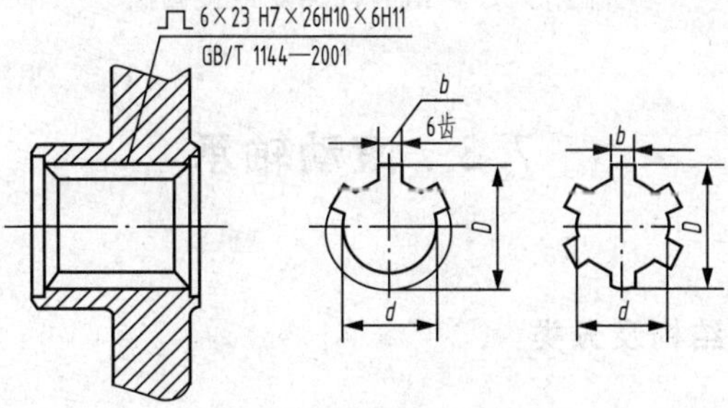

图 7-17　内花键的画法

(3)内、外花键的连接画法

花键连接用剖视图和剖面图表示时,其连接部分按外花键的规定画法绘制,如图 7-18 所示。

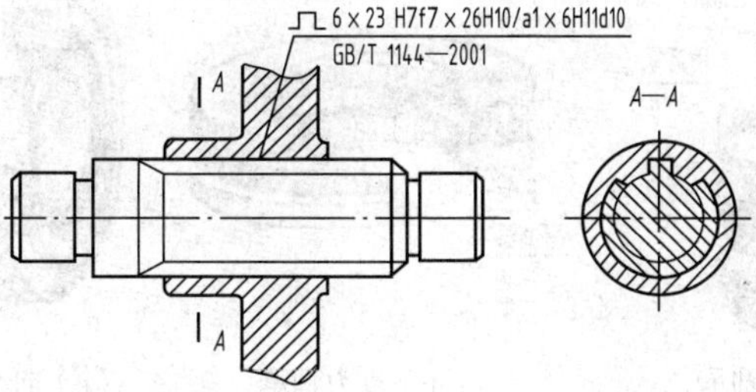

图 7-18　内、外花键的连接画法

7.2.2　销连接

销主要是用来连接和定位的。常用的有圆柱销、圆锥销和开口销等。常用销及其连接画法、标注如图 7－19 所示。

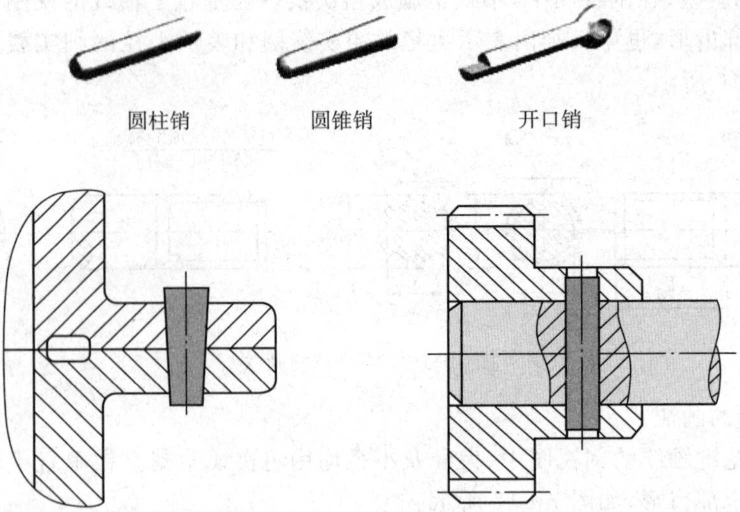

图 7－19　销的种类及连接画法

7.3　滚动轴承

7.3.1　滚动轴承的结构及分类

滚动轴承是支撑旋转轴及轴上零件的组件，其种类很多。滚动轴承一般都是由外圈、内圈、滚动体和隔离架组成。滚动轴承按承受力的方向分为三类：向心轴承、推力轴承、向心推力轴承，如图 7－20 所示。

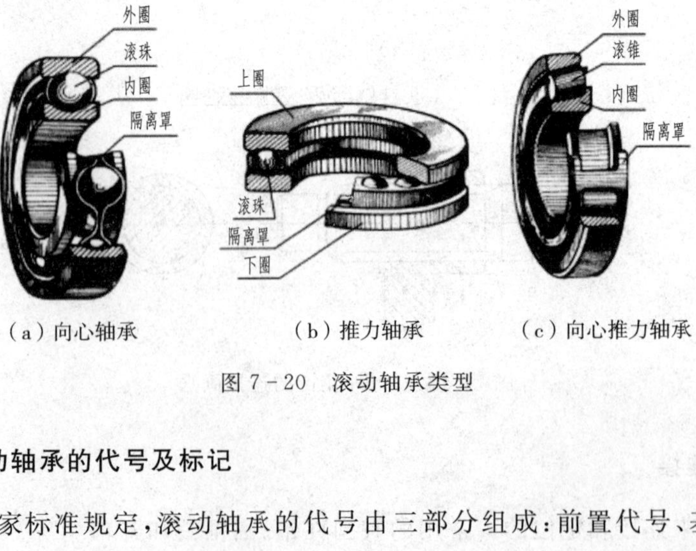

（a）向心轴承　　（b）推力轴承　　（c）向心推力轴承

图 7－20　滚动轴承类型

7.3.2　滚动轴承的代号及标记

机械制图国家标准规定，滚动轴承的代号由三部分组成：前置代号、基本代号和后置代号。

1)基本代号

基本代号是表示滚动轴承的基本类型、结构和尺寸，是滚动轴承代号的基础。

基本代号由三部分组成：

轴承类型代号 尺寸系列代号 内径代号

(1)轴承类型代号

轴承类型代号是用数字或字母表示的，见表 7-3 所示。常用的是代号为 6、5、3 三种。

表 7-3 轴承类型代号

代号	轴承类型	代号	轴承类型
0	双列角接触球轴承	6	深沟球轴承
1	调心球轴承	7	角接触球轴承
2	调心滚子轴承	7	推力圆柱滚子轴承
2	推力调心滚子轴承	N	圆柱滚子轴承 双列或多列用字母 NN 表示
3	圆锥滚子轴承		
4	双列深沟球轴承	U	外球面球轴承
5	推力球轴承	QJ	四点接触球轴承

(2)尺寸系列代号

尺寸系列代号由轴承的宽度系列代号和直径系列代号组合形成，用两位数字表示，它主要是表示内径相同、外径和宽度不同的轴承。具体可查阅国家标准。

(3)内径代号

内径代号是表示轴承的公称内径，用两位数字表示，见表 7-4 所示，轴承公称内径小于 10mm 和大于 500mm 的另有规定。

表 7-4 轴承公称内径代号

轴承公称内径(mm)	内径代号表示方法及举例
10,12,15,17	分别用 00,01,02,03 表示
20～470(22,27,32 除外)	用 5 除公称内径 mm 数值的商数表示

基本代号示例

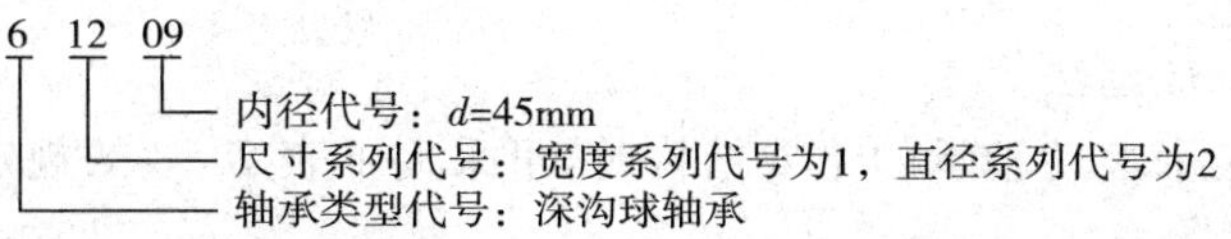

2)前置、后置代号

前置代号用字母表示,后置代号用字母(或加数字)表示。前置、后置代号是轴承在结构形状、尺寸、公差、技术要求等方面有改变时,在轴承基本代号前后添加的代号,可查有关国家标准。

3)滚动轴承的标记

滚动轴承的标记由名称、代号和标准编号三个部分组成。其标记示例如下:

滚动轴承 6245 GB/T 276—1994。

7.3.2 滚动轴承的画法

滚动轴承是标准组件,不需要画各组成部分的零件图。画图时,应先根据轴承代号由国家标准查出轴承的外径 D、内径 d、宽度 B 等几个主要数据,然后将其他尺寸按与主要尺寸的比例关系画出。在装配图中,滚动轴承可以用通用画法、特征画法和规定画法三种方法来绘制。

1)基本规定

① 三种画法中各种符号、矩形线框和轮廓线均用粗实线绘制;

② 绘制滚动轴承时,外框轮廓的大小应与滚动轴承的外形尺寸一致;

③ 在剖视图中,用通用画法和特征画法绘制滚动轴承时,一律不画剖面符号。采用规定画法绘制时,其各套圈可画成方向和间隔相同的剖面线。

2)通用画法

如不需要表示轴承的外形轮廓、载荷特性、结构特征时,可用下图的通用画法,如图 7-21 所示。

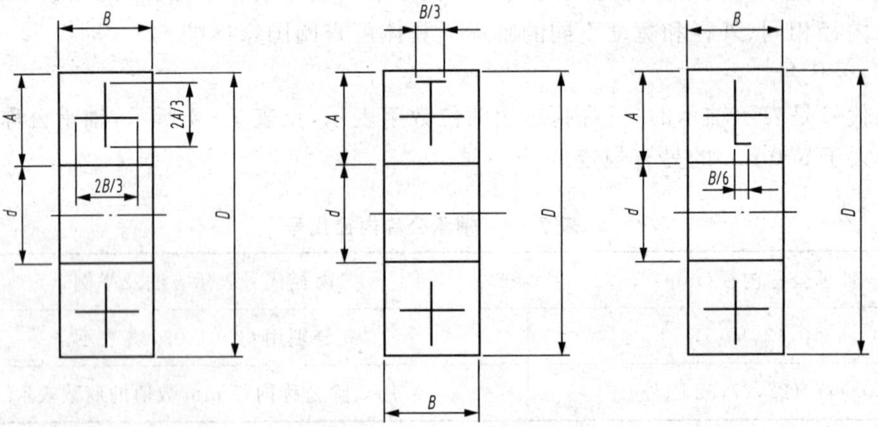

图 7-21 轴承通用画法

3)规定画法和特征画法

如需较详细地表示滚动轴承的主要结构时,可采用下表 7-3 的规定画法和特征画法。

表 7-3 滚动轴承规定画法和特征画法

名称、标准号和代号	结构形式	主要尺寸	规定画法	特征画法
深沟球轴承 GB/T 276—1994 6000	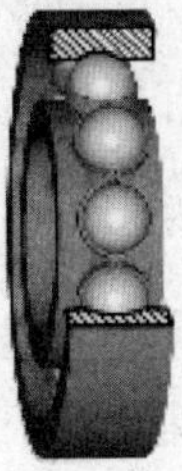	D d b	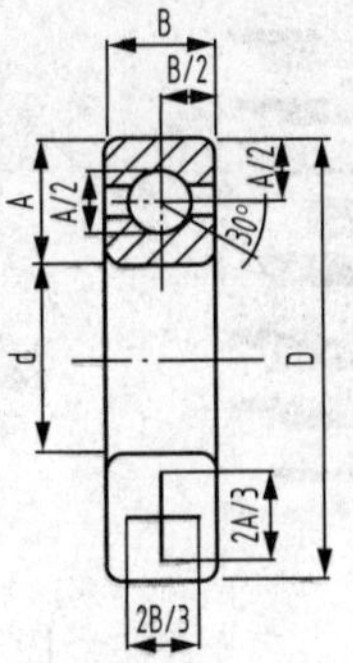	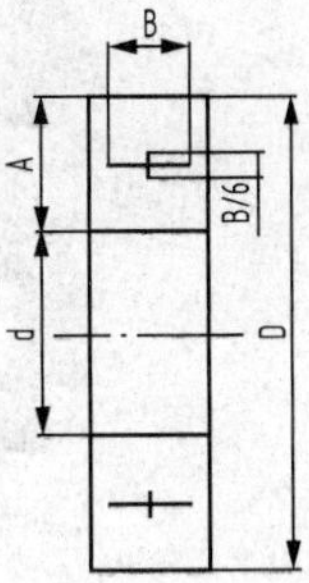
圆锥滚子轴承 GB/T 276—1994 30000		D d T B C	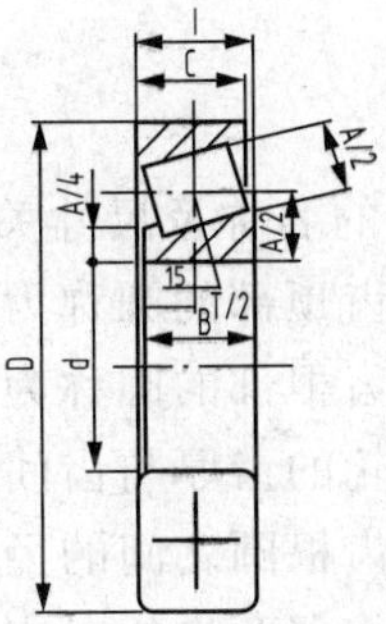	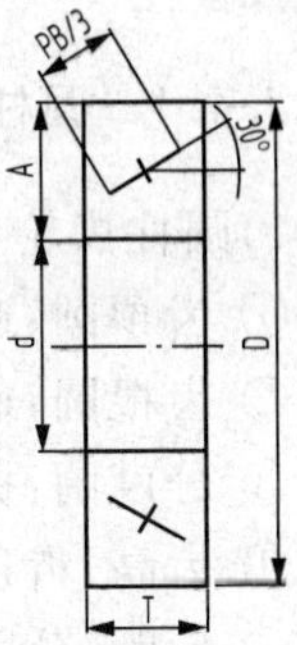
推力球轴承 GB/T 301—1994 51000		D d T	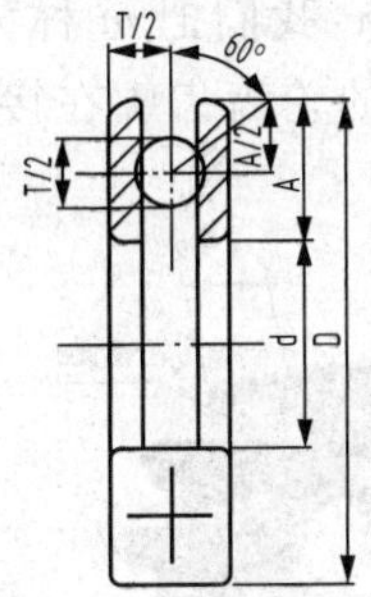	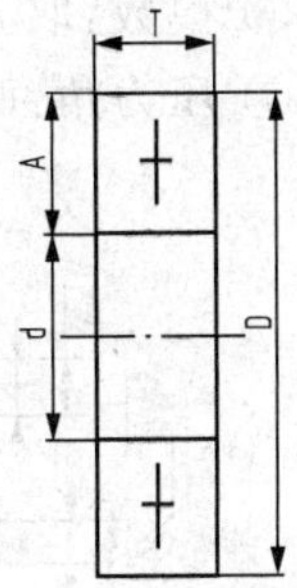

7.4 齿轮

齿轮是机械传动中广泛应用的传动零件，它可用来传递动力，改变速度和方向，齿轮参数中只有模数和压力角已标准化，它属于常用件。齿轮的种类很多，根据其传动情况可以分为三类，如图 7-22 所示：

圆柱齿轮——用于两轴平行时的传动；

圆锥齿轮——用于两轴相交时的传动；

蜗轮蜗杆——用于两轴交叉时的传动。

图 7-22　齿轮的种类

7.4.1　圆柱齿轮

1)圆柱齿轮各部分的名称及尺寸关系

① 齿顶圆:通过轮齿顶部的圆称为齿顶圆,其直径以 d_a 来表示,如图 7-23。

② 齿根圆:通过轮齿根部的圆称为齿根圆,其直径以 d_f 来表示。

③ 分度圆:标准齿轮的齿厚与齿间相等的圆称为分度圆,其直径以 d 表示。

④ 齿高:齿顶圆与齿根圆之间的径向距离称为齿高,以 h 表示。

⑤ 齿距:分度圆上相邻两齿的对应点之间的弧长称为齿距,以 p 表示。

⑥ 模数:取 $m=p/\pi$,我们把 m 称为模数。

⑦ 压力角:两啮合的轮齿齿廓在接触点 P 处的受力方向与运动方向的夹角。

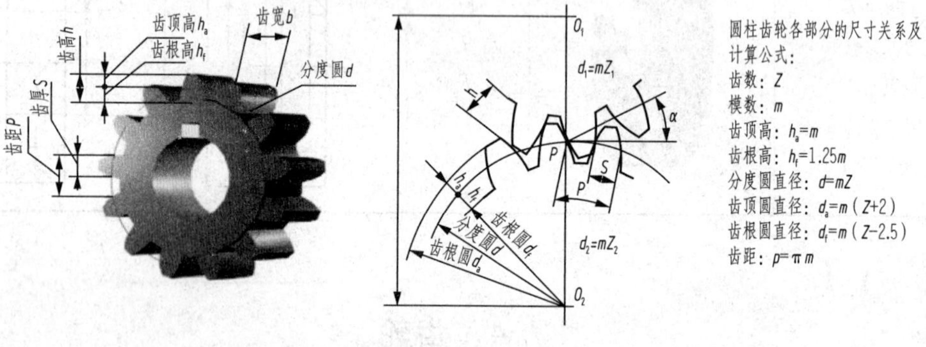

图 7-23　圆柱齿轮参数

2)单个齿轮的画法

齿轮的轮齿是在专用的机床上加工出来的,一般不必画出其真实投影。国家标准 GB/T 4459.2—2003规定了齿轮的画法。

① 齿顶圆和齿顶线用粗实线绘制;分度圆和分度线用点画线绘制,齿根圆和齿根线用细实线绘制,也可省略不画,如图 7-24(a)所示。

② 在剖视图中,当剖切平面通过齿轮的轴线时,轮齿一律按不剖处理,齿根线用粗实线

绘制。

③ 如系斜齿轮或人字齿轮，当需要表示齿线的特征时，可用三条与齿线方向一致的细实线表示，如图 7-24(b)、(c)所示。

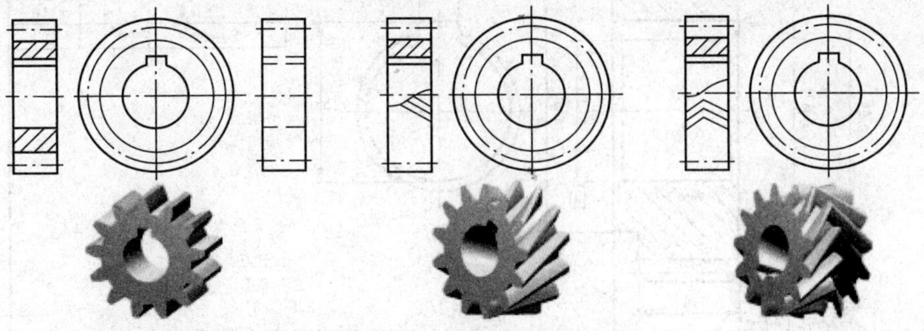

(a) 直齿圆柱齿轮的画法 (b) 斜齿圆柱齿轮的画法 (c) 人字齿圆柱齿轮的画法

图 7-24 单个齿轮的画法

3)啮合画法

两标准齿轮相互啮合时，啮合部分的规定画法如下：

① 在垂直于圆柱齿轮轴线投影面的视图中，两分度圆相切；啮合区的齿顶圆用粗实线绘制，如图 7-25(a)所示，也可省略不画，如图 7-25(b)所示，齿根圆全部不画；

② 在平行于圆柱齿轮轴线的投影面的视图中，啮合区内的齿顶线不画；分度线画成粗实线，如图 7-25(c)、(d)所示；

③ 在剖视图中，啮合区内，两齿轮的分度线重合，用点画线表示。齿根线粗实线表示。齿顶线的画法是将一个齿轮的轮齿作为可见用粗实线表示，另一个齿轮的轮齿被遮挡，齿顶线画虚线，如图 7-25(a)所示，也可以省略不画。

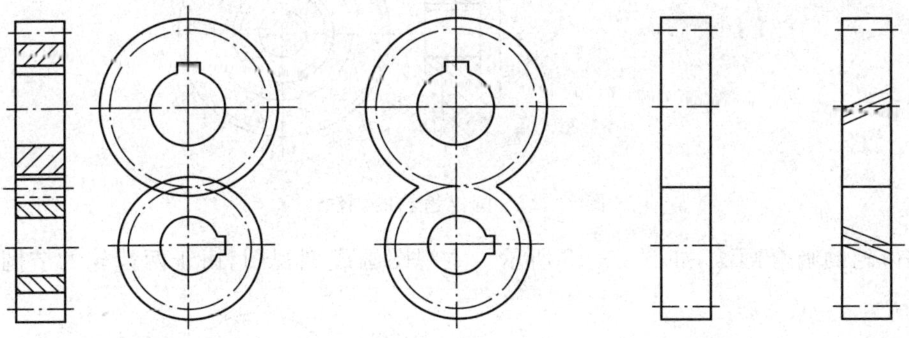

(a) 规定画法 (b) 简化画法 (c) 直齿画法 (d) 斜齿画法

图 7-25 啮合齿轮的画法

常见齿轮零件图如图 7-26 所示。

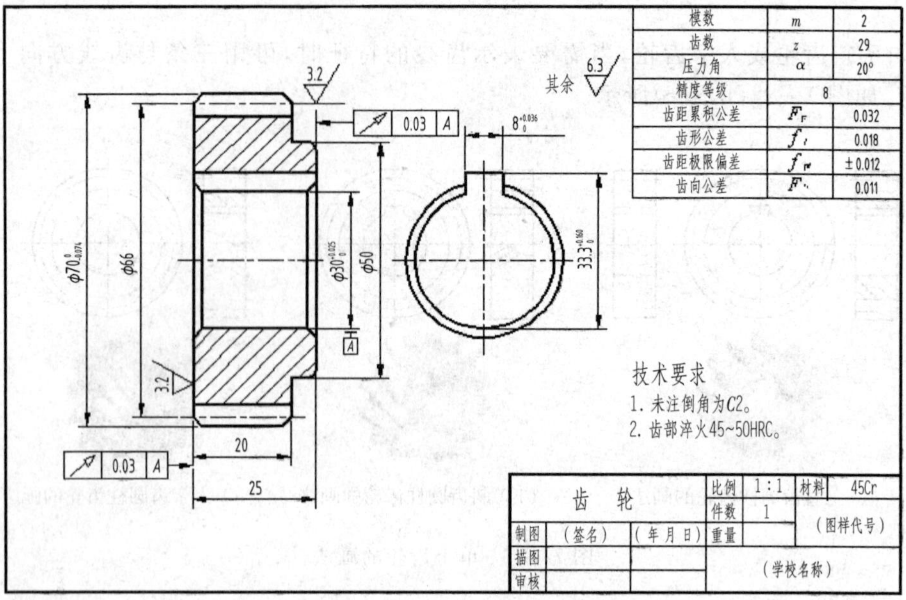

图 7-26　齿轮零件图

7.4.2　圆锥齿轮

圆锥齿轮通常用于垂直相交的两轴间的传动。圆锥齿轮的轮齿分为直齿、斜齿和人字齿。规定以大端的模数为准,用它决定齿轮的有关尺寸。一对锥齿轮啮合,也必须有相同的模数单个圆锥齿轮的画法,如图 7-27 所示。一般用主、左两视图表示,主视图画成全剖视图,左视图用粗实线表示齿轮大端和小端的齿顶圆,用点画线表示大端的分度圆,齿根圆省略不画。

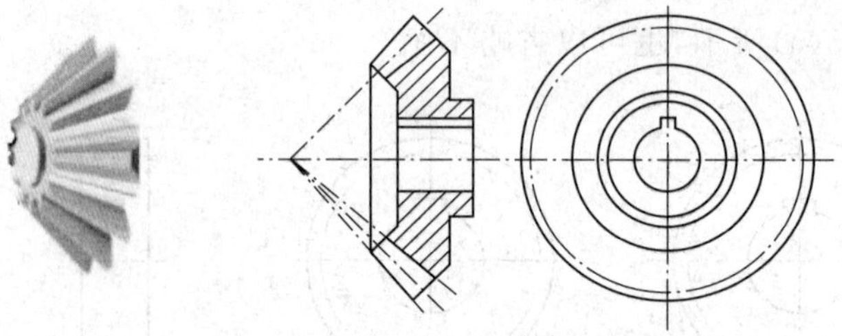

图 7-27　圆锥齿轮的画法

圆锥齿轮的啮合画法,如图 7-28 所示。主视图画成剖视图,由于两齿轮的节圆锥面相

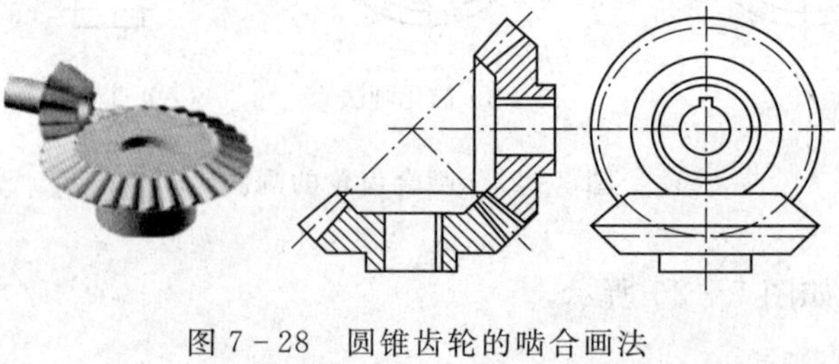

图 7-28　圆锥齿轮的啮合画法

切，因此其节线重合，画成点画线。在啮合区内应将其中一个齿轮的齿顶线画成粗实线，而另一个齿轮的齿顶线画成虚线或省略不画。左视图画成外形视图。

7.4.3 蜗轮和蜗杆

蜗轮和蜗杆用于垂直交叉两轴之间的传动，通常蜗杆是主动件，蜗轮是从动件；蜗杆、蜗轮的传动比大，结构紧凑，但效率低。

蜗杆和蜗轮的画法，与圆柱齿轮基本相同，但是在蜗轮投影为圆的视图中，只画出分度圆和最外圆，不画出齿顶圆与齿根圆；在外形视图中，蜗杆的齿根圆和齿根线用细实线绘制或省略不画，如图 7-29 所示。

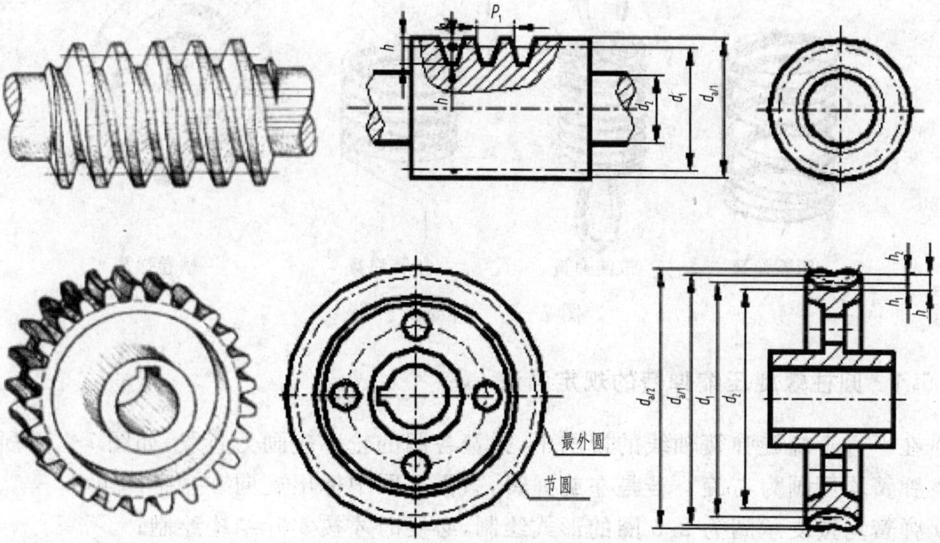

图 7-29 蜗杆、蜗轮的画法

蜗杆和蜗轮啮合的画法，在主视图中，蜗轮被蜗杆遮住的部分不画出；在左视图中，蜗轮的分度圆与蜗杆的分度线相切，如图 7-30 所示。

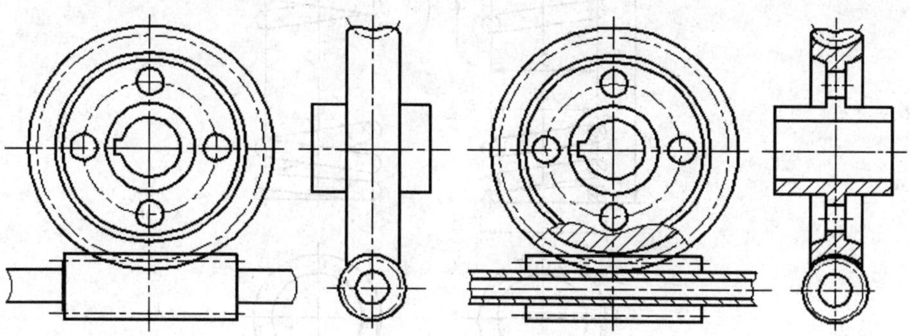

图 7-30 蜗杆和蜗轮啮合画法

7.5 弹簧

弹簧也是一种标准零件，在机器或仪器中起减震、复位、测力、储能等作用，其特点是外力除去后能立即恢复原形。

弹簧的种类和形式很多，最常用的有螺旋弹簧和蜗卷弹簧。根据受力的不同，螺旋弹簧又可分为压缩弹簧、拉伸弹簧和扭转弹簧三种，如图 7-31 所示。

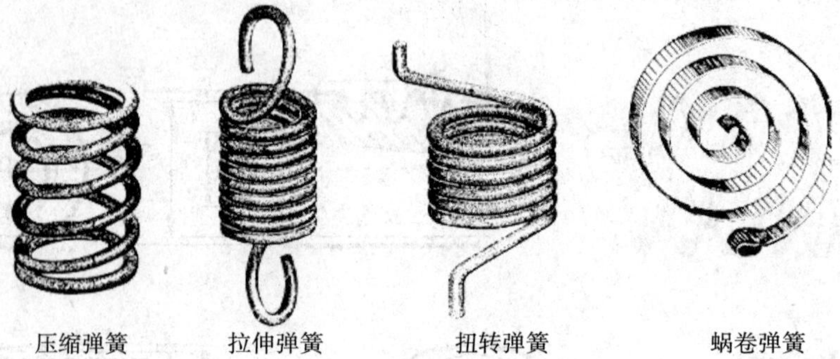

图 7-31 弹簧的种类

7.5.1 圆柱螺旋压缩弹簧的规定画法

① 在平行于螺旋弹簧轴线的视图中，弹簧各圈的轮廓应画为直线，如图 7-32 所示；

② 弹簧均可画为右旋。若是左旋弹簧，只需在图中标出旋向“左”字即可；

③ 弹簧均按支承圈为 2.5 圈的形式绘制，必要时才按实际结构绘制；

④ 有效圈数在四圈以上的螺旋弹簧，无论是否采用剖视画法，都只需画出两端的 1～2 圈(支承圈除外)，中间部分可省略不画，而用通过弹簧丝中心的两条细点画线表示。圆柱螺旋弹簧中间部分省略后，允许适当缩短图形的长度。

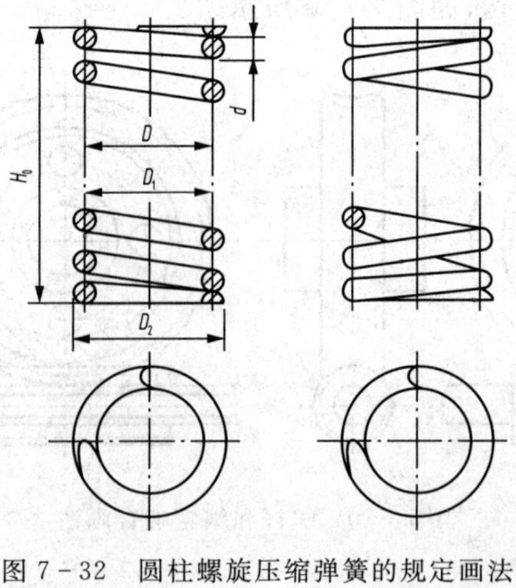

图 7-32 圆柱螺旋压缩弹簧的规定画法

在装配图中，当弹簧型材直径或厚度在图样上等于或小于 2mm 时，其簧丝断面可用涂黑表示；若簧丝直径不足 1mm 时，允许用示意图绘制，如图 7－33 所示。

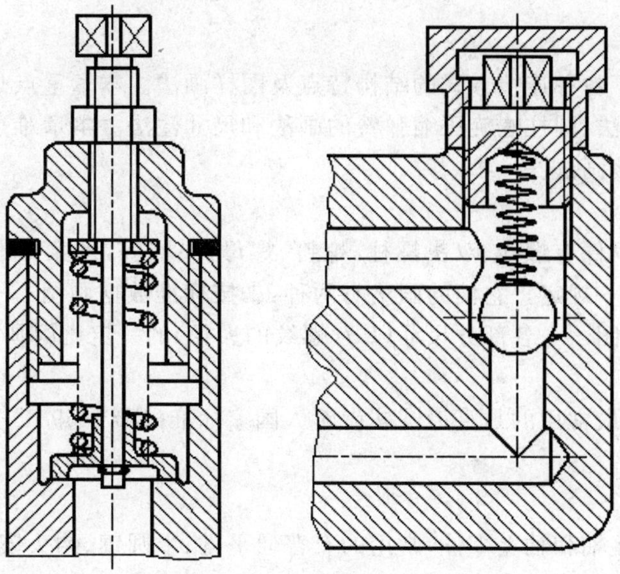

图 7－33　弹簧型材的装配图

7.5.2　螺旋压缩弹簧的画图步骤

下面以圆柱螺旋压缩弹簧采用剖视图画法为例来说明弹簧的画图步骤。已知圆柱螺旋压缩弹簧的簧丝直径 $d=6$，弹簧中径 $D=35$，节距 $t=11$，有效圈数 $n=7$，右旋，作图步骤如图 7－34 所示。

① 算出弹簧自由高度 H_0，根据弹簧中径 D、自由高度 H_0 和簧丝直径 d 等参数，画出两端支承圈的小圆，如图 7－34(a)所示；

② 根据节距 t 作有效圈部分的簧丝剖面，如图 7－34(b)所示；

③ 最后按右旋作相应小圆的外公切线，画出簧丝的剖面线，即完成弹簧的剖视图，如图 7－34(c)所示。

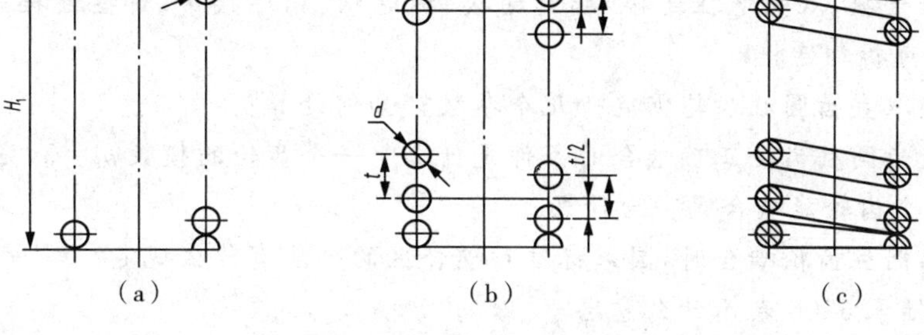

图 7－34　螺旋压缩弹簧的画法

本章小结

本章主要介绍了各种连接方式的结构特点及图样画法。本章重点是螺纹紧固件的连接画法、圆柱齿轮的画法、圆柱螺旋压缩弹簧的画法和尺寸注法。本章难点是常用螺纹紧固件的查表方法及其连接画法。

1. 螺纹紧固件

常用的螺纹紧固件有螺栓、双头螺柱、螺钉、螺母、垫圈等，国家标准对其结构、形式、尺寸、画法等都做了统一规定。它们的画法有两种：①按标准数据画图——查表按标准规定的数据画图；②比例画图——各部分尺寸以 d(螺纹的大径)的一定比例画图。

2. 齿轮

齿轮种类很多，最常用的是直齿圆柱齿轮。国家标准(GB 4459.1—1995)规定了齿轮的画法。

3. 键和销

键主要用于连接轴和轴上零件，常用的有普通平键、半圆键、钩头楔键等。键是标准件，键和键槽的尺寸由轴径确定。

销主要用于连接和定位。常用的有圆柱销、圆锥销和开口销等。

4. 滚动轴承

滚动轴承的类型很多，一般都是由外圈、内圈、滚动体和隔离架组成。滚动轴承是标准件，国家标准有统一的规定画法。

复习思考题

1. 螺栓、双头螺柱、螺钉这三种紧固连接，在结构上和应用上有什么区别？

2. 螺栓或双头螺柱连接时，使用垫圈的目的是什么？

3. 螺栓 GB/T 5782 M10X30，螺柱 GB/T 897 AM10X30，螺钉 GB/T 68 M10X30，垫圈 GB/T 97.1 10，各表示什么意思？

4. 绘制螺钉头部螺丝刀槽时，应注意什么规定画法？

5. 普通平键连接时，其工作面是什么面？绘制键连接时，键的顶面与轮毂的键槽顶面之间应如何绘制？

6. 在螺栓连接、双头螺柱连接、螺钉连接、键连结、销连接中，哪些连接是可拆卸连接？哪些连接是不可拆卸连接？

7. 绘制标准直齿圆柱齿轮需要哪几个参数？如何计算？

8. 两个直齿圆柱齿轮正确啮合的条件是什么？一个齿轮的模数 $m=3$，另一个齿轮的模数 $m=4$，这两个齿轮能啮合吗？为什么？

9. 两直齿圆柱齿轮啮合时，国家标准对啮合区的画法有什么规定？

10. 滚动轴承 6206 表示什么意思？

8 零件图

基本要求：1. 熟悉零件图的作用和内容、视图选择和尺寸标注；
2. 掌握典型零件图绘制方法；
3. 掌握零件上的工艺结构及尺寸标注；
4. 掌握零件图上的技术要求。

重点：1. 轴类零件、盘盖类零件、叉架类零件、箱体类零件的绘制；
2. 表面粗糙度、尺寸公差、形位公差。

难点：绘制零件图及零件的互换性。

机器由若干零部件组成，其中部件也是由若干零件装配而成，如图 8－1 所示的球阀。表达零件的图样称为零件图。本章主要讨论零件图的作用和内容、零件的结构和画法、零件图上的技术要求和看零件图的方法及步骤。

(a) 零件　　(b) 部件

图 8－1　球阀

8.1 零件图的作用和内容

8.1.1 零件图的作用

零件图是制造和检验零件的依据。从零件的毛坯制造、机械加工工艺路线的制订、工序图的绘制、工夹具和量具的设计到加工检验等，都要根据零件图来进行。

8.1.2 零件图的内容

从图 8－2 所示的零件图中可以看出，一张能指导生产的完整零件图应包含以下内容。

一组视图：表达零件内外结构形状，零件图中主视图用全剖视图表达了旋转体 1 的构型要素和拉伸体 2 的拉伸厚度，左视图(局部视图)表达了拉伸体 2 的基图。

完整的尺寸：正确、清晰、合理地标注零件制造、检验所需的全部尺寸。

技术要求：标注或说明零件在制造和检验过程中应达到的要求，如尺寸公差、形位公差、表面粗糙度、热处理、表面处理以及其他要求。

标题栏：说明零件的名称、材料、数量、比例、图号及图样的责任人等内容。

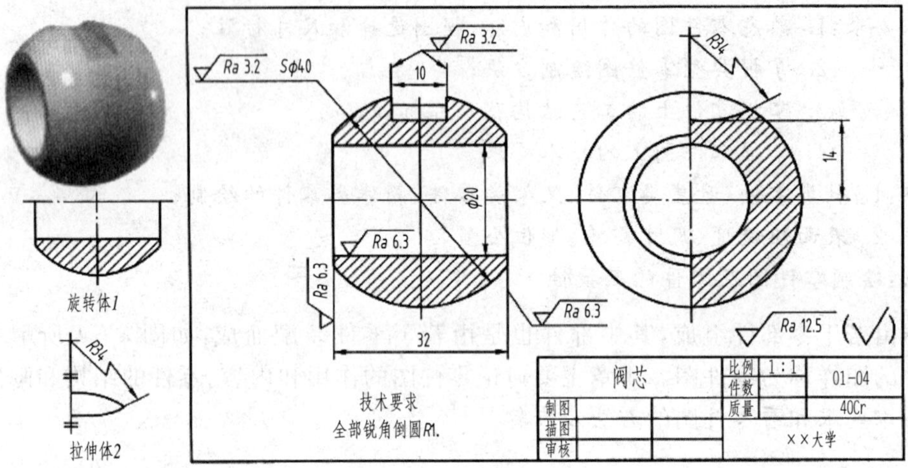

图 8-2 零件图的内容

8.2 零件图的视图选择原则和表示方法

8.2.1 零件图的视图选择

零件图要求将零件的结构形状完整、清晰地表达出来，并力求简便。因此，合理地选择主视图和其他视图，用最少的视图、最清楚地表达零件的内外形状和结构，必须确定一个比较合理的表达方案。

1)主视图的选择

零件主视图的选择要先根据零件的工作位置或加工位置确定主视图的安放位置，然后选择最能反映零件形状特征的方向作为主视图的投射方向。如图 8-3 所示，图(a)为工作位置、图(b)为加工位置、图(c)为 A 向投影、图(d)为 B 向投影。根据该轴的加工位置，将主视图平放便于加工测量和图、物对照。由于按 A 向投射比按 B 向投射更能反映该轴的形状特征，因此选用 A 向作为主视图的投射方向。

2)选择其他视图

在选择其他视图时，要综合运用前面机件的表达方法所学的知识，确定视图的表达方

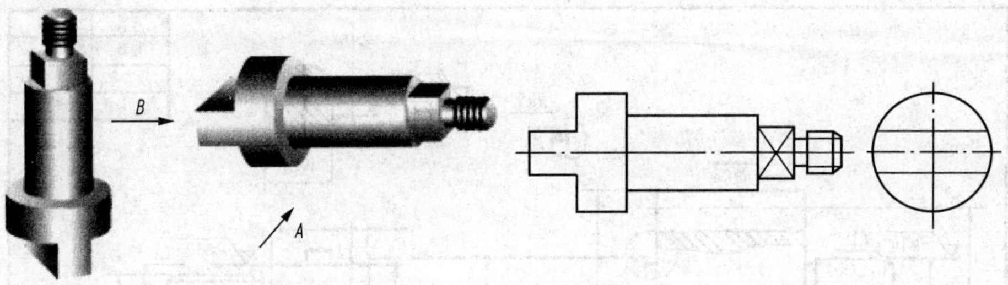

(a) (b) (c) (d)

图 8-3 轴的主视图选择

案。为了看图和画图简便，应分析零件的构型要素，根据视图中能包含全部构型要素的原则，选用最少数量的视图，并考虑到视图与尺寸注法的配合。

如图 8-3 所示的轴由两个旋转体和一个拉伸体组成，选用一个主视图全剖可表达出旋转体的基图和轴线，以及拉伸体的拉伸线，但拉伸体的基图还未表达，因此需要再选用一个断面图来表达出拉伸体的基图，如图 8-4 所示。

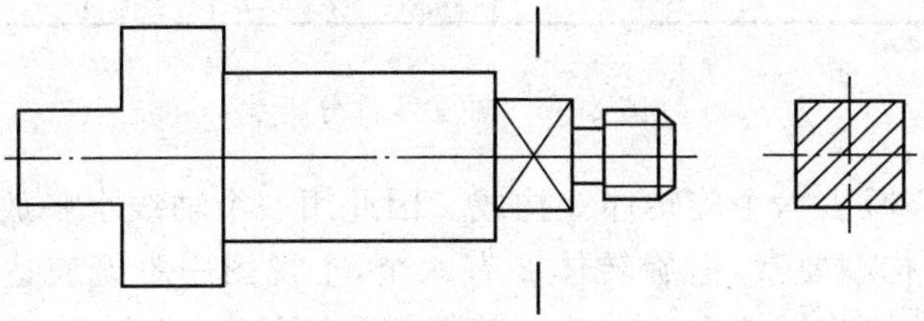

图 8-4 轴的视图表达方案

8.2.2 各类典型零件的分析

根据零件的形状和结构特征，可将零件分为四大类：轴套类、盘盖类、叉架类和箱体类。下面分别介绍其视图选择。

1)轴套类零件视图选择

轴套类零件的构型特点是：主要结构为旋转体，表达旋转体的构形要素（基图和轴线）只要一个视图，因此轴套类零件一般只用一个基本视图，再加上适当的断面图、局部放大图和尺寸标注，就可以将零件表达清楚。如图 8-5 所示，齿轮轴选用轴线水平放置的主视图反映旋转体的构型要素。齿轮和螺纹是在旋转体上加工出的标准结构，只需在旋转体的视图中用规定画法画出。轴上的键槽是拉伸体，可采用移出断面图表示其拉伸深度，旋转体中砂轮越程槽的图形太小，为了便于标注尺寸采用局部放大图来表达。

2)盘盖类零件视图选择

这类零件主要有手轮、齿轮、带轮、端盖等。盘盖类零件的构型特点是：主要结构大体上是旋转体，通常还带有各种形状的凸缘、均布的圆孔和肋等局部结构，较轴套类零件复杂。视图选择时，一般以旋转轴线水平放置的剖视图作主视图，并适当增加其他视图。如图 8-6

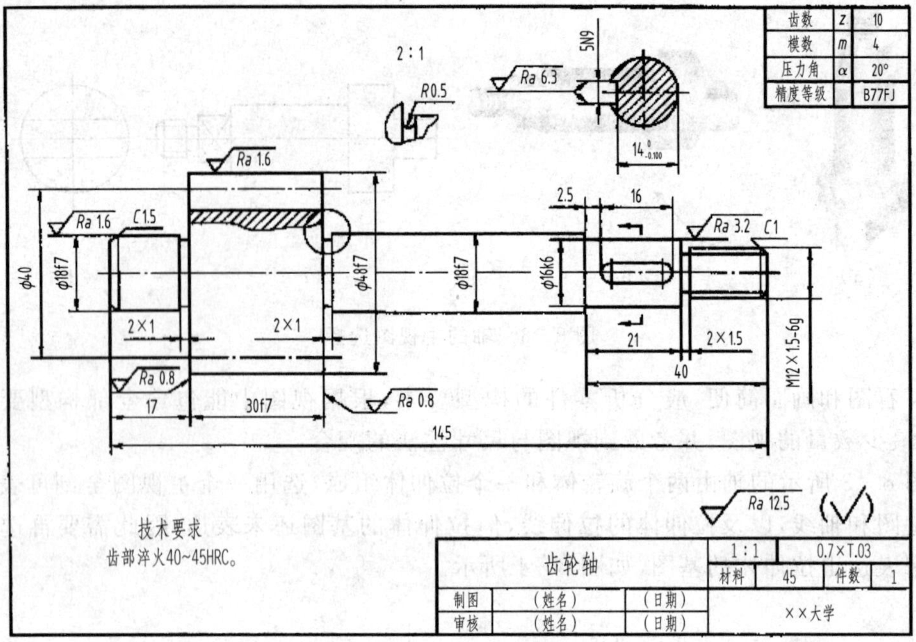

图 8－5　轴类零件分析

所示，端盖由旋转体 1 减去六个旋转体 2 构成。因此用一个轴线水平放置的全剖主视图，便表达了两种旋转体的构型要素，但旋转体 2 有六个，主视图中不能表达其相对位置，因此还要增加一个左视图，才能将端盖表达完整。其零件图如图 8－7 所示，为便于标注尺寸，图中还选择了一个局部放大图。

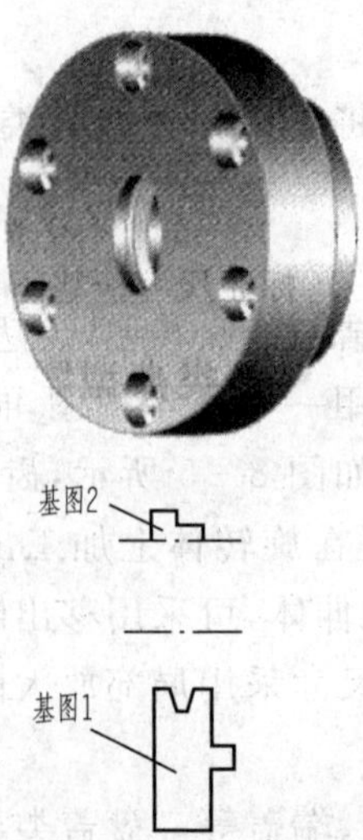

图 8－6　端盖的构型分析

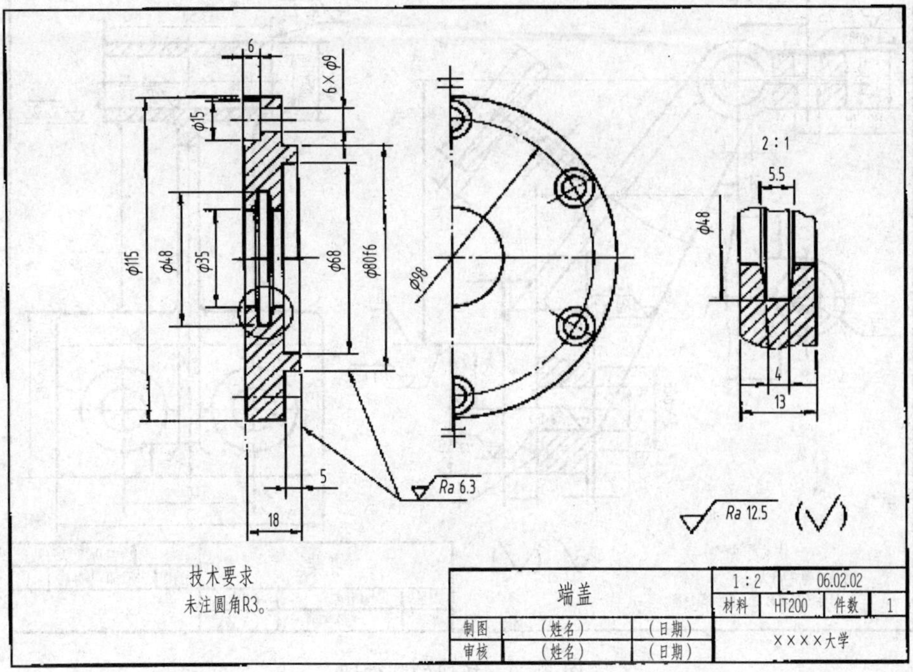

图 8-7 端盖的零件图

3)叉架类零件视图选择

叉架类零件结构形状较复杂，一般有倾斜、弯曲的结构。常用铸造和锻压的方法制成毛坯。各加工面往往在不同机床上加工。主视图按工作位置原则安放，投射方向选择最能反映其形状特征的方向。

如图 8-8 所示，托架由上、中、下三部分组成。构型设计时，上部由基本立体 2+3、8、1 构成，中部由基本立体 4+5 构成，下部由基本立体 6+7、8 构成。根据构型分析，可选用如图 8-9 所示的主视图表达拉伸体 3、4、5、6 的基图和拉伸体 2、7、8 的拉伸厚度，选用左视图表达拉伸体 3、4、5、6 的拉伸厚度和 7、8 的基图，选用局部视图表达拉伸体 1、2 的基图，选用断面图表达拉伸体 4、5 的棱线和倒圆。

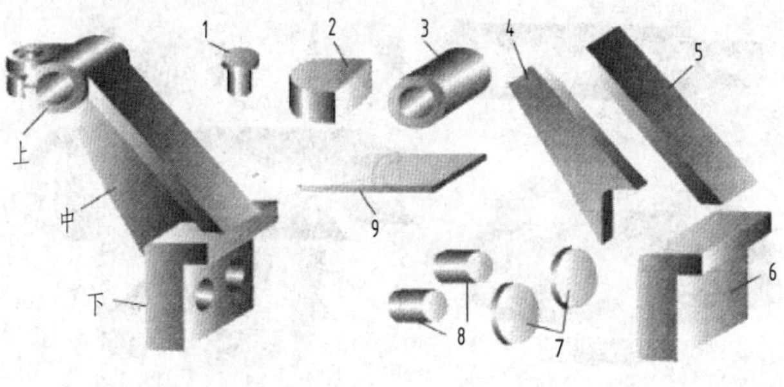

图 8-8 托架的构型分析

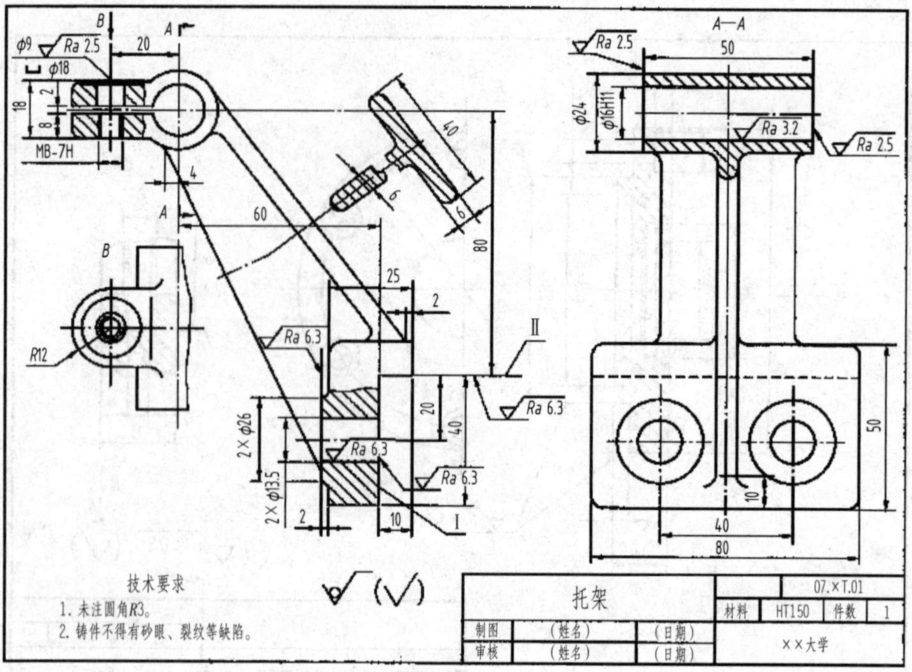

图 8-9　托架的零件图

4)箱体类零件视图选择

机床床身、箱体、壳体、阀体、泵体等都属于箱体类零件，这类零件主要用来支承、包容和保护其他零件，结构形状最为复杂，而且加工位置变化也最多。

箱体类零件的主视图主要考虑零件的工作位置。根据能表达出全部构型要素的原则，运用剖视图、断面图、局部视图等多种表达方法，也可选择其他视图。

图 8-10 所示，壳体由九个基本立体构成，其中拉伸体 6 带有平面截切的切口，基本立体 2、4、6、8、8 相加构成壳体的外形，再减去基本立体 1、3、5、7 构成壳体的内腔。根据以上构型分析，可选用图 8-11 所示的全剖主视图表达旋转体 1、2、3、5、8 的构型要素和拉伸体 4、8 的拉伸厚度，用半剖左视图表达拉伸体 6 的基图和旋转体 7 的构型要素，用俯视图表达出拉伸体 4 的基图和拉伸体 6 的截切平面位置，上方两个垂直孔中的螺纹，可在主、俯视图中按螺纹的规定画法画出。

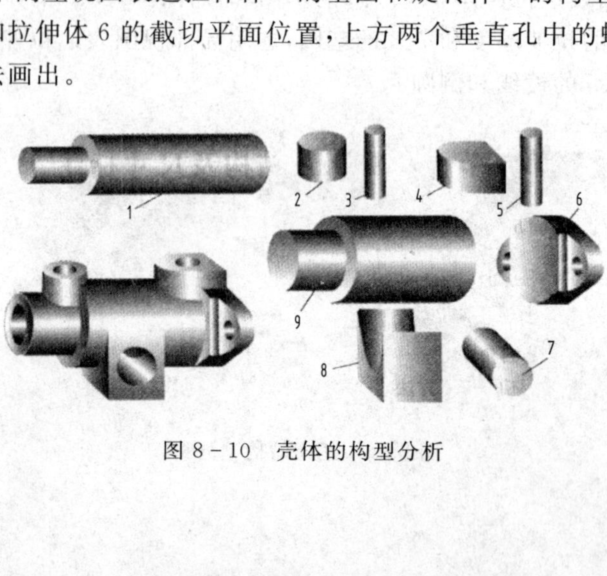

图 8-10　壳体的构型分析

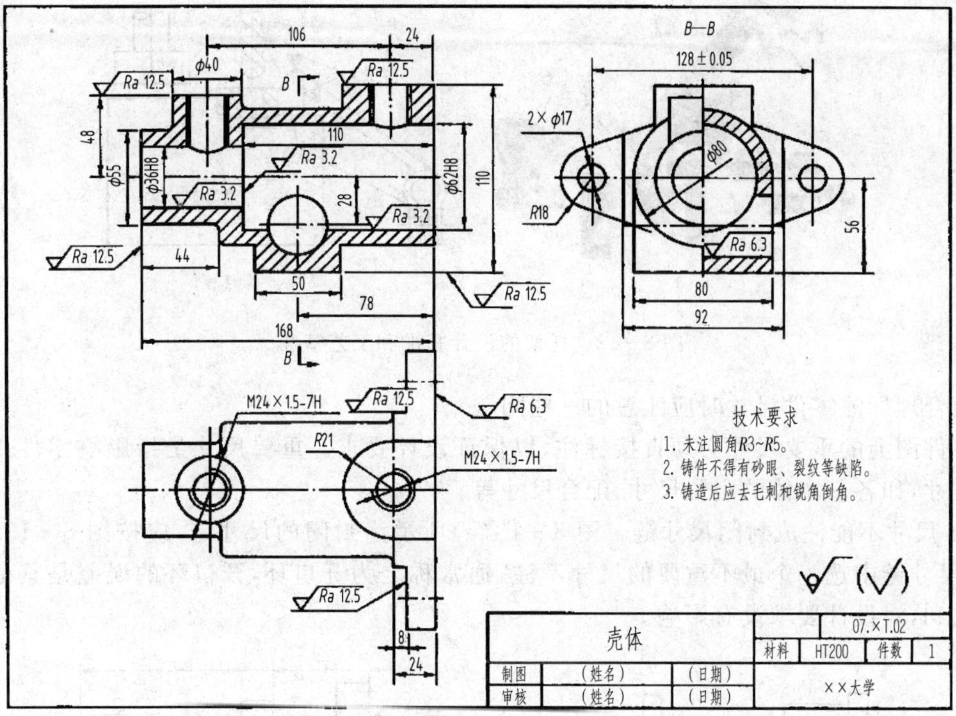

图 8－11　壳体的零件图

8.3　典型零件图的尺寸标注

零件图中的尺寸和组合体的尺寸一样，要求正确、完整、清晰、合理。所谓合理就是标注的尺寸要满足零件的设计要求，便于加工和检验。这需要通过今后专业课的学习以及在工作实践中逐步掌握。下面只介绍一些基本知识。

8.3.1　零件图的尺寸标注

1)尺寸基准的选择

基准有设计基准、工艺基准、测量基准、装配基准等。设计基准是设计人员为保证零件的设计要求而选定的基准。通常选择机器或部件中确定零件位置的接触面、对称面、回转面的轴线等作为设计基准。如图 8－12(a)所示托架的 A 面为确定零件位置的接触面，因此托架零件图中，一般选用该接触面和安装孔的对称面为设计基准。

工艺基准是加工时，零件在机床上装夹定位所用的基准，工序不同，工艺基准也不同。如图 8－12(b)所示托架的第一道工序为加工 A 面和钻孔，其工艺基准是两个毛坯面。

测量基准是测量尺寸和几何公差等技术要求时所选用的基准，测量的项目不同，其测量基准也不同。

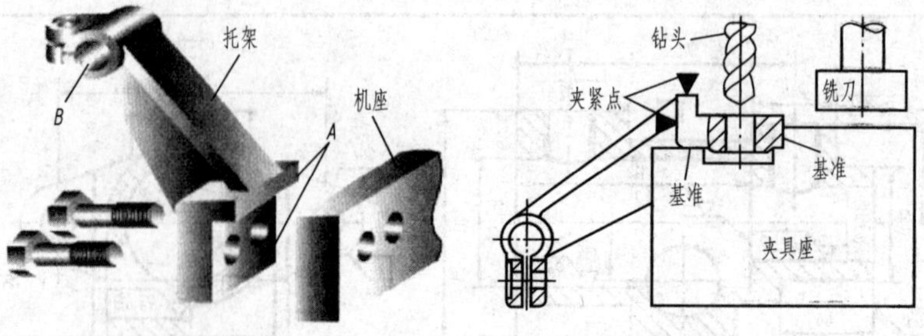

（a）　　（b）

图 8－12　托架的设计基准和工艺基准

2)合理标注零件尺寸时应注意的一些问题

零件图上的重要尺寸必须直接标注，以保证设计要求。重要尺寸是指影响零件工作性能的尺寸，如各基本体的定位尺寸、配合尺寸等。

① 尺寸不能注成封闭尺寸链。图 8－13(a)所示为封闭的尺寸链，应按图 8－13(b)所示，在尺寸链中选一个最不重要的尺寸不注，通常称之为开口环，开口环的误差是其他各环误差之和，对设计要求没有影响。

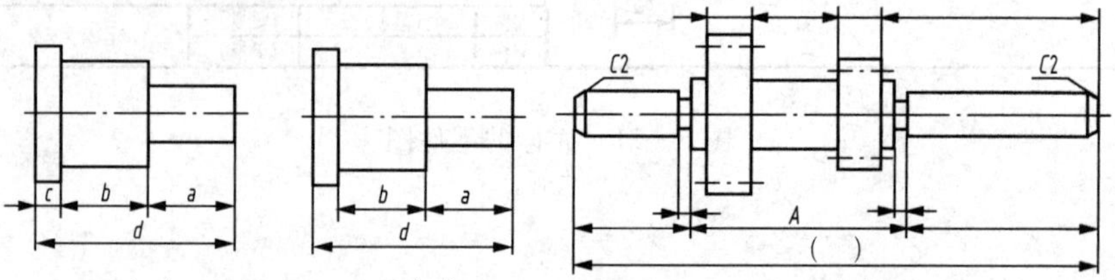

（a）　　（b）　　（c）

图 8－13　尺寸不要注成封闭形状

当需要把开口环尺寸注出作为参考尺寸时，该尺寸要用半圆括号括起来，如图 8－13(c)所示。

② 标注尺寸应符合加工顺序。如图 8－14(a)中轴的加工顺序是先加工长度 15，再切出槽宽 2。若按图 8－14(b)所示形式标注，工人加工时要计算第一刀尺寸 13＋2＝15，因此不方便。

③ 标注尺寸要便于加工和测量。如图 8－14(c)所示形式标注便于测量，图 8－14(d)所示形式标注则不便于测量。

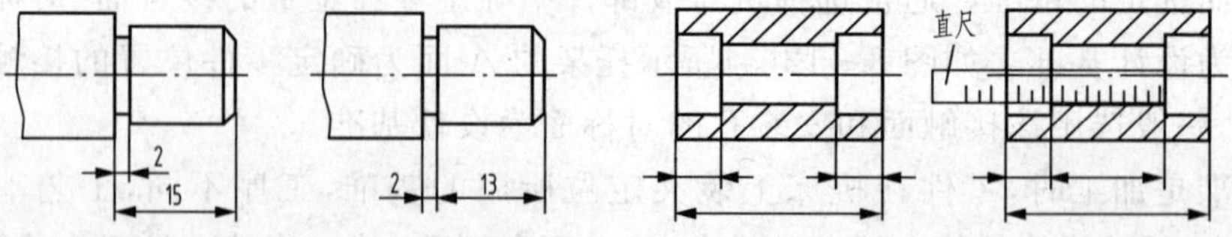

（a）　　（b）　　（c）　　（d）

图 8－14　标注尺寸应便于加工和测量

④ 标注尺寸应将不同加工方法的有关尺寸集中标注。

8.3.2 各类典型零件尺寸标注

1)轴套类零件的尺寸标注

轴套类零件有径向尺寸和轴向尺寸。常以重要端面作为轴向方向的主要尺寸基准,而以回转轴线作为径向的主要尺寸基准。如图 8-5 中的 ϕ16k6 的右端轴肩被选为 40、21 和 2.5 等尺寸的基准。

2)盘盖类零件的尺寸标注

盘盖类零件通常以主要回转面的轴线、主要形体的对称轴线、对称平面或经加工的较大的结合面作为长、宽、高方向的尺寸基准。盘盖类零件中各组成形体的定位尺寸和定形尺寸比较明显,具体标注时,应注意运用形体分析法,使尺寸标注得更完善。如图 8-7 中的 ϕ80f6、ϕ68 和 ϕ115 等尺寸作为径向尺寸基准。长度方向的主要尺寸基准常选用重要的端面或对称面,如端盖选用左端面作为长度方向的尺寸基准,标注 18、13 和 6 等尺寸。

3)叉架类零件的尺寸标注

叉架类零件标注尺寸时,常常选用主要轴线、安装平面或零件的较大端面作为主要尺寸基准。叉架类零件中各组成形体的定位尺寸和定行尺寸比较明显,具体标注时,应注意运用形体分析法,使尺寸标注得更完善。如图 8-8 所示,长度方向的主要基准选择安装面Ⅰ,标注 60、10 等尺寸,高度方向的主要基准选择安装面Ⅱ,标注了 80、40、20 等尺寸,宽度方向的主要基准选择对称面,标注了 80、40、50 等尺寸。

4)箱体类零件的尺寸标注

箱体类零件由于形体比较复杂,尺寸数量较多,通常运用形体分析法来标注尺寸。常选用主要孔的轴线、对称平面或较大的加工结合面作为长、宽、高方向的尺寸基准。如图 8-11 所示的壳体,选择壳体主孔的轴线作为径向和高度方向的尺寸基准,标注一系列直径尺寸和三个定位尺寸 56、28、48;并以右端面作为长度方向的尺寸基准,标注尺寸 24、78、168,定出左端面和主要的孔轴线;以左视图的对称平面作为宽度方向尺寸基准。

8.4 零件上常见的工艺结构

零件的结构既要满足使用要求,又要满足制造工艺要求。本节介绍一些常见的工艺结构及尺寸标注。

8.4.1 铸造工艺结构

1)起模斜度和铸造圆角

铸造是制作零件毛坯的主要方法之一,用木材制作一个零件模型(木模),将木模压入砂箱中形成与木模相同的空腔,取出木模后向空腔中注入液态金属,金属凝固后即形成零件毛坯,如图 8-15(a)所示。为了便于将木模从砂型中取出,一般沿脱模方向做出 1∶20 的斜度,称为起模斜度,如图 8-15(b)所示。在零件图上允许不画该斜度,必要时在技术要求中注明。

为防止液态金属冲坏砂型，防止液态金属在冷却时转角处应力集中而开裂，铸件两表面相交处均制成圆角（铸造圆角），如图 8－15(c)、(d)所示，圆角半径一般取壁厚的 0.2～0.4 倍，视图中一般不标注铸造圆角半径，而注写在技术要求中，如“未注圆角 $R2$”。

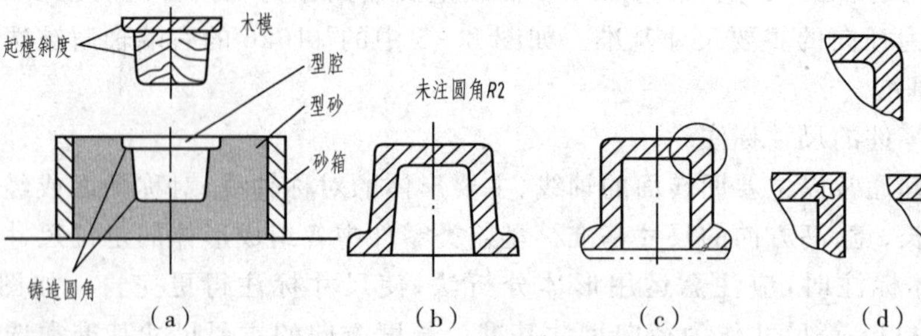

图 8－15　起模斜度和铸造圆角

由于铸造圆角的存在，铸件各表面上的交线要用过渡线代替，其画法与没有圆角时两面交线画法相同，只是不与圆角接触而已，按 GB/T 4457.4—2002 规定：过渡线线型为细实线，如图 8－16 所示。

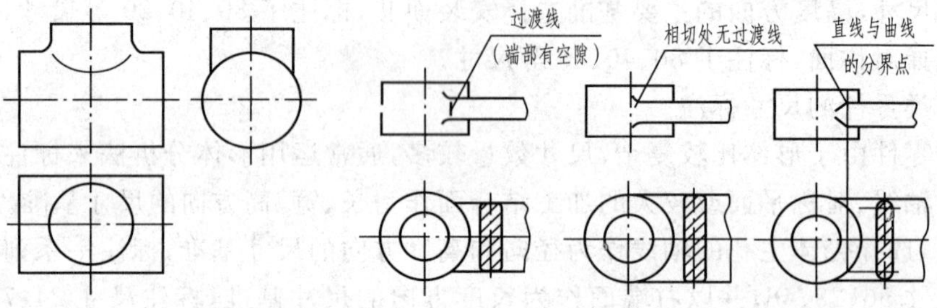

图 8－16　过渡线的画法

2)铸件壁厚

铸件各处壁厚应尽量均匀，以避免各部分因冷却速度的不同而产生缩孔或裂缝。若因结构需要出现壁厚相差过大，则壁厚由大到小逐渐变化，如图 8－17 所示。

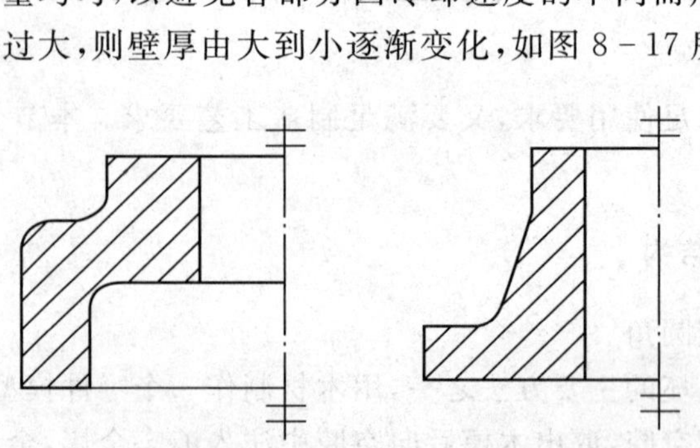

图 8－17　铸件壁厚

8.4.2　机械加工工艺结构

1)凸台和凹坑

零件上与其他零件接触的表面，一般都要经过机械加工，为了减少加工面积，通常在铸件上设计凸台、凹坑等工艺结构，如图 8-18 所示。

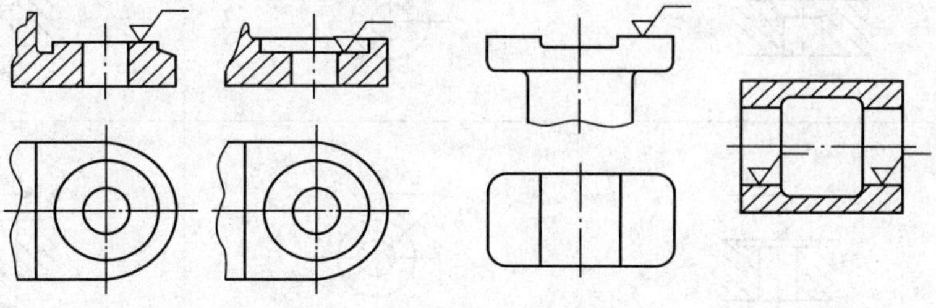

图 8-18　凸台和凹坑

2)倒角和倒圆

为了便于装配，要去除零件上的毛刺、锐边，通常将尖角加工成倒角。如图 8-19 所示，为避免轴肩处的应力集中，该处加工成圆角。圆角和倒角的尺寸系列可查有关资料。其中倒角为 45°时，用代号 C 表示，与轴向尺寸 n 连注成 Cn。

3)螺纹退刀槽

在车削螺纹时，为了便于退出刀具，常在零件的待加工表面的末端车出螺纹退刀槽，退刀槽的尺寸标注一般按“槽宽×直径”的形式标注，如图 8-20 所示。

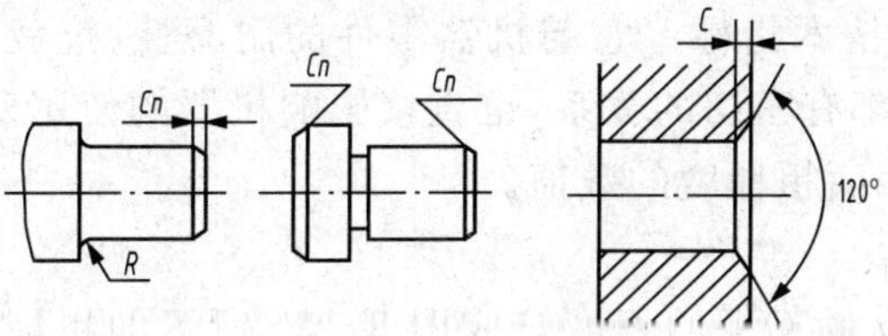

图 8-19　圆角和倒角

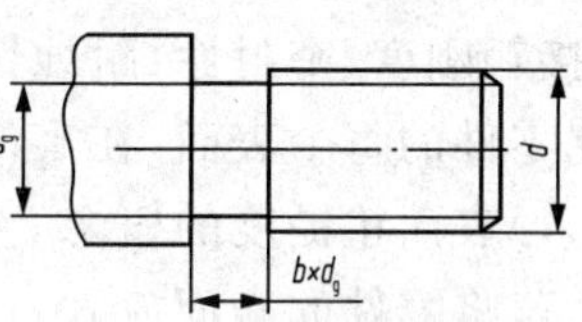

图 8-20　螺纹退刀槽

4)沉孔

常见沉孔结构及尺寸标注如表 8-1 所示。

表 8-1　常见沉孔结构及尺寸标注

结构类型	标注方法		
	旁注法		普通注法
注形沉孔	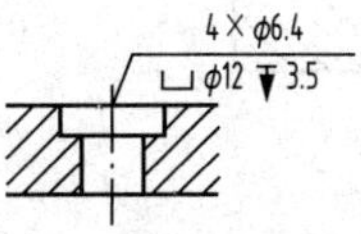	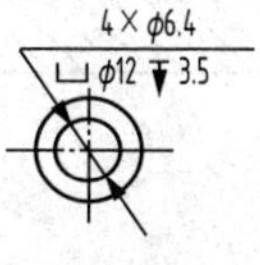	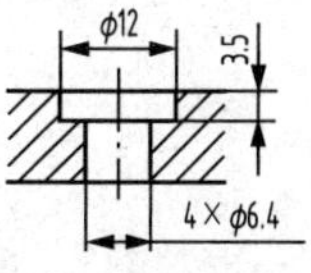

（续表）

结构类型	标注方法	
	旁注法		普通注法
锥形沉孔	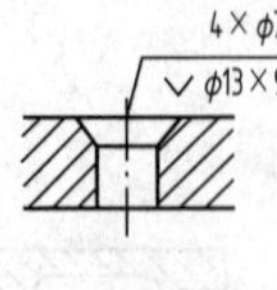	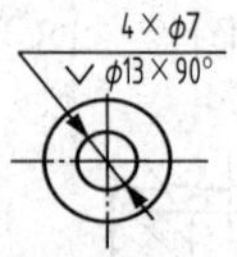	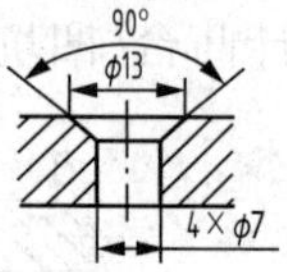
锪平沉孔	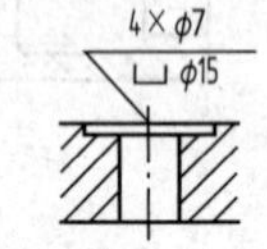	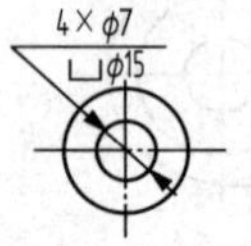	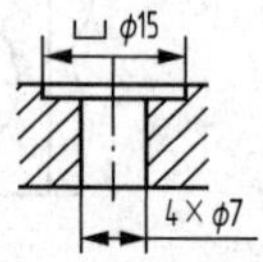

8.5 零件图上的技术要求

零件的技术要求是制造和检验时应达到的技术指标，一般用规定的代号标注，也可用文字说明。技术要求涉及的专业知识面很广，本节仅介绍常用技术要求的基本知识。

8.5.1 表面粗糙度

表面粗糙度是评定零件表面质量的重要技术指标。它与机器零件的耐磨性、抗疲劳强度、接触刚度、密封性、耐蚀性、配合以及外观都有密切的关系，也直接影响机器的使用寿命。因此零件的每个表面，在零件图中都要给定表面粗糙度的数值。

1)表面粗糙度的概念

若将零件的表面放大，可将表面轮廓的高低不平的程度分成图 8－21 所示的粗糙度轮廓（R 轮廓）、波纹度轮廓（W 轮廓）和原始轮廓（P 轮廓）三种表面结构。其中，粗糙度轮廓是较小间距的峰谷构成的微观几何形状，波纹度轮廓是间距比粗糙度轮廓大得多的部分，原始轮廓是忽略了粗糙度轮廓和波纹度轮廓之后的总轮廓，它具有宏观几何形状特征。表面粗糙度的概念如图 8－22 所示，图(a)表面粗糙度，图(b)轮廓算术平均偏差 Ra。

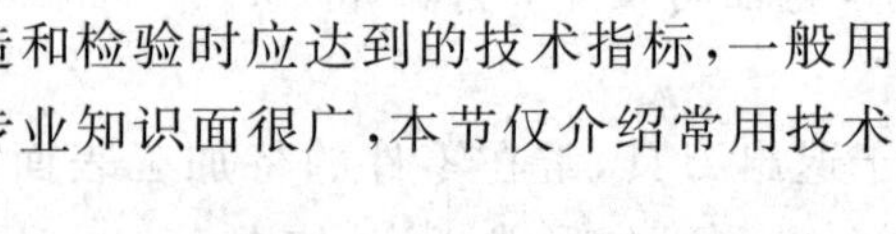

图 8－21　零件的表面结构

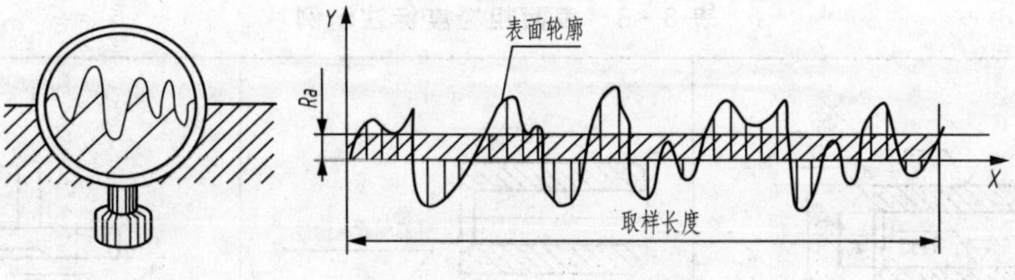

图 8-22　表面粗糙度的概念

2)表面粗糙度的参数

与零件表面轮廓有关的国家标准有：轮廓参数（GB/T 3505—2008)、图形参数（GB/T 18618—2008)、支承率曲线参数（GB/T 18778.2—2003 和 GB/T 18778.3—2006)。下面主要介绍轮廓参数中的粗糙度轮廓（R 轮廓）。

在一般机械制造工业中，常用的参数是轮廓算术平均偏差 *Ra*。它是峰和谷的高、深程度的一种检测指标。*Ra* 的数值系列已标准化。

3)表面粗糙度的标注

(1)表面粗糙度代号的组成

在图样中，零件表面粗糙度要求使用代号标注。表面粗糙度代号由图形符号、参数代号（如 *Ra*)及数值和相关说明组成。表面结构的图形符号见表 8-2 所示。

表 8-2　表面结构的图形符号

基本图形符号	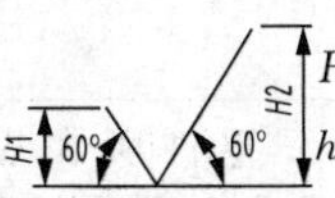 $H_1=1.4h, H_2=3h$ h 为图上尺寸数字高度，符号为细实线		未指定工艺方法的表面，当通过一个注释解释时，可单独使用	
扩展图形符号	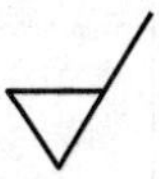	用去除材料的方法获得的表面；仅当其含义是“被加工表面”时，可单独使用	 图为正三角形的内切圆	不去除材料的表面
完整图形符号	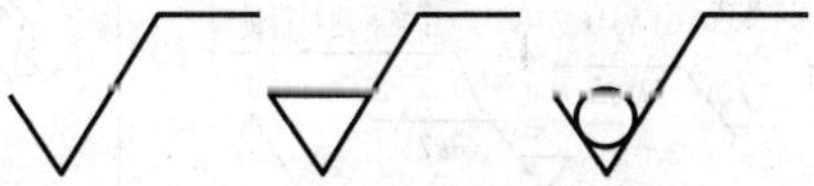 允许任何工艺　去除材料　不去除材料		以上各种图形符号的长边加一横线，以便注写对表面结构的各种要求	

表面粗糙度代号中的数值及其有关说明的注写位置如图 8-23 所示。

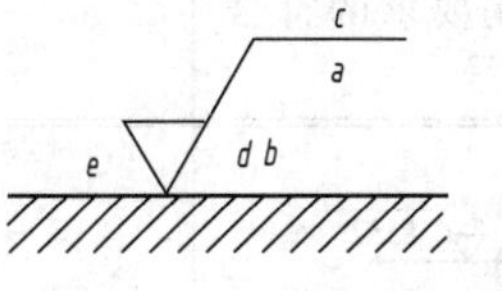

图 8-23　表面粗糙度代号中各项内容的注写位置

(2)粗糙度代号的标注方法

表面粗糙度标注示例见表 8-3 所示。

表 8-3 表面粗糙度标注示例

标注示例	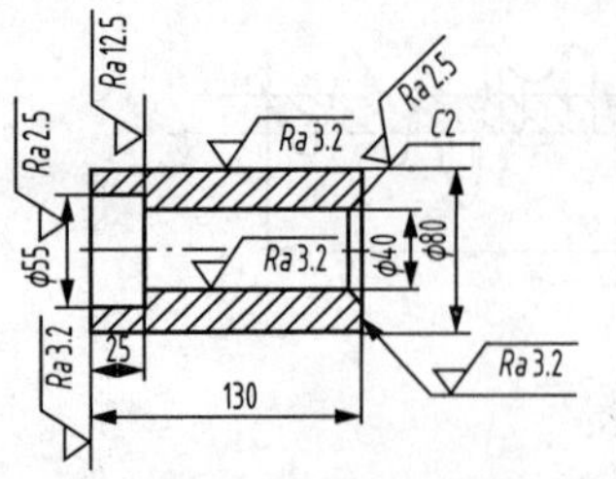	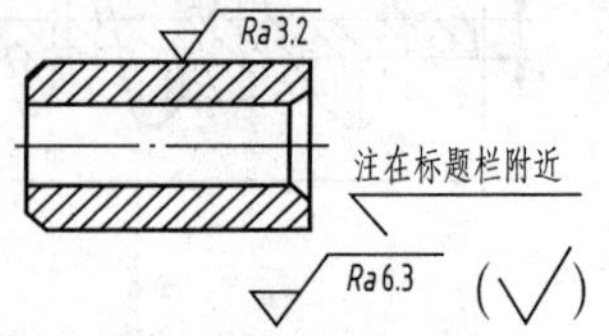	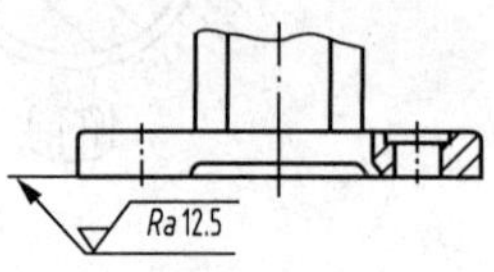
说明	1. 表面结构要求可标注在轮廓线,尺寸界线或其延长线上,也可以用箭头或黑点的指引线引出标注 2. Ra 数值书写方向应与尺寸数字书写规则相同	图中未注代号的表面皆为 $Ra=6.3\mu m$,标注在标题栏附近	用细实线连接的不连续的同一表面,其表面粗糙度代号只标注一次
标注示例	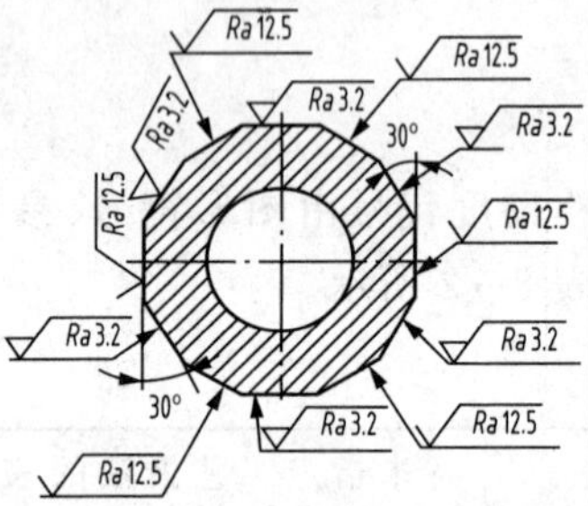	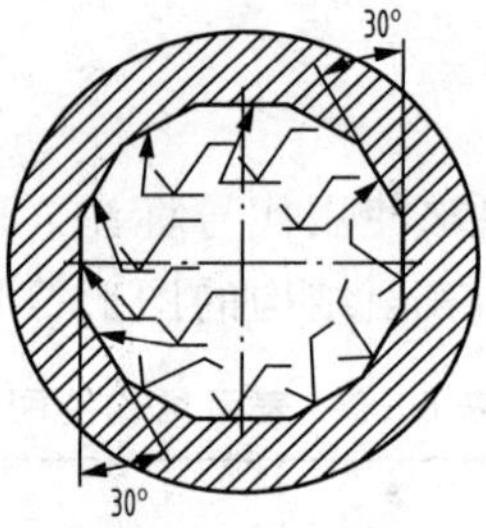	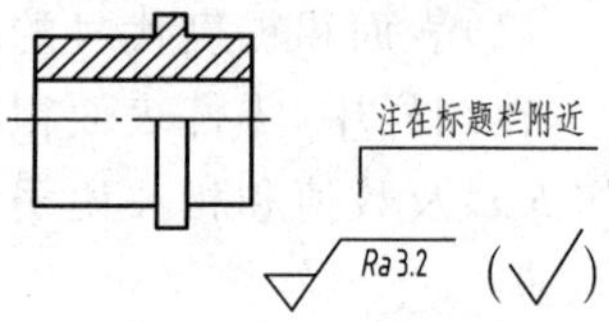
说明	零件不同位置表面结构标注		零件所在表面皆按 $Ra=3.2\mu m$ 进行加工
标注示例	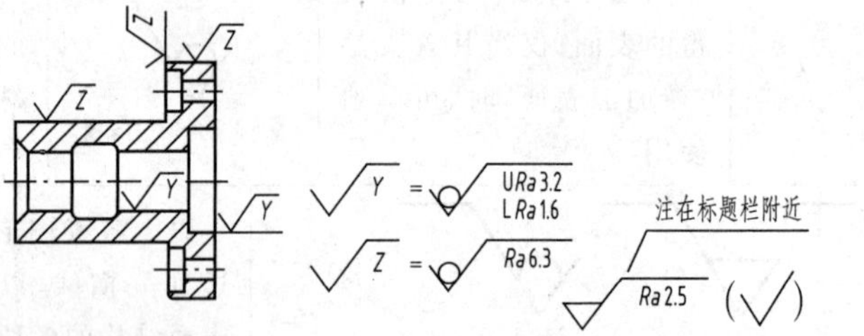		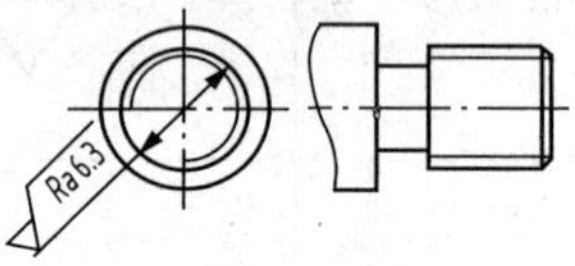
说明	1. 当标注位置受到限制时,可以标注简化代号,也可采用省略的注法,但均需在标题栏附近说明这些简化代(符)号的意义 2. 如果工件的多数(包含全部)表面有相同表面结构要求时,可统一标注在图栏的标题栏附近,此时,表面结构要求的符号后面应在圈括号内给出无任何其他标注的基本符号		螺纹工作表面的表面粗糙度代号可按图中所示形式标注
标注示例	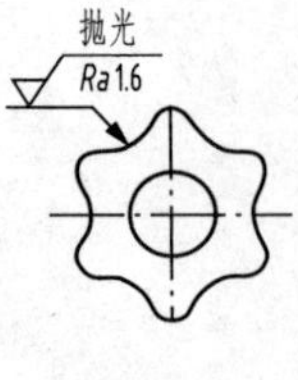	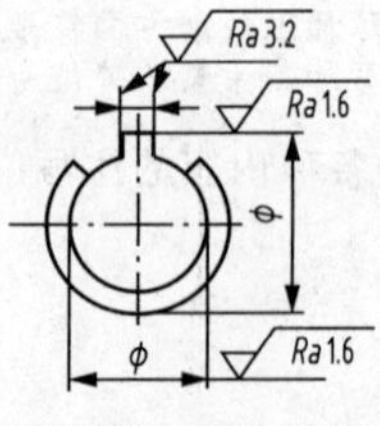 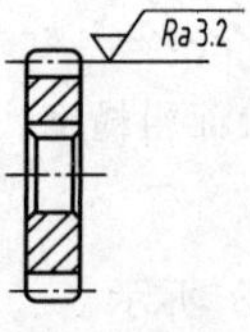	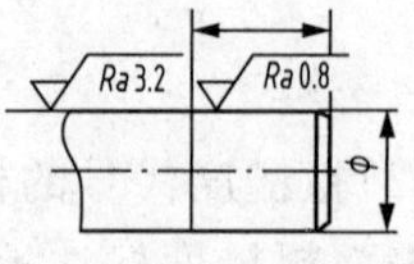

（续表）

说明	零件上的连续表面及重复要素（如孔、槽、齿等）的表面，其表面粗糙度代号只标注一次	同一表面有不同表面粗糙度要求时，应用细实线作为分界线，并注出分界线的位置尺寸

表面粗糙度代号可标注在轮廓线或指引线上，其符号应从材料外指向表面，并与表面接触。必要时，表面结构符号也可用带箭头或黑点的指引线引出标注。在不致引起误解时，表面结构要求可以标注在给定的尺寸线上，表面结构要求可以直接标注在表面的延长线上。

表面结构的注写和读取方向与尺寸的注写和读取方向一致。

表面结构要求对每个表面一般只标注一次，并尽可能注在相应的尺寸及其公差的同一视图上。除非另有说明，所标注的表面结构要求是对完工零件表面的要求。

表面结构要求的简化注法：

如果在工件的多数（包括全部）表面有相同的表面结构要求，则其表面结构要求可统一标注在图样的标题栏附近。此时（除全部表面有相同结构要求的情况外），表面结构要求的符号后面应包括，在括号内给出无任何其他标注的基本符号，见表 8－3；在括号内给出不同的表面结构要求。

不同的表面结构要求应直接标注在图形中。

当多个表面具有相同的表面结构要求或图纸空间有限时，可以采用简化注法。用带字母的完整符号，以等式的形式，在图形或标题栏附近，对有相同表面结构要求的表面进行简化标注。

只用表面结构符号的简化注法。用表面结构符号以等式的形式，给出对多个表面共同的表面结构要求。

4）表面粗糙度值的选用

表面粗糙度值的选择，既要考虑表面功能的需要，也要考虑产品的制造成本。因此，在满足使用性能要求的前提下，应尽可能选用较大的表面粗糙度值。

表 8－4 列出了 Ra 值所对应的表面特征、加工方法和使用范围，可供选择时参考。

表 8－4　Ra 的数值及相应的加工方法

表面特征		$Ra/\mu m$	加工方法	使用范围
加工面	粗加工面	100,50,25	粗车、粗刨、粗铣	钻孔、倒角、没有要求的自由表面
	半光面	12.5,6.3,3.2	精车、精刨、精铣、粗磨	接触表面，不甚精确定心的配合面
	光面	1.6,0.8,0.4	精车、精磨、研磨、抛光	要求精确定心的、重要的配合表面
	最光面	0.2,0.1,0.05 0.025,0.012	研磨、超精磨、抛光、镜面磨	高精度、高速运动零件的配合表面、重要的装饰面
毛坯面			铸、锻、轧制等经表面清理	无须进行加工的表面

注：表中所列 Ra 值为国家标准规定的数值系列中一组优先选用系列。

8.5.2 极限与配合

现代化大规模生产要求零件具有互换性，即从同一规格的一批零件中任取一件，不经修配就能装到机械上，并能满足使用要求。为了保证零件的互换性，我国制定了相应的国家标准，下面简要介绍 GB/T 1800.1—2009《产品几何技术规范(GPS) 极限与配合 第 1 部分：公差、偏差和配合的基础》的基本内容。

1)极限与配合的基本术语

在生产实际中，零件尺寸不可能加工得绝对的精确。为了使零件具有互换性，必须对零件尺寸的加工误差规定一个允许的变动范围，这个变动量称为尺寸公差，简称公差。

如图 8-24(a)所示，由设计者在图上标注的尺寸 $\phi12$ 称为公称尺寸。$\phi12$ 后方的小字 -0.016 和 -0.034 是设计者给定的允许尺寸偏差，其中 -0.016 称为上极限偏差(代号 es)，-0.034 称为下极限偏差(代号 ei)。公称尺寸加上极限偏差 $\phi(12-0.016)=\phi11.884$ 称为上极限尺寸，公称尺寸加下极限偏差 $\phi(12-0.034)=\phi11.866$ 称为下极限尺寸。上极限尺寸减下极限尺寸或上极限偏差减下极限偏差(0.018)称为公差，它是允许尺寸的变动量。

在极限与配合图形中表示公称尺寸的一条直线称为零线。由代表上极限尺寸和下极限尺寸或上极限偏差和下极限偏差的两条直线所限定的区域称为公差带。公差带的宽度决定了加工的精确程度，称为尺寸精度或加工精度。

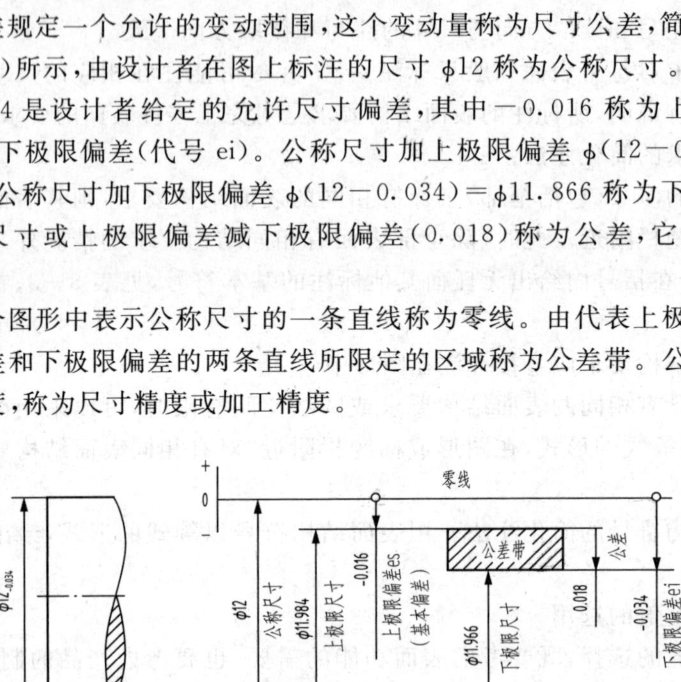

图 8-24 公差带图解

2)标准公差和基本偏差

公差带由公差带宽度和公差带相对于零线的位置两个要素确定。

为了减少测量工具的数量，国家标准对公差带宽度作了统一规定，这些统一规定的公差带宽度数值称为标准公差。标准公差分为 20 级，即 IT01，IT0，IT1，IT2，…，IT18。IT 表示标准公差，数字表示公差等级。公差带的位置用图中靠近零线的极限偏差来表示，该偏差称为基本偏差。如图 8-25 所示，国家标准规定了基本偏差系列和代号，其中孔的代号用大写字母(如 H、K)表示，轴的代号用小写字母(如 s、h、f)表示。因此公差带的代号由基本偏差代号和公差等级代号组成，如 H8、K7、H8 等为孔的公差带代号，s7、h6、f8 等为轴的公差带代号，代号中的字母和数字分别为公差带的位置和宽度两个要素。

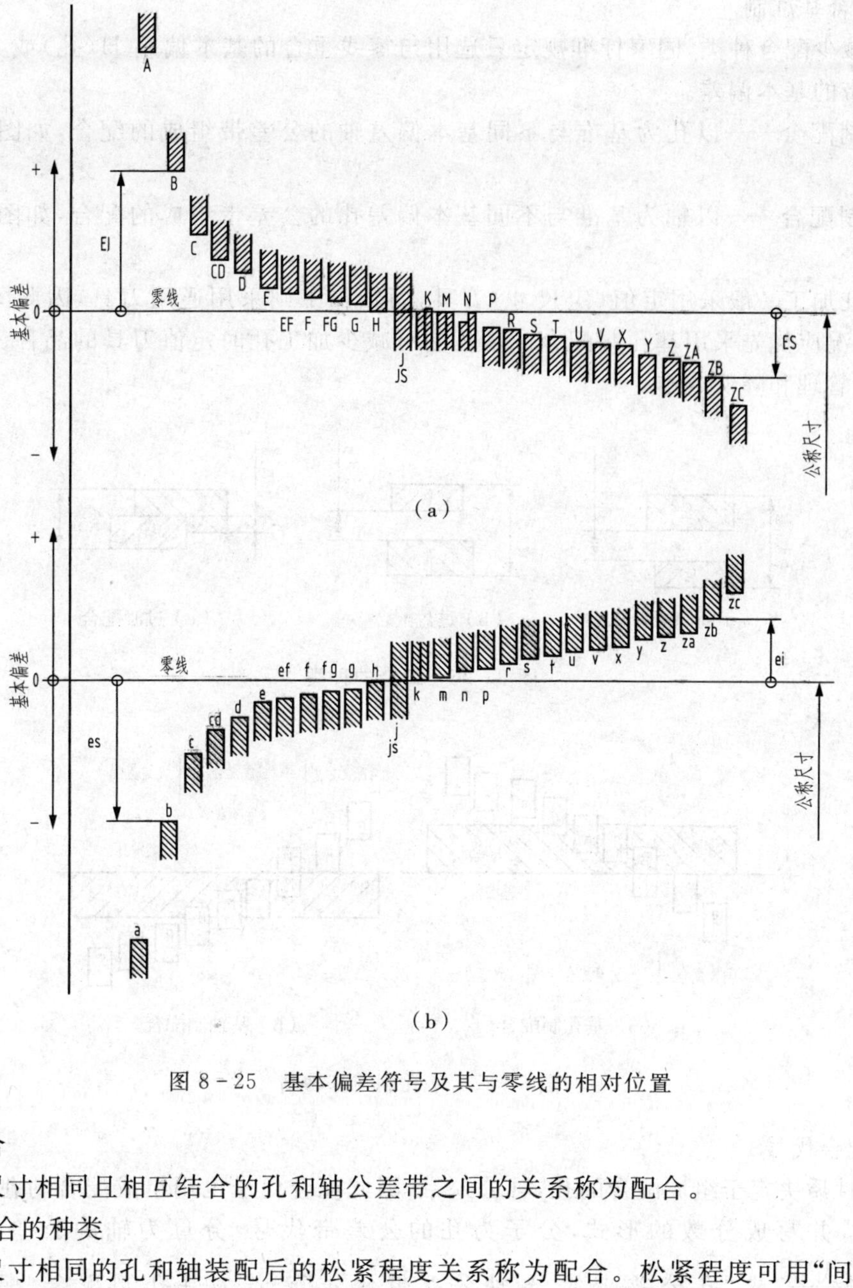

图 8-25 基本偏差符号及其与零线的相对位置

3)配合

公称尺寸相同且相互结合的孔和轴公差带之间的关系称为配合。

(1)配合的种类

基本尺寸相同的孔和轴装配后的松紧程度关系称为配合。松紧程度可用“间隙”或“过盈”表示,机件的实际尺寸,若孔大轴小则产生间隙,若孔小轴大则形成过盈。

间隙配合——具有间隙(包括最小间隙等于零)的配合,此时孔的公差带在轴的公差带之上,如图 8-26(a)所示。

过盈配合——具有过盈(包括最小过盈等于零)的配合,此时孔的公差带在轴的公差带之下,如图 8-26(b)所示。

过渡配合——可能具有间隙或过盈的配合,此时孔的公差带与轴的公差带相互交叠,如图 8-26(c)所示

(2)配合基准制

为了减少配合种类，国家标准规定只选用与零线重合的基本偏差 H(孔)或 h(轴)作为基准公差带的基本偏差。

基孔制配合——以孔为基准与不同基本偏差轴的公差带组成的配合，如图 8-27(a)所示。

基轴制配合——以轴为基准与不同基本偏差孔的公差带组成的配合，如图 8-27(a)所示。

由于孔加工一般采用定值(定尺寸)刀具，而轴加工则采用通用刀具，因此国家标准规定，一般情况应优先采用基孔制配合。基孔制可减少加工孔时定值刀具的品种、规格，便于组织生产、管理和降低成本。

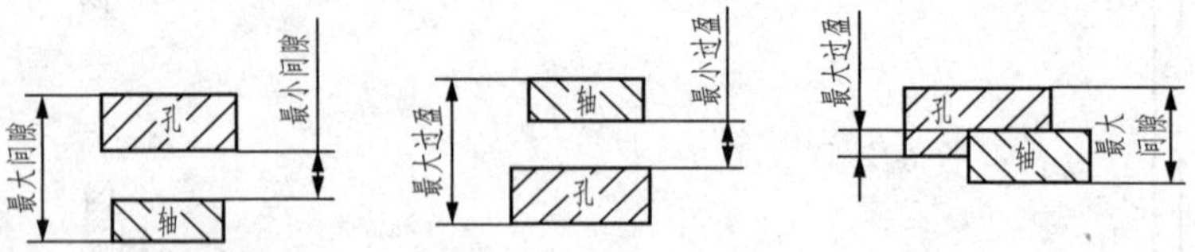

(a) 间隙配合　(b) 过盈配合　(c) 过渡配合

图 8-26　配合的种类

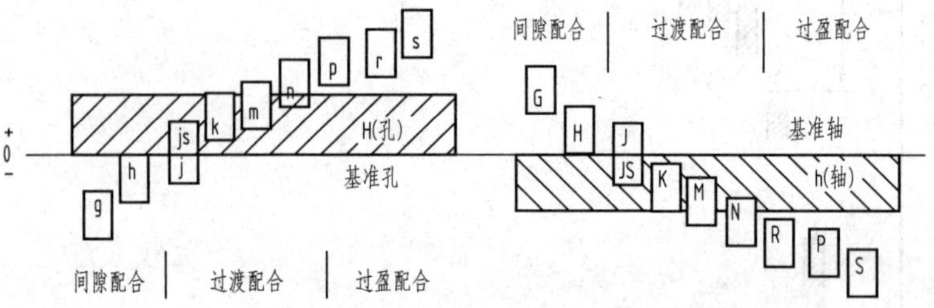

(a) 基孔制配合　(b) 基轴制配合

图 8-27　基孔制与基轴制

(3)配合代号

配合性质决定于组成配合的孔，轴公差带，因此配合代号也用组成配合的孔，轴公差带代号表示，并写成分数的形式，分子为孔的公差带代号，分母为轴的公差带代号，即"$\frac{\text{孔公差带代号}}{\text{轴公差带代号}}$"或"孔公差带代号/轴公差带代号"。若为基孔制配合，配合代号为"$\frac{\text{基准孔公差带代号}}{\text{轴公差带代号}}$"，如 $\frac{H6}{k5}$、$\frac{H8}{e7}$ 或 H6/k5、H8/e7 等；若为基轴制配合，配合代号为"$\frac{\text{孔公差带代号}}{\text{基准轴公差带代号}}$"，如$\frac{K6}{h5}$、$\frac{E8}{h7}$或 K6/h5、E8/h7 等。

(4)优先和常用配合

为便于设计者选用各种配合，国家标准将配合分为优先、常用和一般用途三类。基孔制和基轴制各 13 种优先配合见表 8-5，常用配合可查阅国家标准或有关手册。

表 8-5 优先配合

	基孔制优先配合	基轴制优先配合
间隙配合	$\frac{H7}{g6}$、$\frac{H7}{h6}$、$\frac{H8}{f7}$、$\frac{H8}{h7}$、$\frac{H9}{d9}$、$\frac{H9}{h9}$、$\frac{H11}{c11}$、$\frac{H11}{h11}$	$\frac{G7}{h6}$、$\frac{H7}{h6}$、$\frac{F8}{h7}$、$\frac{H8}{h7}$、$\frac{D9}{h9}$、$\frac{H9}{h9}$、$\frac{C11}{h11}$、$\frac{H11}{h11}$
过渡配合	$\frac{H7}{k6}$	$\frac{K7}{h6}$
过盈配合	$\frac{H7}{n6}$、$\frac{H7}{p6}$、$\frac{H7}{s6}$、$\frac{H7}{u6}$	$\frac{N7}{h6}$、$\frac{P7}{h6}$、$\frac{S7}{h6}$、$\frac{U7}{h6}$

(5)孔和轴的极限偏差值

根据基本尺寸和公差带代号，可通过查表获得孔、轴的极限偏差数值。查表时，在表的第一列找到对应的基本尺寸，在表的上方找到对应的基本偏差代号和精度等级代号，便可查出上、下偏差数值。

【例 8-1】已知轴、孔的配合为 $\phi 50\ \frac{H8}{f7}$，试确定孔和轴的极限偏差。

解：在附表的第一列找到基本尺寸 $\phi 50$(属于尺寸分段>40～50)，在表的上方找到基本偏差代号 H 和精度等级 8，可查得孔的上、下偏差分别为 ES＝39μm，EI＝0。同法，可在附表中查得 f7(轴)的上、下偏差分别为 es＝－25μm，ei＝－50μm。由此可知，孔的尺寸为 $\phi 50^{+0.039}_{0}$，轴的尺寸为 $\phi 50^{-0.025}_{-0.050}$。$\phi 50\ \frac{H8}{f7}$的公差带图，如图 8-28 所示，从图中可以看出孔、轴是基孔制的间隙配合，最大间隙为＋0.089mm，最小间隙为＋0.025mm。

4)公差与配合在图样中的标注(GB/T 4458.5—2003)

在零件图上尺寸公差可按下面三种形式之一标注：只标注公差带代号，如图 8-29(a)所示；只标注极限偏差的数值，如图 8-29(b)所示；同时标注公差带代号和相应的极限偏差，且极限偏差应加上圆括号，如图 8-29(c)所示。

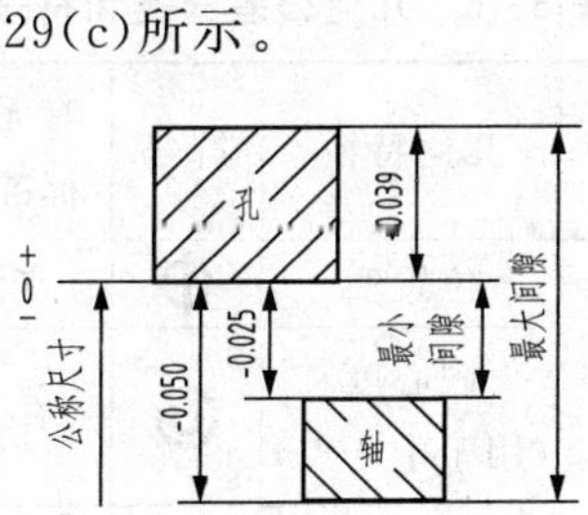

图 8-28 孔和轴的公差带图

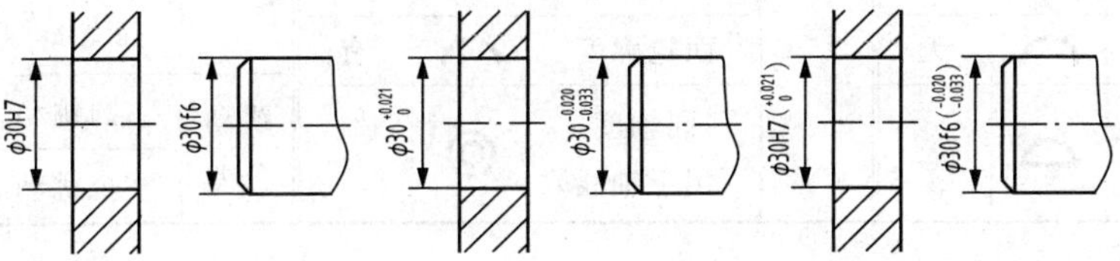

(a) (b) (c)

图 8-29 零件图中尺寸公差的标注方法

在装配图上，两零件有配合要求时，应在基本尺寸的右边注出相应的配合代号，并按图 8-30标注。

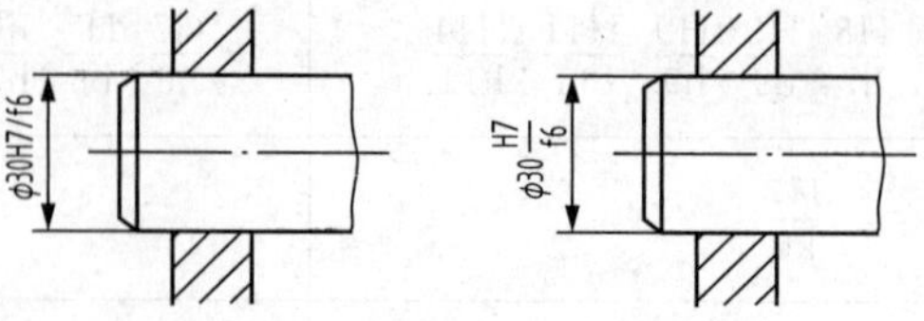

（a）　　　　（b）

图 8-30　装配图中配合尺寸的标注方法

8.5.3　几何公差(GB/T 1182—2008)

经过加工的零件，除了会产生尺寸误差外，也会产生几何误差。如图 8-31(a)所示小轴的形状变弯、图 8-31(b)所示阶梯轴的相对位置不在同一轴线上，如不加以控制，将会影响机器的质量。因此对零件上精度要求较高的部位，必须在图纸上标出几何公差。

（a）　　　　（b）

图 8-31　零件的几何误差

1)几何公差的几何特征和符号

国家标准 GB/T 1182—2008 将几何公差分为形状公差、方向公差、位置公差和跳动公差。项目如表 8-6 所示。

表 8-6　几何公差分类和符号

公差	几何特征	符号	有无标准
形状公差	直线度	—	无
	平面度	⏥	无
	圆度	○	无
	圆柱度	⌭	无
	线轮廓度	⌒	无
	面轮廓度	⌓	无

公差	几何特征	符号	有无标准
位置公差	位置度	⌖	有或无
	同心度(用于中心点)	◎	有
	对称度	⌯	有
	线轮廓度	⌒	有
	面轮廓度	⌓	有
	同轴度(用于轴线)	◎	有

公差	几何特征	符号	有无标准
方向公差	平行度	//	有
	垂直度	⊥	有
	倾斜度	∠	有
	线轮廓度	⌒	有
	面轮廓度	⌓	有
跳动公差	圆跳动	↗	有
	全跳动	⌰	有

2)几何公差的标注

图样上的几何公差由公差框格、被测要素和基准要素(对位置公差)三项组成。

(1)公差框格

公差框格由两格或多格组成。用细实线绘制,框格高度推荐为图内尺寸数字高度的 2 倍,框格中的内容从左到右分别填写公差特征符号、线性公差值(如公差带是圆形或圆柱形的,则在公差值前加注“ϕ”,如果是球形的,则加注“Sϕ”),第三格及以后格为基准代号的字母和有关符号,如图 8 - 32 所示。公差框格可水平或垂直放置。

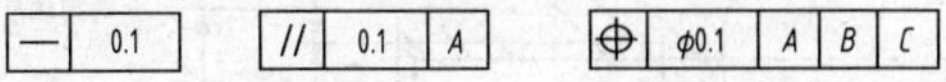

图 8 - 32　几何公差框格

(2)被测要素

用带箭头的指引线将框格与被测要素相连,按下列方式标注:

被测要素是线或面时,箭头垂直指向被测要素轮廓线或其延长线上,如图 8 - 33 所示。

被测要素是轴线或中心平面时,则带箭头的指引线应与尺寸线对齐,如图 8 - 34 所示。

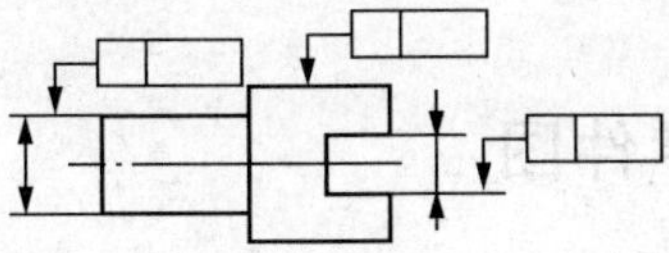

图 8 - 33　被测要素是实体的表面

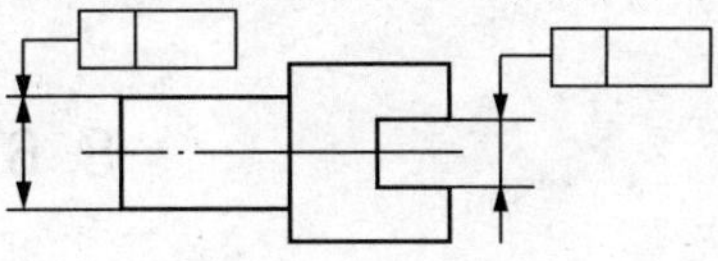

图 8 - 34　被测要素是轴线或对称面

(3)基准要素的标注

基准要素用基准符号和字母表示,基准符号如图 8 - 35 所示,涂黑或空白的基准三角形含意相同。基准符号的字母也应注在相应的公差框格内。单一基准如图 8 - 36(a)所示;由两个要素组成的公共基准如图 8 - 36(b)所示;由三个或三个以上要素组成的基准体系,如图 8 - 36(c)所示。

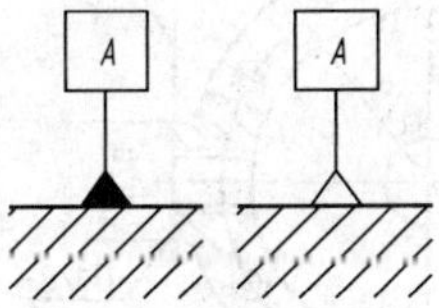

图 8 - 35　基准符号

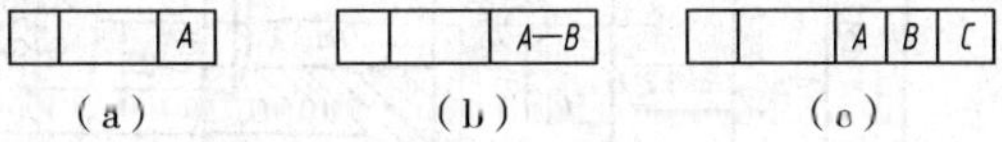

图 8 - 36　基准字母在公差框格内的表示

当基准要素是轮廓线或表面时,基准三角形应置于要素的外轮廓线上或它的延长线上如图 8 - 37 所示。当基准要素是轴线或对称平面时,则基准三角形应与尺寸线对齐,如图 8 - 38所示。基准三角形也可放置在轮廓面引出线的水平线上,如图 8 - 39 所示。

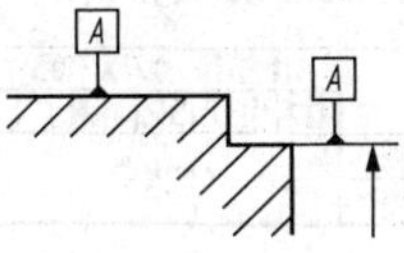

图 8 - 37　基准是实体表面

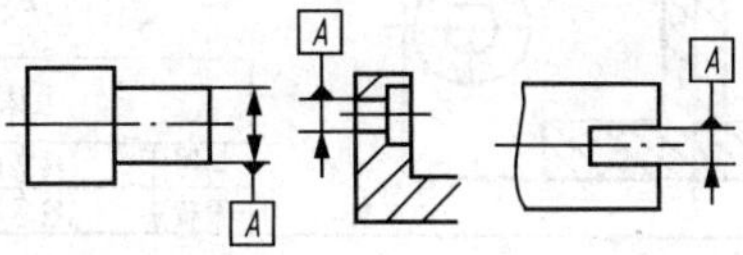

图 8 - 38　基准是轴线或对称面

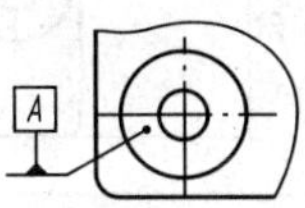

图 8 - 39　基准引出线上

3)零件图上的几何公差标注示例

零件图上几何公差标注实例如图 8-40 所示。

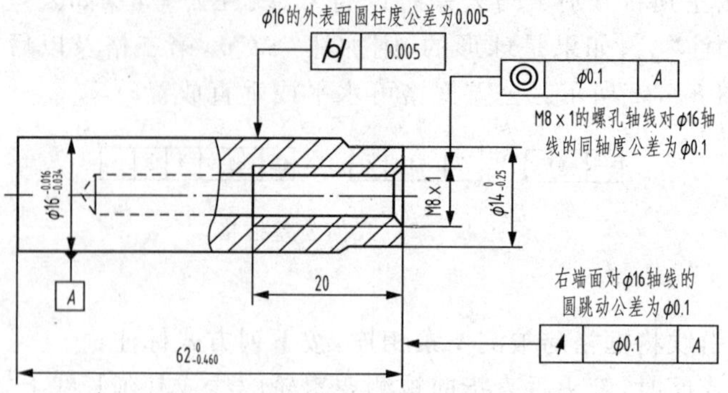

图 8-40　几何公差标注示例

8.6　识读和绘制零件图

看零件图就是根据零件图的视图,分析和想象该零件的结构形状,弄清全部尺寸及各项技术要求,根据零件的作用及相关工艺知识,对零件进行结构分析。下面以图 8-41 所示泵体的零件图为例,说明看零件图的方法和步骤。

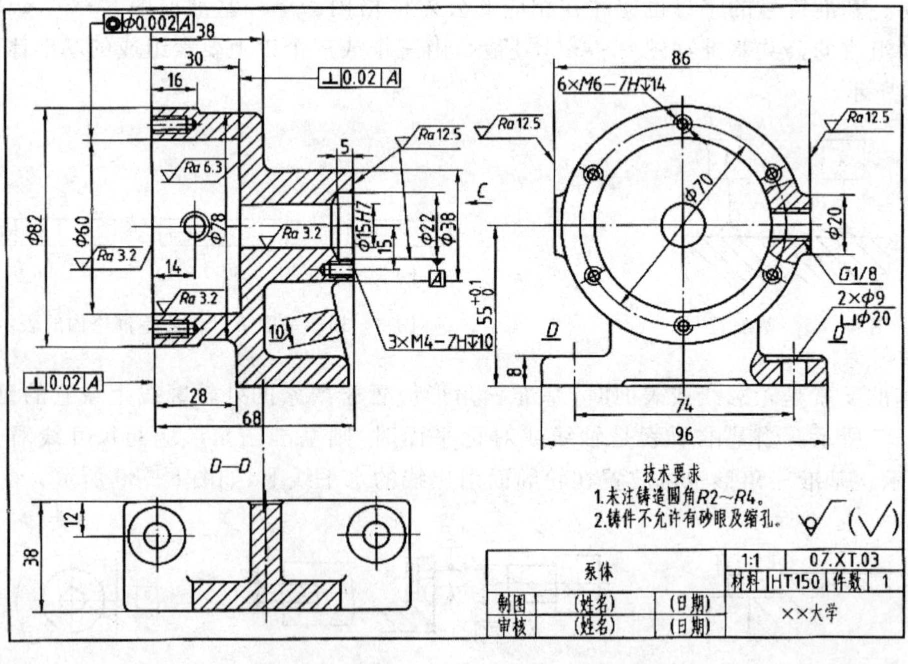

图 8-41　泵体零件图

8.6.1 概括了解

先从标题栏入手，了解零件的名称叫泵体、材料是铸铁 HT150，加工件数为一件，零件编号为 07. XT. 03。从名称可以看出，该零件属箱体类零件。

8.6.2 看懂零件的结构形状

1)分析视图

由零件图构思零件结构和形状，要先分析零件图的视图表达方案。泵体采用了两个基本视图，其主视图为全剖视图，左视图为局部视图。*D—D* 剖视图是从左视图下方切开后，向下投射并移到左下方绘制的全剖视图。

2)根据视图想象形状

从主视图中分离出图 8－42 所示的回转体基图，可构思出泵体上部是一个空心回转体。根据尺寸标注可确定其左端面有 6 个深 14 的 M6－H7，成圆周均布的螺孔。右端面有 3 个深 10 的 M4－H7，成圆周均布的螺孔。

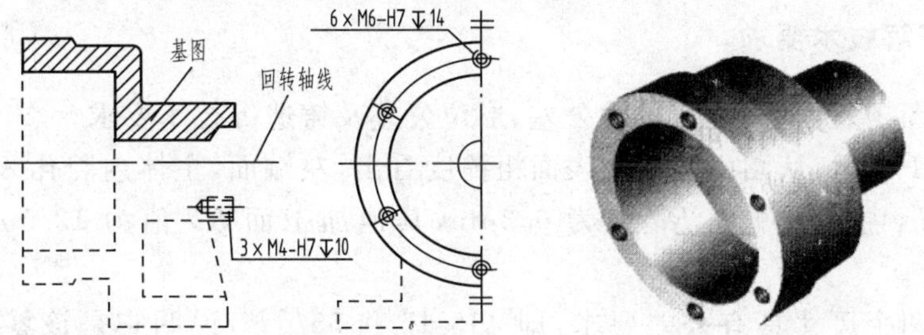

图 8－42　根据主、左视图构思出泵体上部是一个回转体

根据左视图可构思出回转体外表面上的前后两个圆柱凸台和管螺纹螺孔 G1/8，如图 8－43所示。

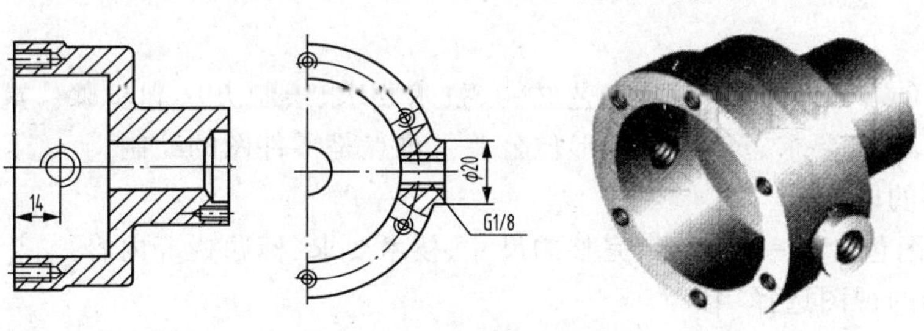

图 8－43　根据主、左视图构思出圆柱凸台和螺孔

根据左视图和 *D—D* 剖视构思出 T 形连接板和底板的形状，如图 8－44 所示。

8.6.3 分析尺寸

分析尺寸时，应先分析长、宽、高三个方向的主要尺寸基准，了解各部分的定位尺寸和定形尺寸，分清楚哪些是主要尺寸。

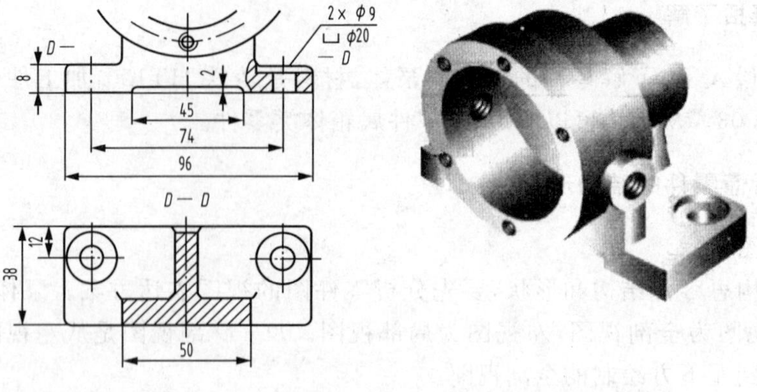

图 8-44　根左视图和 D—D 剖视图构思出连接板和底板

泵体零件图中，长度方向的主要尺寸基准是左端面；宽度方向的主要尺寸基准是左视图的对称面；高度方向的主要尺寸基准是底板的底面。从这三个主要基准出发，结合零件的功用，进一步分析主要尺寸和各部分的定形尺寸、定位尺寸，以至完全确定泵体的各部分大小。

8.6.4　了解技术要求

了解零件图中表面粗糙度、尺寸公差、形位公差及铸造等技术要求。

如图 8-41 所示，从图中标注的表面粗糙度看出，左端面，主体内腔孔 $\phi60$ 和 $\phi15H7$ 的 Ra 值为 3.2μm，内腔右端面 Ra 值为 6.3μm，其他加工面 Ra 值为 12.5μm，其余为铸造表面。

全图只有两个尺寸具有公差要求，即 $\phi15H7$ 和 $55^{+0.11}_{0}$，说明它是该零件的重要表面。泵体材料为铸铁，为满足泵体铸造要求，未注铸造圆角 $R2$～$R4$。

本章小结

本章主要介绍零件图的内容、工艺结构、技术要求、绘制方法和步骤。重点是零件图的视图表达方法、技术要求、尺寸公差、形位公差。难点是零件图的绘制。

1. 零件图的内容

一张零件图包含有一组图形、完整的尺寸、技术要求、标题栏等内容。

2. 零件图的视图选择

选择视图的原则是在完整、清晰地表达零件内、外形状的前提下，尽量减少视图数量，以方便画图和看图。

选择视图时，要结合零件的工作位置或加工位置来考虑零件的安放位置。选择最能反映零件形状特征的视图作为主视图，并选择好其他视图，包括运用各种表达方法，如剖视、断面、局部放大图等。

3. 零件图的尺寸标注

零件图上的尺寸标注，除要符合前面已讲的完整、正确、清晰的要求外，还要求尺寸标注合理。所谓合理,即标注的尺寸能满足设计和加工工艺的要求,也就是既要使零件能很好地工作,又要使零件便于制造、测量和检验。

4. 看零件图的方法和步骤

方法和步骤是:①看标题栏;②分析视图;③想象形状;④分析尺寸和技术要求;⑤综合归纳。

复习思考题

1. 完整的零件图应包括哪些内容,标题栏中应填写哪些内容?

2. 选择零件图主视图的原则是什么?不同类型零件的视图选择有什么异同点?

3. 零件图的尺寸标注有哪些要求?

4. 零件图尺寸基准怎样选择?

5. 零件图中如何合理标注尺寸?应注意哪些方面的问题?

6. 读零件图的要求怎样?试说明读零件图的一般方法和步骤,以及分析视图和分析尺寸的具体内容。

9 装配图

基本要求：1. 熟悉装配图的作用与内容；

2. 掌握装配图的规定画法及步骤；

3. 掌握装配图尺寸标注方法与要求，掌握装配图技术要求的相关规定；

4. 掌握装配图零件序号与标注规定；

5. 熟悉装配图的工艺结构画法；

6. 能正确地画出装配图，能根据装配图拆画零件图。

重点：装配图的规定画法及步骤、尺寸标注。

难点：画装配图、拆画零件图。

装配图是用来表达机器或部件的工作原理、零件的连接方式、装配关系以及主要零件的结构图样。通常把表达整台机器的图样称为总装图；把表达部件的图样称为部装图。本章介绍装配图的内容，主要以机器中的某个部装图为例介绍画装配图的方法与步骤，并学习由装配图如何拆画零件图。

9.1 装配图的作用和内容

9.1.1 装配图的作用

装配图是表示机器或部件的装配关系、工作原理、传动路线、零件的主要结构形状以及装配、检验、安装时所需要的尺寸数据和技术要求的技术文件。

机器或部件在设计和生产过程中，一般先按设计要求绘制装配图，然后根据装配图完成零件设计并绘制零件图，进而制造出相应的零件，再按照装配图把零件装配成机器或部件，技术人员可以通过装配图了解部件和机器的性能、作用、原理和使用方法。

装配图是表达设计思路、指导零部件装配和进行技术交流的重要技术文件，因此学习好装配图对机械类的学生是很重要的。

9.1.2 装配图的内容

根据图 9-1 所示的铣刀头装配图可知，一套完整的装配图应包括以下内容：

1）一组图形

用来表达机器或部件的工作原理、零件间的装配关系、零件的连接方式以及零件的主要结构形状等。

2)必要的尺寸

装配图中应标注出机器或部件的规格(性能)尺寸、外形尺寸、安装尺寸、装配尺寸以及其他重要尺寸。

3)技术要求

用文字或符号说明机器或部件性能、装配、检验、安装、调试以及使用、维修等方面的要求。

4)零部件序号,明细表和标题栏

根据生产组织和管理工作的需要,应对装配图中的组成零件编写序号,并填写明细表和标题栏,说明机器或部件的名称、图号、图样比例以及零件的名称、材料、数量等。

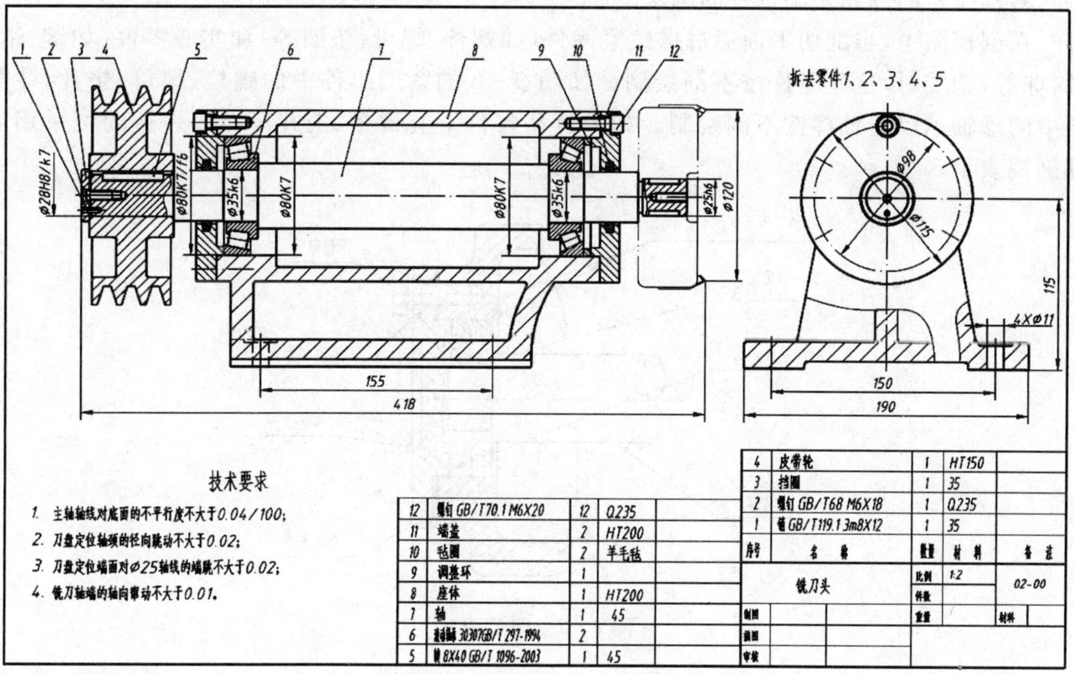

图 9-1　铣刀头装配图

9.2　装配图的表达方法

零件的各种表达方法同样适用于装配图,但是零件图和装配图表达的侧重点不同。零件图需把各部分形状完全表达清楚,而装配图主要表达部件的装配关系、工作原理、零件间的连接关系及主要零件的结构形状等。因此,根据装配的特点和表达要求,国家标准《机械制图》对装配图提出了一些规定画法和特殊的表达方法。

9.2.1　装配图的规定画法

在装配图中,为了易于区分不同零件,便于清晰表达出各零件之间的装配关系,在画法上有如下规定：

1)接触面和配合面的画法

两相邻零件的接触面和配合面只画一条线；非接触面和非配合面，即使间隙很小也必须画两条线，如图 9-2 所示。

2)剖面线的画法

相邻两零件的剖面线方向应相反，当有多个零件相邻剖面线方向相同时，应使用不同间隔的剖面线以示区别，如图 9-2 所示轴承与端盖的剖面线。同时应注意同一零件在装配图中的每个视图中的剖面线方向和间隔应一致。当装配图中的零件厚度小于 2mm 时，允许将剖面涂黑代替剖面线，如图 9-2 所示的垫片。

3)螺纹紧固件和实心零件的画法

在剖视图中，当剖切平面通过螺纹紧固件(如螺栓、螺母、垫圈等)和实心零件(如键、销、轴、球等)轴线时，这些零件按不剖绘制。如图 9-2 的紧固组件中的螺栓、螺母、垫片，装配产中的球轴承以及轴都按不剖绘制。如果这些零件上有键槽、销孔等需要表达的可采用局部剖视表示。

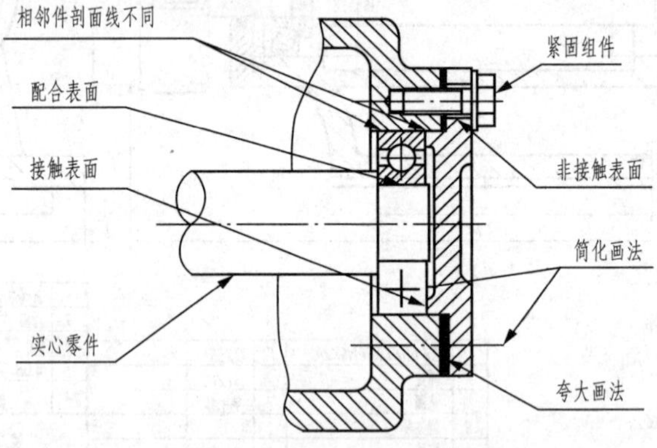

图 9-2 规定画法

9.2.2 特殊表达方法

1)拆卸画法

当某些零件遮住了需要表达的其他零件结构或装配关系，而某些零件在其他视图上已经表达清楚时，可假想将某些零件拆卸后再绘制，这种画法称为拆卸画法。如图 9-1 中的左视图是拆去 *1*、*2*、*3*、*4*、*5* 后的视图。需要说明时，可在图上加注“拆卸零件 XX”等，但应注意，拆卸画法是一种假想的表达方法，因此在其他视图上仍需完整地画出它们的投影。

2)沿零件的结合面剖切画法

为了表达内部结构或装配关系，可以假想在某些零件的结合处进行剖切，然后画出相应的剖视图。此时零件的结合面不画剖面线，被剖断的其他零件应画剖面线，如图 9-3 所示 *A*—*A* 剖视。

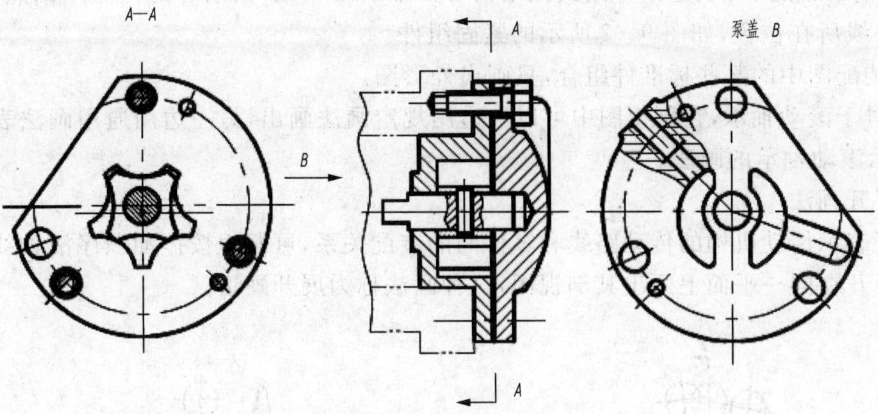

图 9-3 转子泵

3)假想画法

① 在装配图中,需表达某零件的运动范围和极限位置,可用双点画线画出该零件的极限位置轮廓,如图 9-4 所示用双点画线表示零件运动的极限位置。

② 当需表达本装配件与相邻部件或零件的连接关系时,可用双点画线画出相邻部件或零件的轮廓,如图 9-4 所示用双点画线表示相邻零件。

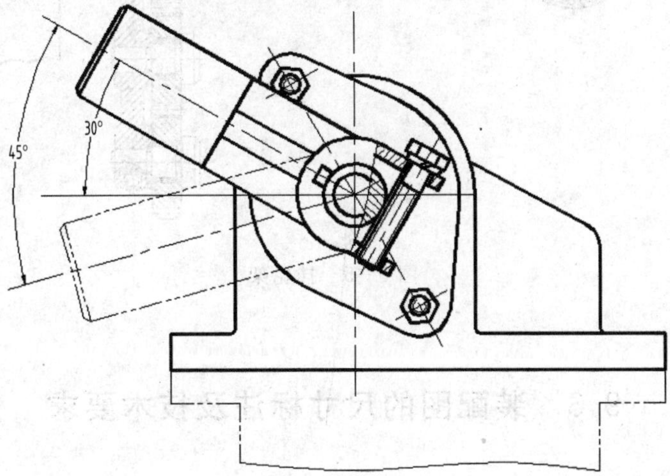

图 9-4 假想画法

5)夸大画法

在装配图中,对于一些薄片零件、细丝弹簧、小的间隙和锥度等,可不按其实际尺寸画图,而适当地夸大画出以使图形清晰,如图 9-2 所示垫片的画法。

6)简化画法

① 零件的工艺结构如倒角、小圆角、退刀槽等可以省略,如图 9-2 所示轴的倒角与退刀槽都省略没画出。

② 相同规格的螺纹连接件或其他结构可详细画出一处，其余各处只需用细点画线表示出其中心线所在位置，如图 9-2 所示的紧固组件。

③ 装配图中的某些标准件组合，只画出外形图。

④ 对于滚动轴承，在剖视图中可以一边用规定画法画出，另一边用通用画法表示，如图 9-2 所示滚动轴承的画法。

7)展开画法

为了表示传动机构的传动路线和零件间的装配关系，可假想按传动顺序沿轴线剖切，然后依次展开在同一平面上画出其剖视图，这种画法称为展开画法。

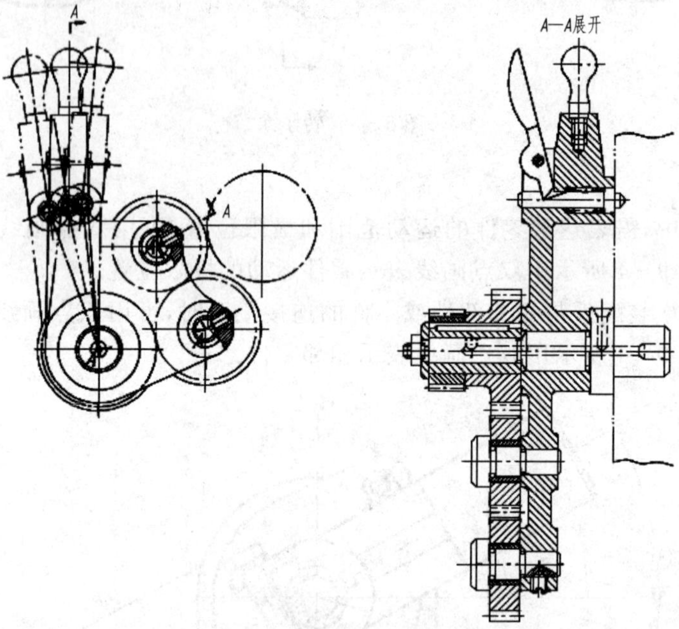

图 9-5 挂轮架

9.3 装配图的尺寸标注及技术要求

9.3.1 装配图的尺寸标注

装配图与零件图的作用不一样，因此对尺寸标注的要求也不一样。零件图是加工制造零件的主要依据，要求零件图上的尺寸必须完整，而装配图主要是表达产品装配关系的图样，因此不需标注各组成部分的所有尺寸，一般只需标出如下几种类型的尺寸：

1)性能和规格尺寸

它是决定产品工作能力的尺寸，是设计时要确定的尺寸，也是选用产品的主要依据。如图 9-1 所示的 ϕ25h6 和尺寸 115 两尺寸，是设计和选用铣刀头的重要参数。

2)装配尺寸

表示机器或部件中零件之间装配关系即工作精度的尺寸。它由配合尺寸和相对位置尺寸两部分组成。

① 装配尺寸

所有零件间对配合性质有特殊要求的尺寸，它表示零件间的配合性质和相对运动情况。如图 9-1 所示的皮带轮与轴的配合尺寸 ϕ28H8/k7，端盖与座体的配合尺寸 ϕ80k7/f6，滚动轴承与轴的配合尺寸 ϕ35k6，滚动轴承与座体的配合尺寸 ϕ80k7。

② 相对位置尺寸

在机器或部件装配时，需要保证零件间相对位置的尺寸，如图 9-1 所示的铣刀头中心高度 115 等。

3)安装尺寸

表示机器和部件安装时所需要的尺寸，如图 9-1 所示的 155、150、4×ϕ11。

4)外形尺寸

表示机器或部件外形的总体尺寸，如总长、总宽、总高。它为机器或部件在包装、运输和安装过程中所占空间提供数据，如图 9-1 所示的 418、190，而总高等于 115＋ϕ115/2。

5)其他重要尺寸

个别对产品的工作或主要零件结构有重要影响的尺寸。

以上各类尺寸并非互相孤立无关的，实际上有的尺寸往往同时具有多种作用。此外在一张装配图中，并不一定需要全部注出上述尺寸，而是要根据具体情况和要求来确定。

9.3.2　装配图的技术要求

除图形中已用代号表达的技术要求以外，对机器(部件)在包装、调试和使用过程中应满足的一些技术要求及注意事项等，通常写在标题栏、明细栏的上方或左边空白处。若技术要求过多，可另编技术文件，在装配图中只注出技术文件的文件号。

9.4　装配图中的零、部件序号和明细栏

为了便于看图，便于图样管理和组织生产，必须对装配图中的所有零、部件进行编号，列出零件的明细栏，并按编号在明细栏中填写零部件的名称、数量和材料等。

9.4.1　零、部件序号

1)标注序号的方法

指引线应从零件的可见轮廓内引出，用细实线绘制，并在轮廓内的一端画一小圆点，在外面的一端画一短水平线或圆(细实线)，序号的字高比该装配图中所注尺寸数字高度大一号或两号；也可以不画水平线或圆，但序号的字高比该装配图中所注尺寸数字高度大一号或两号，如图 9-6(a)所示。同一装配图中的编注序号的形式应一致。

对于涂黑的剖面，可用箭头指向其轮廓线，如图 9-6(b)所示 5。

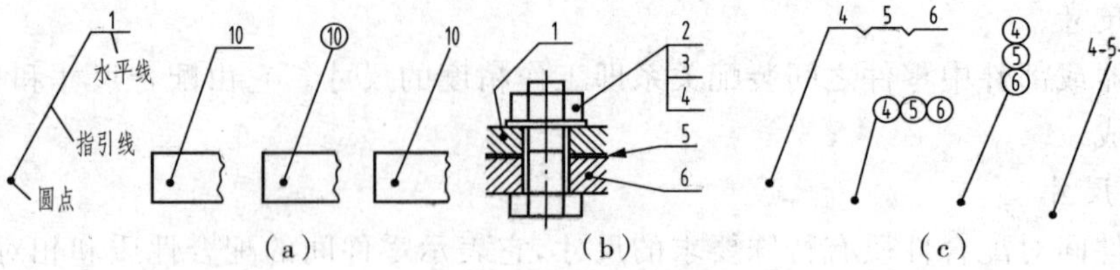

图 9-6 序号的编写形式

2)零件序号标注的一些规定

① 装配图中所有零件、组件都必须编写序号,且相同零件或部件只有一个序号;

② 指引线相互间不能相交,通过剖面区域时不能与剖面线平行,必要时允许曲折一次;

③ 对于一组紧固件或装配关系清楚的组件,可用公共指引线,如图 9-6(b)所示的螺栓组件;

④ 序号注在视图外,且按水平或垂直方向排列整齐,并按顺时针或逆时针顺序排列,如图 9-6(c)所示;

⑤ 装配图中的零部件的序号应与明细栏中的序号一致。

9.4.2 明细栏

明细栏是装配图中所有零件(部件)的详细目录,如图 9-7 所示,具体内容和格式参见第 1 章中图幅的有关内容。填写明细栏时应注意以下几个问题:

① 明细栏紧靠在标题栏上方,当位置不够时,可将明细栏的一部分分移至紧靠标题栏左方;

② 零件的序号按从小到大的顺序由下向上填写,便于添加漏画的零件;

③ 对于标准件,应在零件名称一栏填写规定标记。

12	螺钉 GB/T70.1 M6×20	12	Q235	
11	端盖	2	HT200	
10	毡圈	2	羊毛毡	
9	调整环	1		
8	座体	1	HT200	
7	轴	1	45	
6	滚动轴承 30307GB/T 297-1994	2		
5	键8×40 GB/T 1096-2003	1	45	

4	皮带轮	1	HT150	
3	挡圈	1	35	
2	螺钉 GB/T68 M6×18	1	Q235	
1	销 GB/T119.1 3m8×12	1	35	
序号	名 称	数量	材 料	备 注
铣刀头		比例	1:2	02-00
		件数		
制图		重量		材料
描图				
审核				

图 9-7 明细栏

9.5 常见装配工艺结构

为了保证机器或部件的装配质量,满足性能要求,并给加工和装拆带来方便,在设计过程中必须考虑装配结构的合理性,下面讨论几种最常见装配结构的合理性。

9.5.1　接触面和配合面的合理性

① 两零件接触时，在同一方向上只宜有一对接触面。如图 9－8 所示。

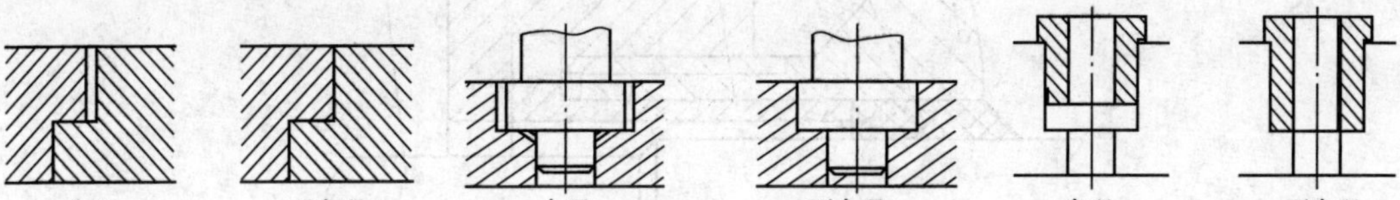

图 9－8　同一方向上一般只有一个接触面

② 当孔与轴配合时，若轴肩与孔端面需接触，则孔加工成倒角或在轴肩处切槽，如图 9－9所示。

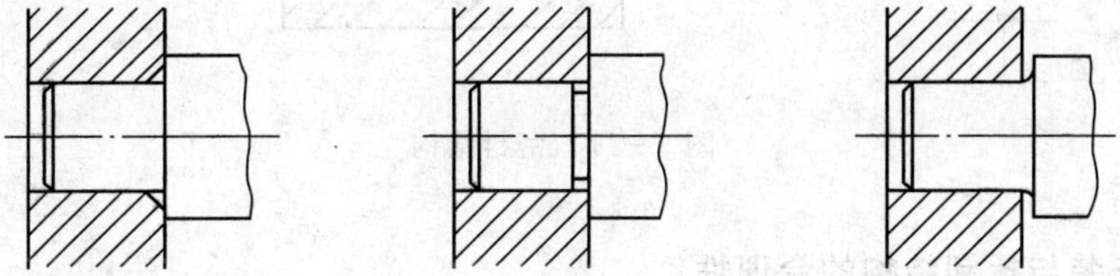

图 9－9　接触面转角处的结构

③ 圆锥面接触应有足够的长度，且锥体顶部与底部须留间隙，如图 9－10 所示。

图 9－10　锥面接触的结构

9.5.2　密封装置的合理性

在一些机器或部件中，一般对外露的旋转轴和管路接口等，常需要采用密封装置，以防止机器内部的液体或气体外流，也防止灰尘等进入机器。

如图 9－11 所示采用填料密封，它是依靠压盖将填料压紧从而起到密封防漏作用。压盖要画在开始压紧填料的位置，以表示当填料磨耗后，尚可拧紧压盖螺母，通过填料压盖压紧填料，使之仍保持密封防漏的效果。

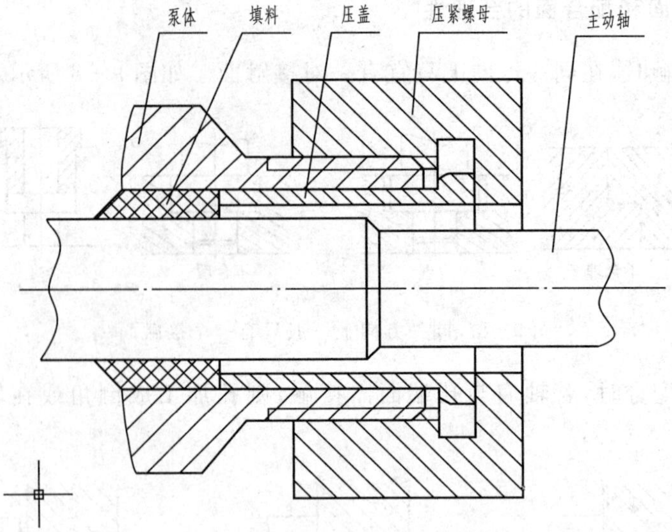

图 9－11　密封结构

9.5.3　安装与拆卸结构的合理性

① 在滚动轴承的装配结构中，用轴肩定位滚动轴承内圈或用孔肩定位滚动轴承外圈时的尺寸应设计合理，以便于轴承的拆卸，如图 9－12 所示。

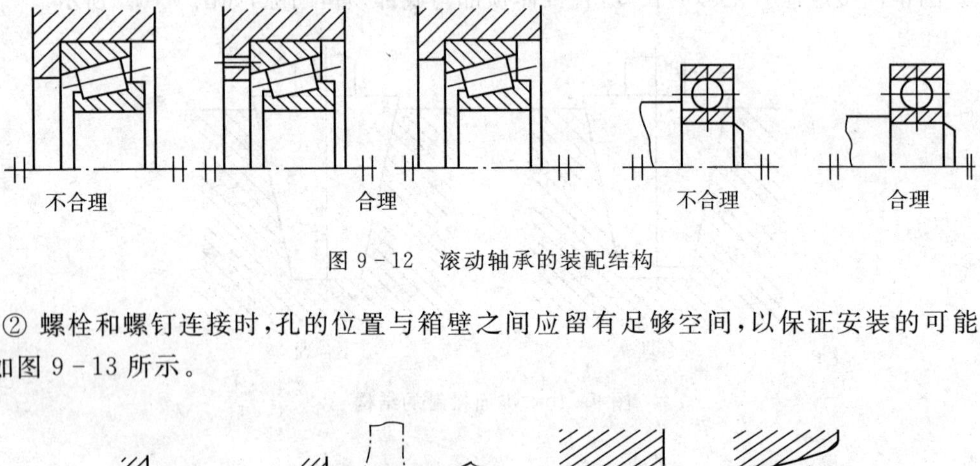

图 9－12　滚动轴承的装配结构

② 螺栓和螺钉连接时，孔的位置与箱壁之间应留有足够空间，以保证安装的可能与方便，如图 9－13 所示。

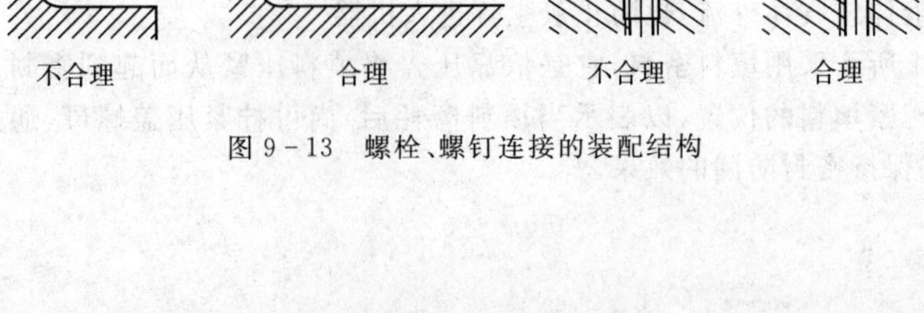

图 9－13　螺栓、螺钉连接的装配结构

9.6 装配图的绘制

机器或部件由零件组成，根据零件图和装配示意图画出机器或部件的装配图，其中示意图是以简单线条示意性地画出部件或机器的图样，一般在部件测绘时绘制。

铣刀头的立体图如图 9－14 所示。

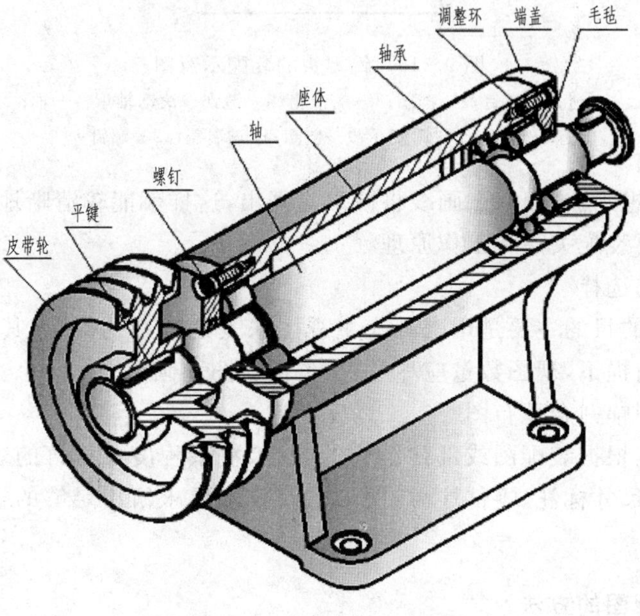

图 9－14 铣刀头的立体图

9.6.1 画装配图前需要考虑的问题

下面以铣刀头的立体图为例说明画装配图的方法和步骤。

1)分析部件的装配示意图

图 9－15 所示为铣刀头的装配示意图，了解零件间的相对位置和连接关系，了解部件的工作原理。如铣刀头是专用铣床上的一个部件，供装铣刀盘用。它由座体、转轴、端盖、滚动轴承、键、螺钉、毡圈等组成。其工作原理是电动机的动力通过 V 形带带动带轮旋转，带轮通过键把运动传递给轴，轴将动力通过键传递给刀盘，从而进行铣削加工。

2)确定表达方案

(1)选择主视图

选择主视图的原则是：确定主视图之前，先应选择装配体的放置方式，一般按装配体在机器中的工作位置或安装位置来进行放置；然后将最能反映部件或机器工作原理、零件间的主要装配关系及主要零件的形状特征的视图作为主视图。如铣刀头座体按其装配位置水平放置，主视图是通过铣刀头主轴 7 的轴线的全剖视图，并在轴两端采用局部剖切来反映细部

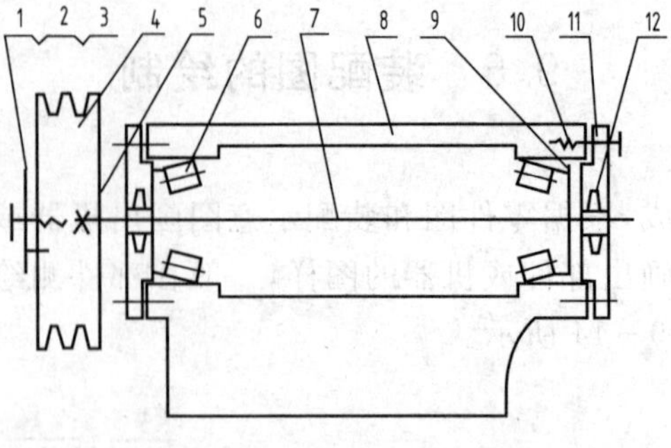

图 9-15　铣刀头的装配示意图

1—销;2—螺钉;3—挡圈;4—皮带轮;5—键;6—滚动轴承;7—轴;
8—座体;9—调整环;9—毡圈;11—端盖;12—螺钉

结构。同时采用假想画法,用双点画线将铣刀盘画出,这样就能较清晰地反映铣刀头零件之间的相互位置,主要装配关系和工作原理。

(2)其他视图的选择

选择其他视图的目的主要是用来补充主视图未表达清楚的部分,其他视图的选择原则是:在表达清楚的前提下,视图数量应尽量少,方便看图和画图。

3)确定比例、图幅并合理布图

画装配图前,应根据装配图或部件结构的大小、复杂程度及拟订的表达方案,确定画图的比例、图幅,要为尺寸标注、零件序号、明细栏及技术要求留出足够的空间,使整个图幅布局合理,协调。

9.6.2　画装配图的方法

画装配图时,由画图顺序来分有以下两种方法：

① 从各装配线的核心零件开始,按装配关系逐层扩展画出各个零件,最后画壳体、箱体等支撑、包容零件。这种画法称为“由内向外”。

② 先将支撑、包容作用大、结构较复杂的箱体、壳体或支架等零件画出,再按装配干线和装配关系逐个画出其他零件。这种画法称为“由外向内”。

第一种方法常用于剖视图的绘制,可以避免不必要的“先画后擦”,有利于提高绘图效率和清洁图面。具体采用哪种画法,应视作图方便而定。

铣刀头装配可以采用第一种方法。

9.6.3　画装配图的步骤

1)布置视图的位置。画出各视图的基准线如对称线、主要轴线和大的端面。注意留出标注尺寸、零件序号、明细栏等所占的位置,如图 9-16 所示。

2)画出各个视图。一般应先从主视图或其他能够清楚地反映装配关系的视图入手,先画出主要支承零件或起主要定位作用的基准零件的主要轮廓,能做到几个视图按投影关系相互配合一起画时,可以一起画。画完一件后必须找到与此相邻件及它们的接触面,由此面

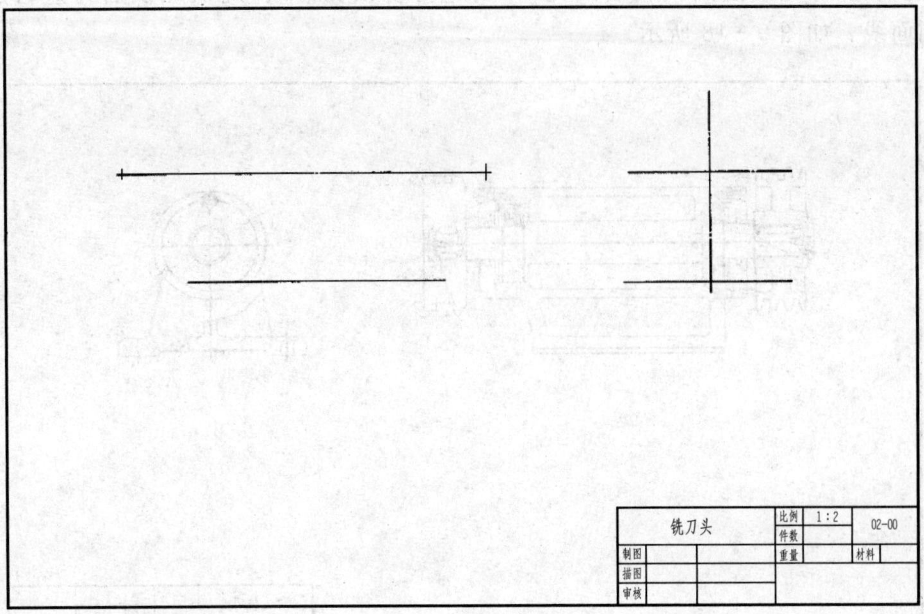

图 9-16 布置视图

作为画下一件时的定位面,再按装配关系一件接一件顺序画出。

铣刀头主视图做全剖,采用"由内向外"的画法。先画轴、轴承、端盖等,如图 9-17 所示。

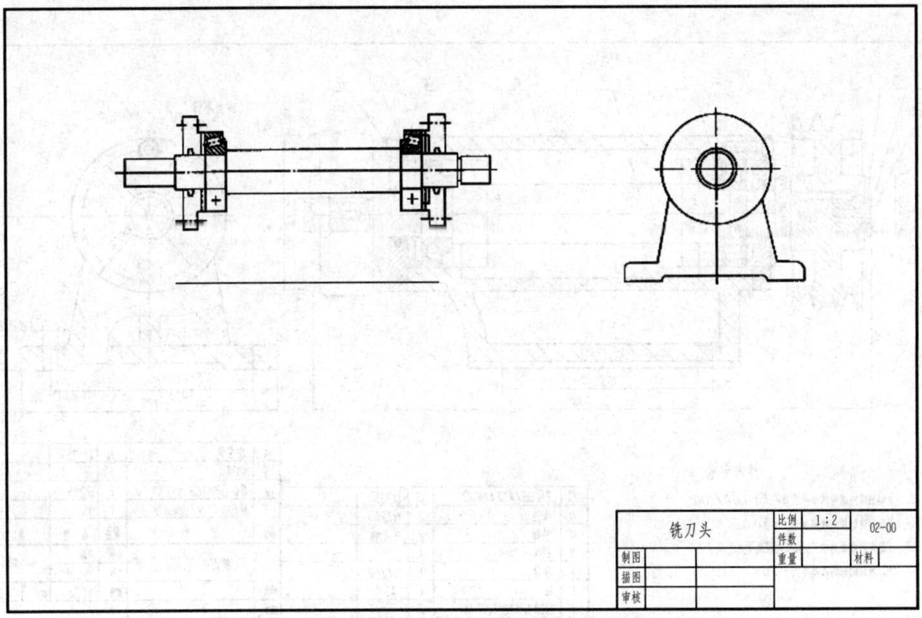

图 9-17 画出主、左视图

3)检查、加深完成全图。底图画完后,要进行复核和修改,确认无误后再进行加深、加粗、画剖面线。如图 9-18 所示。

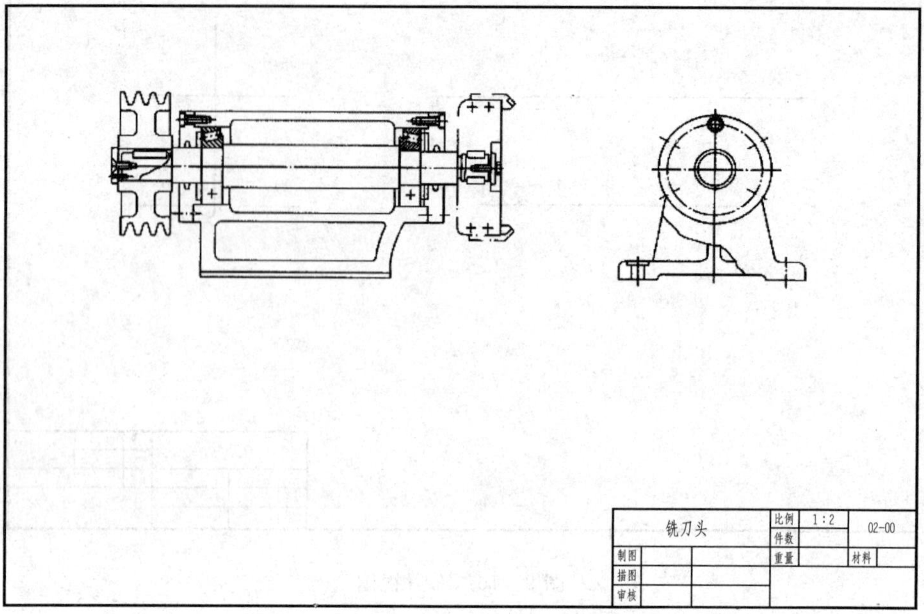

图 9-18　检查、加深

4)标注尺寸、编零件序号。

5)填写标题栏、明细栏、技术要求等,完成全图。完成后的铣刀头装配图如图 9-19 所示。

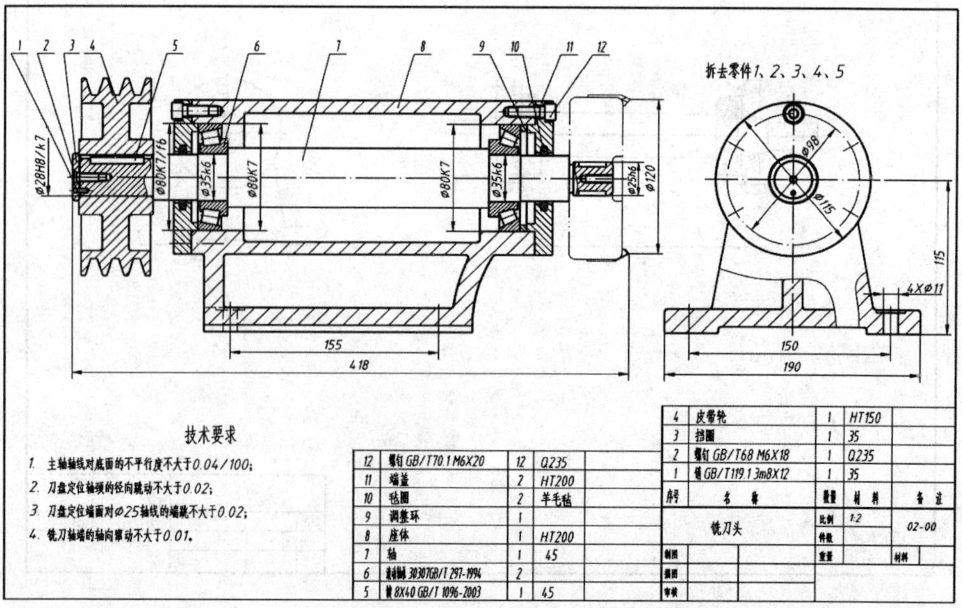

图 9-19　铣刀头装配图

9.7 读装配图和拆画零件图

在机械行业里，从机器的设计到生产制造、技术交流、技术革新、使用和维修，都需要装配图，读懂装配图是工程技术人员必备的一项基本功。

9.7.1 读装配图的方法和步骤

1）概括了解

从标题栏和明细栏中了解装配体的名称、各零（部）件的名称、数量和材料等，从这些信息中就能初步判断装配体及其组成零件的作用和制造方法等。

2）表达分析

分析各视图之间的关系，找出主视图，弄清各个视图所表达的重点，要注意找出剖视图的剖切位置以及向视图、斜视图和局部视图的投射方向和表达部位等，理解表达意图。

3）明确部件或机器的工作原理和装配关系

概括了解后，还要进一步仔细阅读装配图，一般方法是：

① 从主视图入手，根据各装配干线，对照零件在各视图中的投影关系。

② 由各零件剖面线的不同方向和间隔，分清零件轮廓的范围。

③ 由装配图上所标注的配合代号，了解零件间的配合关系。

④ 根据常见结构的表达方法，来识别零件，如油杯、轴承、密封结构等。

⑤ 根据零件序号对照明细栏，找出零件数量、材料、规格，帮助了解零件作用和确定零件在装配图中的位置和范围。

⑥ 利用一般零件结构有对称性的特点，以及相互连接两零件的接触面应大致相同的特点，帮助想象零件的结构形状。有时还需要借助有关的零件图，才能彻底读懂装配图，了解机器（或部件）的工作原理、装配关系以及各零件的功用和结构特点。

4）分析零件

随着看图的深入，进入分析零件阶段。分析零件的目的是弄清楚零件的结构形状和各零件间的装配关系。一台机器（或部件）上有标准件、常用件和一般零件。对于标准件和常用件一般是容易弄懂的，但是对一般的加工件结构有简有繁，它们的作用和地位各不相同，应先从主要零件开始分析，运用前面的方法确定零件的范围、结构、形状、功用和装配关系。

5）归纳总结

在对装配关系和主要零件的结构进行分析的基础上，还要对技术要求、全部尺寸进行研究，进一步了解机器（或部件）的设计意图和装配工艺性。最后归纳总结：装配和拆卸顺序、运动是怎样在零件间传递的、系统是怎样润滑和密封的。

9.7.2 由装配图拆画零件图

由装配图拆画零件图是设计工作中的一个重要环节，是机器生产制造前的准备工作。由装配图设计和绘制零件图称为拆画零件图。拆画零件图是在读懂装配图的基础上完成的。

1)分离零件,补全部分结构

① 读懂装配图,分析所拆零件的作用和结构,从各零件中分离出来,确定该零件的投影轮廓。

② 补齐装配图中被其他零件遮挡的轮廓线,想象零件的结构形状。

③ 对于装配图中简化了的工艺结构如倒角、退刀槽等要补画出来。

2)确定零件的表达方案

对零件视图的选择应按零件本身的结构特点而定,不一定要与装配图中的表达方法一样。一般来讲,大的主要零件如箱体类零件的主视图多与装配图中的位置和投影方向的选择一致,而轴套类零件的主视图一般应按加工位置放置(即轴线水平放置)确定主视图。

3)标注零件的尺寸

零件图上需注出制造、检验所需的全部尺寸。标注时应注意以下几点:

① 装配图中已给定的相关尺寸应直接抄注在零件图上。

② 装配图中的配合代号应注成零件公差代号,或查标准后注出尺寸的上、下偏差值。

③ 根据明细栏中给出的参数算出有关尺寸,如齿轮分度圆直径、齿顶圆直径等。

④ 对零件上的工艺结构,查出有关国家标准后注出或按工艺常规选用。

⑤ 次要部位尺寸,按比例在装配图上量取,数值经过圆整后标注。

4)确定零件的技术要求

零件的技术要求如表面粗糙度、形位公差、尺寸公差等的标注,应根据零件的作用和装配要求来确定。要恰当地确定技术要求必须查阅有关设计手册或参考同类产品对比确定。

以铣刀头的轴为例,绘制零件图,如图 9-20 所示。

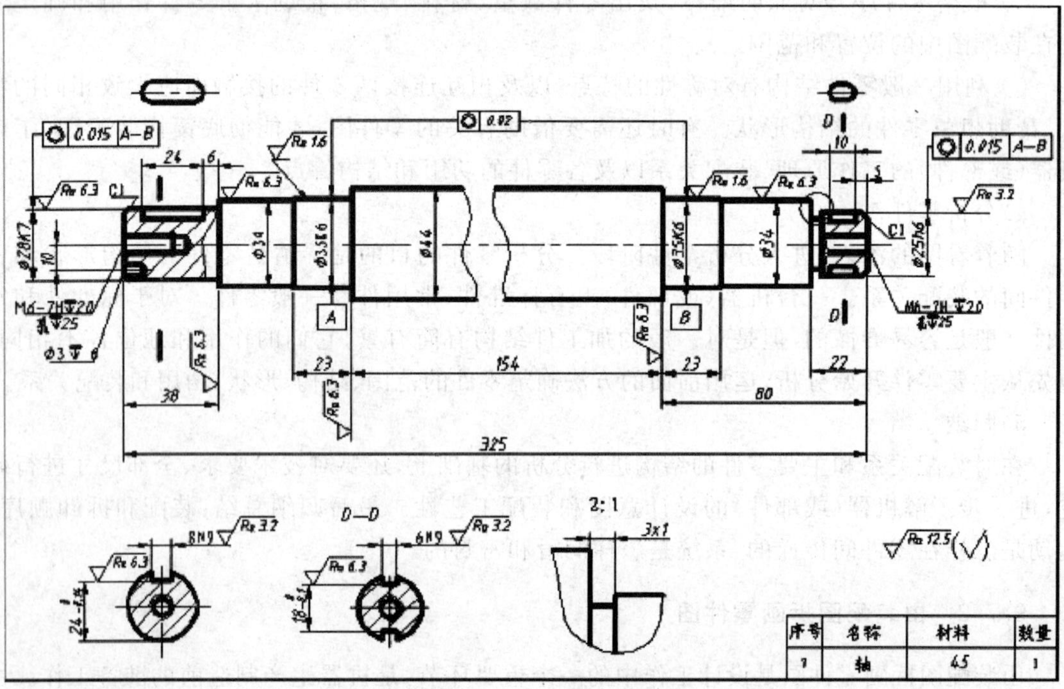

图 9-20 铣刀头的轴

9.7.3 读装配图与拆画零件图举例

1)读装配图

【例 9－1】读蝶阀立体图(如图 9－21 所示)和装配图(如图 9－22 所示)并拆画阀盖、阀体的零件图。

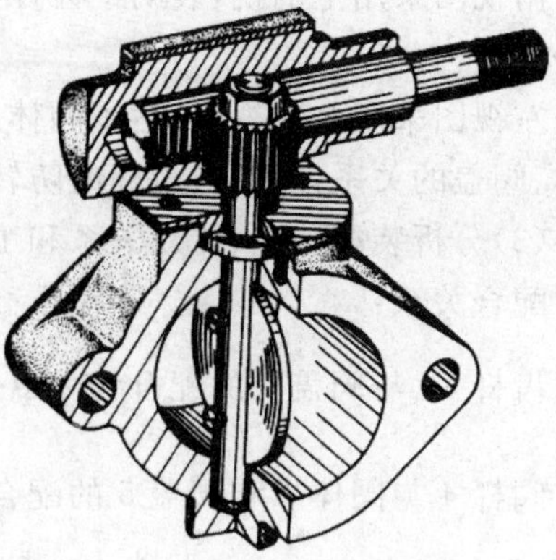

图 9－21 蝶阀立体图

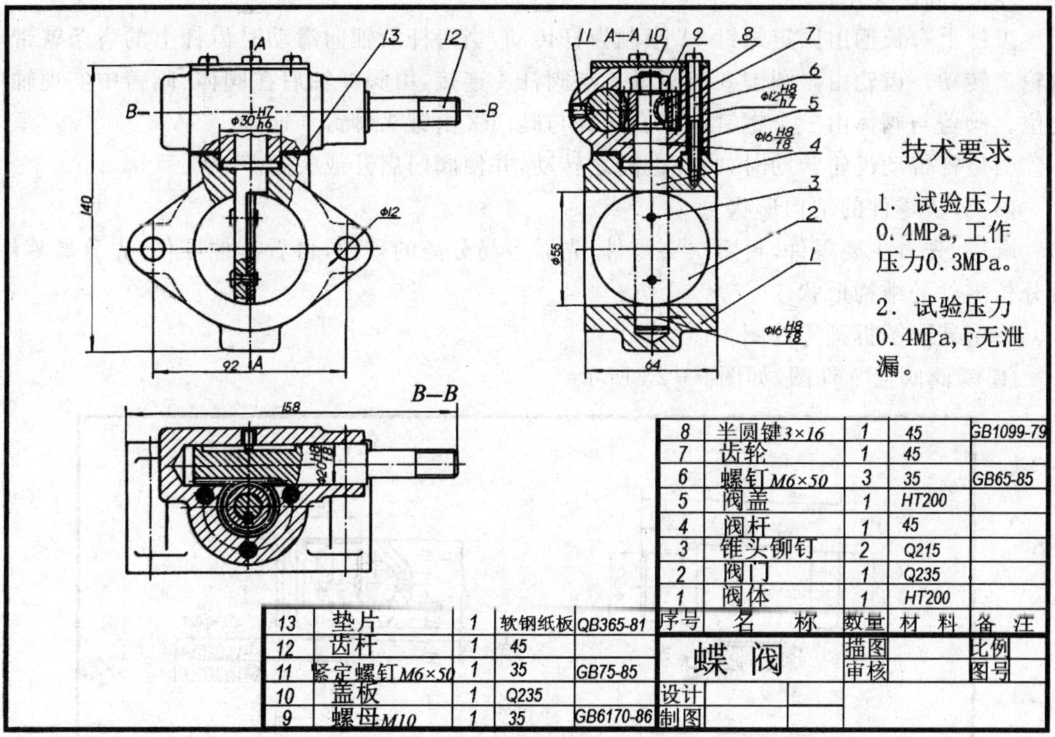

图 9－22 蝶阀装配图

(1)概括了解

由标题栏知，该部件是蝶阀；由明细栏知，它有 13 种零件，是较为简单的部件。它是连接在管路上，用来控制气体流量或截止气流的装置。

(2)分析视图

蝶阀采用三个视图。主视图表示了阀的主要件阀体、阀盖的外形结构，两个局部剖视图分别表示了阀盖与阀体 $\phi30\ \frac{H7}{h6}$ 的配合关系和阀杆与阀门的连接关系。

俯视图采用全剖视，表明了齿杆与齿轮的传动关系，并表达了阀体的外形结构和阀盖的内外形结构。

左视图采用全剖视，表达了阀体 $\phi55$ 的通路和阀盖的内外形结构，表达了阀杆与齿轮、阀体、阀盖的关系，螺钉与齿杆的防转关系以及阀盖与阀体由螺钉连接的关系。

(3)分析装配关系、传动关系和工作原理

配合关系：

齿杆 12 与阀盖 5 的配合为 $\phi20\ \frac{H8}{f8}$（基孔制间隙配合）。

阀杆 4 与阀体 1 和阀盖 5 的配合为 $\phi16\ \frac{H8}{f8}$。

阀盖与阀体由基孔制的间隙配合 $\phi30\ \frac{H7}{f6}$定位。

连接、固定关系：

齿杆上有长槽由固定螺钉 11 限制齿杆传动，当齿杆沿轴向滑动时齿杆上的齿条就带动齿轮 7 转动。齿轮由半圆键 8 和螺母 9 与阀杆 4 连接，由阀杆轴肩在阀体、阀盖中实现轴向定位。阀盖与阀体由三个螺钉连接。阀杆与阀门 2 由锥头铆钉 3 连接。

当齿杆带动齿轮转动时，阀杆也随之转动，并使阀门启开或关闭。

(4)分析零件的结构形状

顺序：先看主要零件，再看次要零件；先看容易分离的零件，再看其他零件；先分离零件，再分析零件的结构形状。

2)由装配图拆画零件图

① 蝶阀阀盖零件图，如图 9-23 所示。

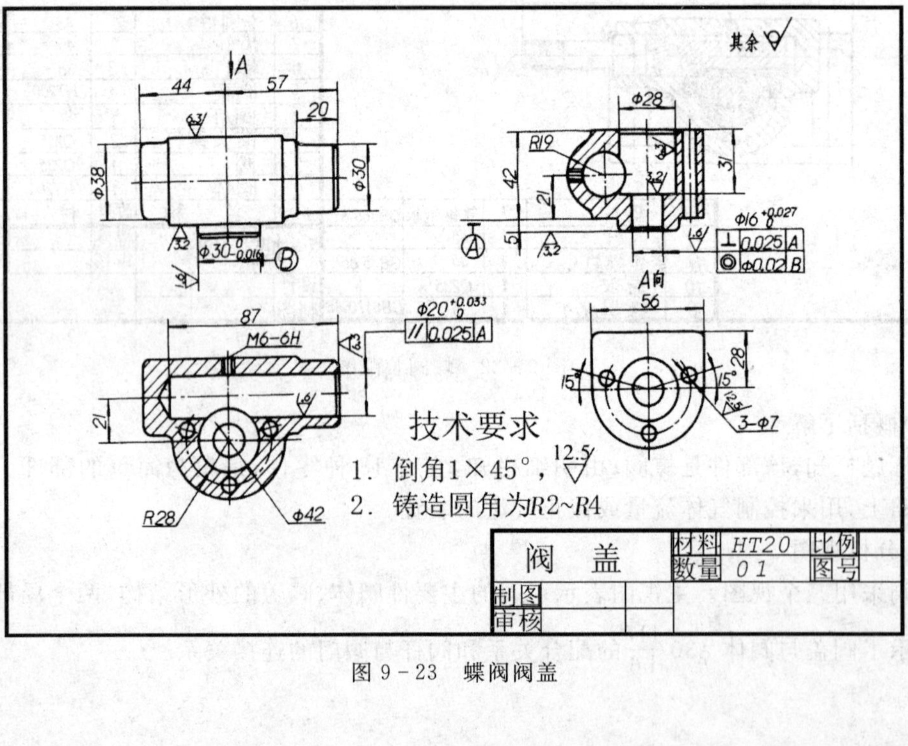

图 9-23 蝶阀阀盖

② 蝶阀阀体的零件图,如图 9－24 所示。

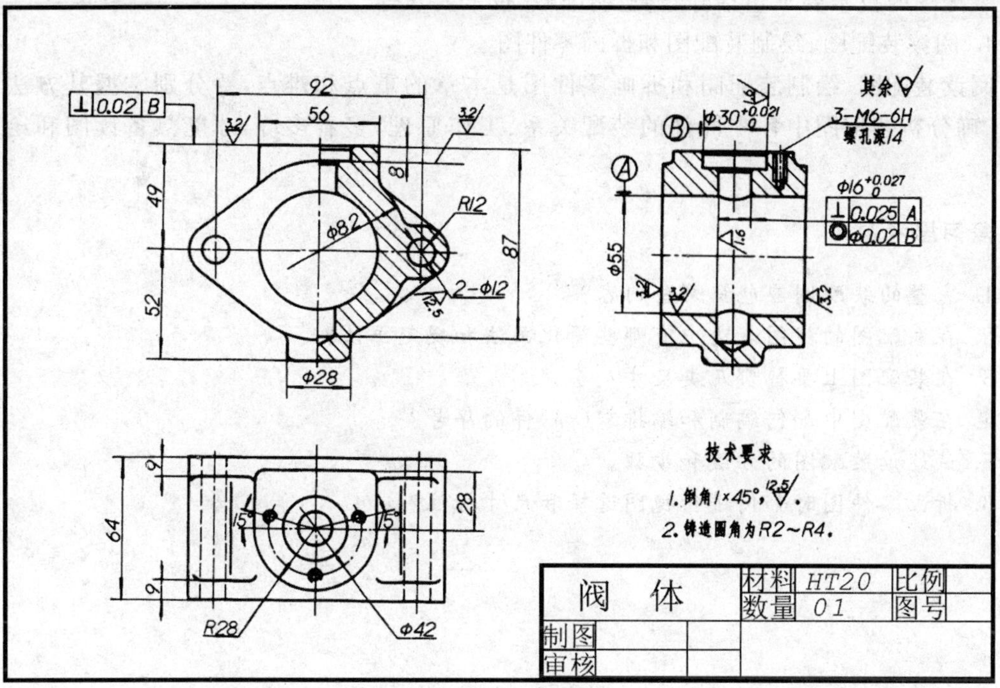

图 9－24　蝶阀阀体

本章小结

本章重点介绍了装配图的画法、阅读装配图和拆画零件图的方法和步骤,通过本章的学习,应掌握装配图的画法,具有初步阅读装配图,绘制装配图、由装配图拆画零件图的能力。

1. 装配图的作用和用途

装配图是表示机器或部件的图样,装配图常用来表示机器或部件的装配关系、工作原理、传动路线、零件的主要结构形状以及装配、检验、安装时所需要的尺寸数据和技术要求等技术文件。因此,装配图一般包括五方面的内容:一组视图、必要的尺寸、技术要求、零部件序号和明细表、标题栏等。

2. 装配图的视图表达

零件图的各种表达方法同样适用于装配图,但是零件图和装配图表达的侧重点不同。国家标准《机械制图》对装配图提出了一些规定画法和特殊的表达方法。

3. 装配图的尺寸标注及技术要求

(1)装配图的尺寸标注

装配图与零件图的作用不一样,装配图一般只需标出如下五种类型的尺寸:性能和规格尺寸、装配尺寸、安装尺寸、外形尺寸、其他重要尺寸等。

(2)装配图的技术要求

装配图的技术要求包括标题栏、明细栏、技术要求等。

4. 阅读装配图、绘制装配图和拆画零件图

阅读装配图、绘制装配图和拆画零件图是本章的重点和难点，要分别掌握其方法和步骤，正确分析装配图中各零部件的装配关系、工作原理，多看多练，才能具备读图和绘图的能力。

复习思考题

1. 完整的装配图应包括哪些内容?
2. 在装配图的视图表达中有哪些简化画法和规定画法?
3. 在装配图上要标哪几类尺寸?
4. 在装配图中如何编制和编排零(部)件的序号?
5. 试述读装配图的方法和步骤。
6. 拆画零件图时如何进行视图选择和尺寸标注?

附　　录

附录 1　普通螺纹直径与螺距(摘自 GB/T 196～197—2003)　　(mm)

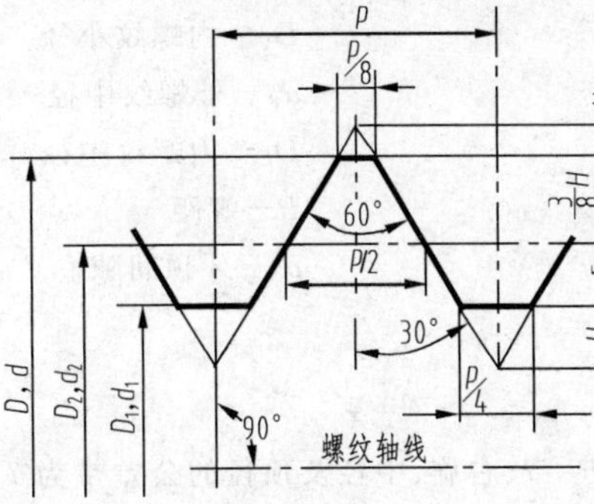

D—内螺纹大径
d—外螺纹大径
D_2—内螺纹中径
d_2—外螺纹中径
D_1—内螺纹小径
d_1—外螺纹小径
P—螺距

标记示例：

M10－6g(粗牙普通外螺纹、公称直径 $d=10$、右旋、中径及顶径公差带均为 6g、中等旋合长度)

M10×1LH－6H(细牙普通内螺纹、公称直径 $D=10$、螺距 $P=1$、左旋、中径及顶径公差带均为 6H、中等旋合长度)

公称直径 D、d			螺距 P		粗牙螺纹小径 D_1、d_1
第一系列	第二系列	第三系列	粗牙	细　牙	
4	—	—	0.7	0.5	3.242
5	—	—	0.8		4.134
6	—	—	1	0.75、(0.5)	4.917
—	—	7			5.917
8	—	—	1.25	1、0.75、(0.5)	6.647
10	—	—	1.5	1.25、1、0.75、(0.5)	8.376
12	—	—	1.75	1.5、1.25、1、(0.75)、(0.5)	10.106
—	14	—	2		11.835
—	—	15		1.5、(1)	*13.376
16	—	—	2	1.5、1、(0.75)、(0.5)	13.835
—	18	—	2.5	2、1.5、1、(0.75)、(0.5)	15.294
20	—	—			17.294
—	22	—			19.294
24	—	—	3	2、1.5、1、(0.75)	20.752
—	—	25	—	2、1.5、(1)	*22.835
—	27	—	3	2、1.5、1、(0.75)	23.752
30	—	—	3.5	(3)、2、1.5、1、(0.75)	26.211
—	33	—		(3)、2、1.5、(1)、(0.75)	29.211
—	—	35	—	1.5	*33.376
36	—	—	4	3、2、1.5、(1)	31.670
—	39	—			34.670

注：(1)优先选用第一系列，其次是第二系列，第三系列尽可能不用。
(2)括号内尺寸尽可能不用。
(3)M14×1.25 仅用于火花塞；M35×1.5 仅用于滚动轴承锁紧螺母。
(4)带 * 号的为细牙参数，是对应于第一种细牙螺距的小径尺寸。

附录 2　梯形螺纹(摘自 GB/T 5796.1～5796.4—2005)

(mm)

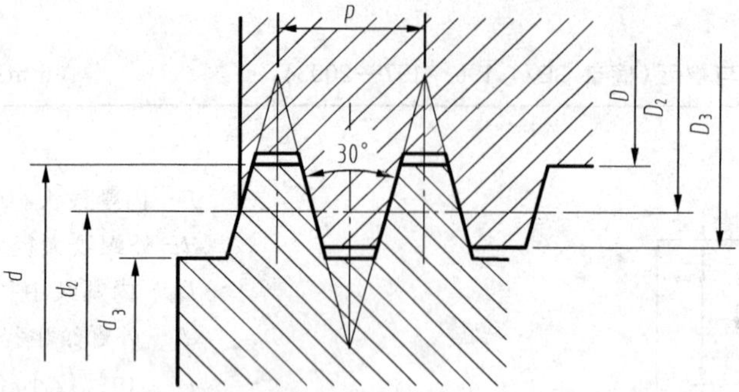

d—外螺纹大径(公称直径)
d_1—外螺纹小径
D—内螺纹大径
D_1—内螺纹小径
d_2—外螺纹中径
D_2—内螺纹中径
P—螺距
a_c—牙顶间隙

标记示例:

Tr40×7−7H(单线梯形内螺纹、公称直径 $D=40$、螺距 $P=7$、右旋、中径及顶径的公差带为 7H、中等旋合长度)

Tr60×18(P9)LH−8e−L(双线梯形外螺纹、公称直径 $d=60$、导程 $s=18$、螺距 $P=9$、左旋、中径及顶径的公差带为 8e、长旋合长度)

梯 形 螺 纹 的 基 本 尺 寸

d 公称系列		螺距 P	中径 $d_2=D_2$	大径 D	小径		d 公称系列		螺距 P	中径 $d_2=D_2$	大径 D	小径	
第一系列	第二系列				d_1	D_1	第一系列	第二系列				d_1	D_1
8	—	1.5	7.25	8.3	6.2	6.5	32	—	6	29.0	33	25	26
—	9	2	8.0	9.5	6.5	7	—	34		31.0	35	27	28
10	—		9.0	10.5	7.5	8	36	—		33.0	37	29	30
—	11		10.0	11.5	8.5	9	—	38	7	34.5	39	30	31
12	—	3	10.5	12.5	8.5	9	40	—		36.5	41	32	33
—	14		12.5	14.5	10.5	11	—	42		38.5	43	34	35
16	—	4	14.0	16.5	11.5	12	44	—		40.5	45	36	37
—	18		16.0	18.5	13.5	14	—	46	8	42.0	47	37	38
20	—		18.0	20.5	15.5	16	48	—		44.0	49	39	40
—	22	5	19.5	22.5	16.5	17	—	50		46.0	51	41	42
24	—		21.5	24.5	18.5	19	52	—		48.0	53	43	44
—	26		23.5	26.5	20.5	21	—	55	9	50.5	56	45	46
28	—		25.5	28.5	22.5	23	60	—		55.5	61	50	51
—	30	6	27.0	31.0	23.0	24	—	65	10	60.0	66	54	55

注:(1)优先选用第一系列的直径。
(2)表中所列的螺距和直径,是优先选择的螺距及与之对应的直径。

附录 3　管螺纹

用螺纹密封的管螺纹

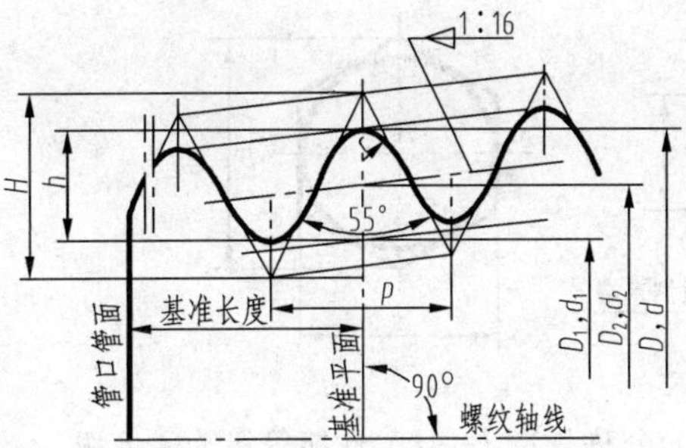

非螺纹密封的管螺纹

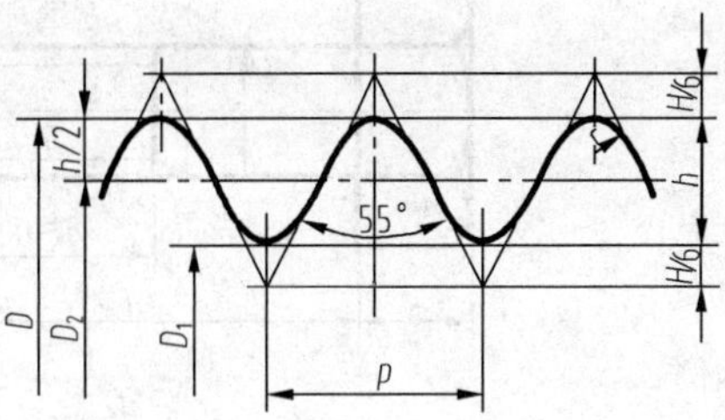

标记示例：

R1/2(尺寸代号 1/2,右旋圆锥外螺纹)

R_c1/2－LH(尺寸代号 1/2,左旋圆锥内螺纹)

R_P1/2(尺寸代号 1/2,右旋圆柱内螺纹)

标记示例：

G1/2－LH(尺寸代号 1/2,左旋内螺纹)

G1/2A(尺寸代号 1/2,A 级右旋外螺纹)

G1/2－LH(尺寸代号 1/2,B 级左旋外螺纹)

尺寸代号	基面上的直径(GB/T 7306) 基本直径(GB/T 7307)			螺距 P /mm	牙高 h /mm	圆弧半径 r/mm	每 25.4mm 内的牙数 n	有效螺纹长度 (GB/T 7306) /mm	基准的基本长度 (GB/T 7306) /mm
	大径 $d=D$ /mm	中径 $d_2=D_2$ /mm	小径 $d_1=D_1$ /mm						
1/16	7.723	7.142	6.561	0.907	0.581	0.125	28	6.5	4.0
1/8	9.728	9.147	8.566					6.5	4.0
1/4	13.157	12.301	11.445	1.337	0.856	0.184	19	9.7	6.0
3/8	16.662	15.806	14.950					10.1	6.4
1/2	20.955	19.793	18.631	1.814	1.162	0.249	14	13.2	8.2
3/4	26.441	25.279	24.117					14.5	9.5
1	33.249	31.770	30.291	2.309	1.479	0.317	11	16.8	10.4
$1\frac{1}{4}$	41.910	40.431	28.952					19.1	12.7
$1\frac{1}{2}$	47.803	46.324	44.845					19.1	12.7
2	59.614	58.135	56.656					23.4	15.9
$2\frac{1}{2}$	75.184	73.705	72.226					26.7	17.5
3	87.884	86.405	84.926					29.8	20.6
4	113.030	111.551	110.072					35.8	25.4
5	138.430	136.951	135.472					40.1	28.6
6	163.830	162.351	160.872					40.1	28.6

附录 4 六角头螺栓 (mm)

六角头螺栓- C 级(摘自 GB/T 5780—2000)

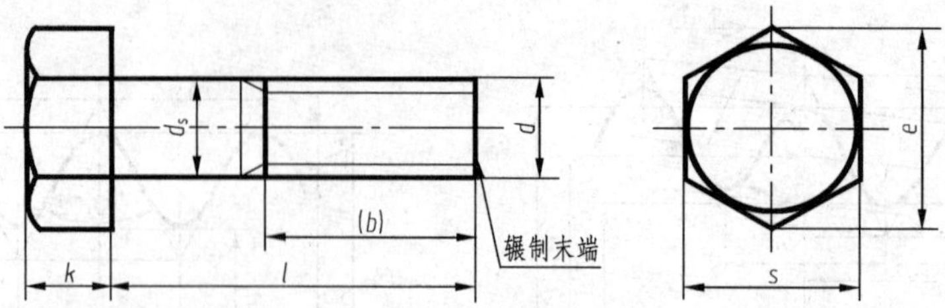

标记示例:

螺栓 GB/T 5780 M20×100 (螺纹规格 d=M20、公称长度 l=100、性能等级为 4.8 级、不经表面处理、杆身半螺纹、C 级的六角头螺栓)

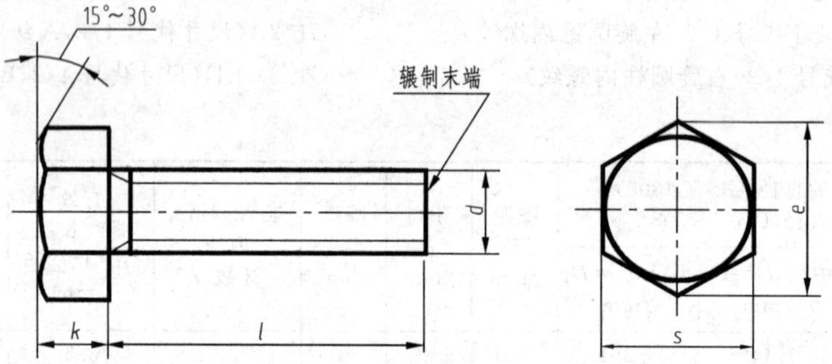

标记示例:

螺栓 GB/T 5781 M12×80 (螺纹规格 d=M12、公称长度 l=80、性能等级为 4.8 级、不经表面处理、全螺纹、C 级的六角头螺栓)

螺纹规格 d		M5	M6	M8	M10	M12	M16	M20	M24	M30	M36	M42	M48
$b_{参考}$	$l \leqslant 125$	16	18	22	26	30	38	40	54	66	78	—	—
	$125 < l \leqslant 1200$	—	—	28	32	36	44	52	60	72	84	96	108
	$l > 200$	—	—	—	—	—	57	65	73	85	97	109	121
$k_{公称}$		3.5	4.0	5.3	6.4	7.5	10	12.5	15	18.7	22.5	26	30
s_{max}		8	10	13	16	18	24	30	36	46	55	65	75
e_{max}		8.63	10.9	14.2	17.6	19.9	26.2	33.0	39.6	50.9	60.8	72.0	82.6
d_{smax}		5.48	6.48	8.58	10.6	12.7	16.7	20.8	24.8	30.8	37.0	45.0	49.0
$l_{范围}$	GB/T 5780 -2000	25 ~50	30 ~60	35 ~80	40 ~100	45 ~120	55 ~160	65 ~200	80 ~240	90 ~300	110 ~300	160 ~420	180 ~480
	GB/T 5781 -2000	10 ~40	12 ~50	16 ~65	20 ~80	25 ~100	35 ~100	40 ~100	50 ~100	60 ~100	70 ~100	80 ~420	90 ~480
$l_{系列}$		10、12、16、20~50(5 进位)、(55)、60、(65)、70~160(10 进位)、180、220~500(20 进位)											

注:(1)括号内的规格尽可能不用。

(2)螺纹公差:8g(GB/T 5780—2000)、6g(GB/T 5781—2000);机械性能等级:4.6 级、4.8 级;产品等级:C。

附录 5　双头螺柱(摘自 GB/T 897～900—2000)　(mm)

$b_m=1d$(GB/T 897)　$b_m=1.25d$(GB/T 898)　$b_m=1.5d$(GB/T 899)　$b_m=2d$(GB/T 900)

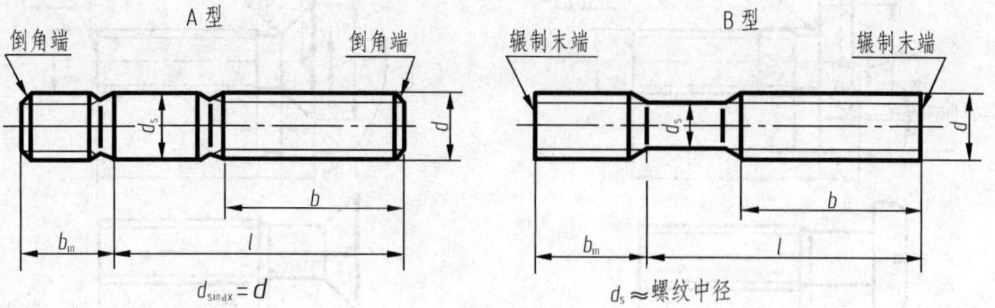

m 标记示例：

螺柱　GB/T 900　M10×50(两端均为粗牙普通螺纹、$d=10$、$l=50$、性能等级为 4.8 级、不经表面处理、B 型、$b_m=2d$ 的双头螺柱)

螺柱　GB/T 900　AM10－10×1×50(旋入机体一端为粗牙普通螺纹、旋螺母端为螺距 $P=1$ 的细牙普通螺纹、$d=10$、$l=50$、性能等级为 4.8 级、不经表面处理、A 型、$b_m=2d$ 的双头螺柱)

螺纹规格 d	b_m(旋入机体端长度)				l(螺柱长度) / b(旋螺母端长度)
	GB/T 897	GB/T 898	GB/T 899	GB/T 900	
M4	—	—	6	8	$\frac{16\sim22}{8}$ $\frac{25\sim40}{14}$
M5	5	6	8	10	$\frac{16\sim22}{10}$ $\frac{25\sim50}{16}$
M6	6	8	10	12	$\frac{20\sim22}{10}$ $\frac{25\sim30}{14}$ $\frac{32\sim75}{18}$
M8	8	10	12	16	$\frac{20\sim22}{12}$ $\frac{25\sim30}{16}$ $\frac{32\sim90}{22}$
M10	10	12	15	20	$\frac{25\sim28}{14}$ $\frac{30\sim38}{16}$ $\frac{40\sim120}{26}$ $\frac{130}{32}$
M12	12	15	18	24	$\frac{25\sim30}{14}$ $\frac{32\sim40}{16}$ $\frac{45\sim120}{26}$ $\frac{130\sim180}{32}$
M16	16	20	24	32	$\frac{30\sim38}{16}$ $\frac{45\sim55}{20}$ $\frac{60\sim120}{30}$ $\frac{130\sim200}{36}$
M20	20	25	30	40	$\frac{35\sim40}{20}$ $\frac{45\sim65}{30}$ $\frac{70\sim120}{38}$ $\frac{130\sim200}{44}$
(M24)	24	30	36	48	$\frac{45\sim50}{25}$ $\frac{55\sim75}{35}$ $\frac{80\sim120}{46}$ $\frac{130\sim200}{52}$
(M30)	30	38	45	60	$\frac{60\sim65}{40}$ $\frac{70\sim90}{50}$ $\frac{95\sim120}{66}$ $\frac{130\sim200}{72}$ $\frac{210\sim250}{85}$
M36	36	45	54	72	$\frac{65\sim75}{45}$ $\frac{80\sim110}{60}$ $\frac{120}{78}$ $\frac{130\sim200}{84}$ $\frac{210\sim300}{97}$
M42	42	52	63	84	$\frac{70\sim80}{50}$ $\frac{85\sim110}{70}$ $\frac{120}{90}$ $\frac{130\sim200}{96}$ $\frac{210\sim300}{109}$
M48	48	60	72	96	$\frac{80\sim90}{60}$ $\frac{95\sim110}{80}$ $\frac{120}{102}$ $\frac{130\sim200}{108}$ $\frac{210\sim300}{121}$
$l_{系列}$	12、(14)、16、(18)、20、(22)、25、(28)、30、(32)、35、(38)、40、45、50、55、60、(65)、70、75、80、(85)、(95)、100～260(10 进位)、280、300				

注：(1)尽可能不采用括号内的规格。

(2)$b_m=1d$，一般用于钢对钢；$b_m=(1.25\sim1.5)d$，一般用于钢对铸铁；$b_m=2d$，一般用于钢对铝合金。

附录 6 开槽盘头螺钉(摘自 GB/T 67—2000)、开槽沉头螺钉(摘自 GB/T 68—2000) (mm)

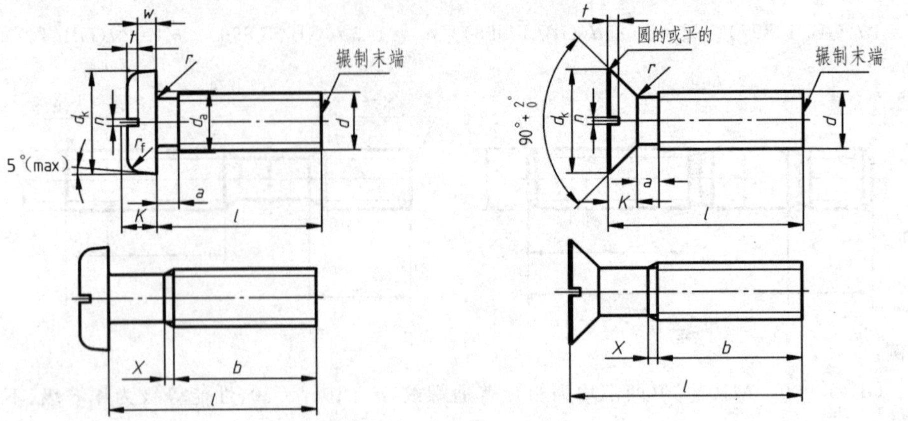

无螺纹部分杆径≈中径或=螺纹大径

标记示例：

螺纹规格 d=M5、公称长度 l=20、性能等级为 4.8 级、不经表面处理的开槽盘头螺钉(或开槽沉头螺钉)的标记为：

螺钉 GB/T 67 M5×20(或 GB/T 68 M5×20)

类别	螺纹规格 d		M1.6	M2	M2.5	M3	M4	M5	M6	M8	M10
	螺距 P		0.35	0.4	0.45	0.5	0.7	0.8	1	1.25	1.5
	a	max	0.7	0.8	0.9	1	1.4	1.6	2	2.5	3
	b	min	25	25	25	25	38	38	38	38	38
	n	公称	0.4	0.5	0.6	0.8	1.2	1.2	1.6	2	2.5
	X	max	0.9	1	1.1	1.25	1.75	2	2.5	3.2	3.8
开槽盘头螺钉	d_K	max	3.2	4	5	5.6	8	9.5	12	16	20
	d_a	max	2.1	2.6	3.1	3.6	4.7	5.7	6.8	9.2	11.2
	K	max	1	1.3	1.5	1.8	2.4	3	3.6	4.8	6
	r	min	0.1	0.1	0.1	0.1	0.2	0.2	0.25	0.4	0.4
	r_f	参考	0.5	0.6	0.8	0.9	1.2	1.5	1.8	2.4	3
	t	min	0.35	0.5	0.6	0.7	1	1.2	1.4	1.9	2.4
	w	min	0.3	0.4	0.5	0.7	1	1.2	1.4	1.9	2.4
	l 商品规格范围		2～16	2.5～20	3～25	4～30	5～40	6～50	8～60	10～80	12～80
开槽沉头螺钉	d_K	max	3	3.8	4.7	5.5	8.4	9.3	11.3	15.8	18.3
	K	max	1	1.2	1.5	1.65	2.7	2.7	3.3	4.65	5
	r	max	0.4	0.5	0.6	0.8	1	1.3	1.5	2	2.5
	t	min	0.32	0.4	0.5	0.6	1	1.1	1.2	1.8	2
	l 商品规格范围		2.5～16	3～20	4～25	5～30	6～40	8～50	8～60	10～80	12～80
公称长度 l 的系列			2,2.5,3,4,5,6,8,10,12,(14),16,20～80(5 进位)								

	材料	力学性能等级	螺纹公差	公差产品等级	表面处理
技术条件	钢	4.8、5.8	6g	A	(1)不经处理 (2)镀锌钝化

注：(1)公称长度 l 中的(14)、(55)、(65)、(75)等规格尽可能不采用。

(2)对开槽盘头螺钉，$d \leqslant$M3、$l \leqslant 30$ mm 或 $d \geqslant$M4、$l \leqslant 40$ mm 时，制出全螺纹($b=l-a$)；

对开槽沉头螺钉，$d \leqslant$M3、$l \leqslant 30$ mm 或 $d \geqslant$M4、$l \leqslant 45$ mm 时，制出全螺纹[$b=l-(K+a)$]。

附录 7　紧定螺钉

(mm)

开槽锥端紧定螺钉(GB/T 71—1985)

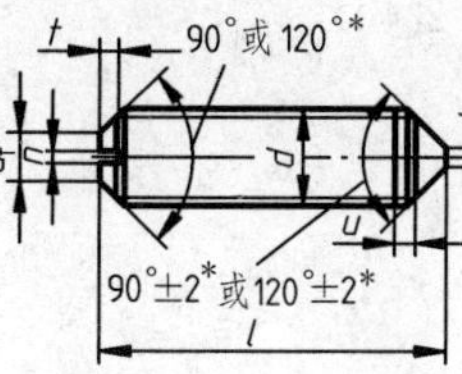

开槽平端紧定螺钉(GB/T 73—1985)

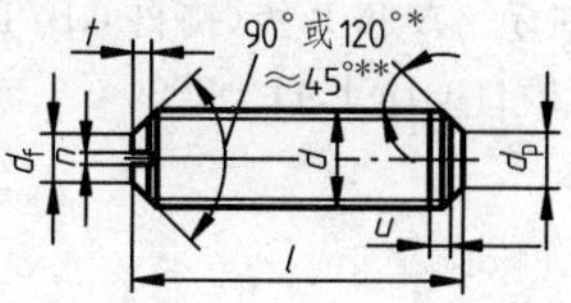

开槽长圆柱端紧定螺钉(GB/T 75—1985)

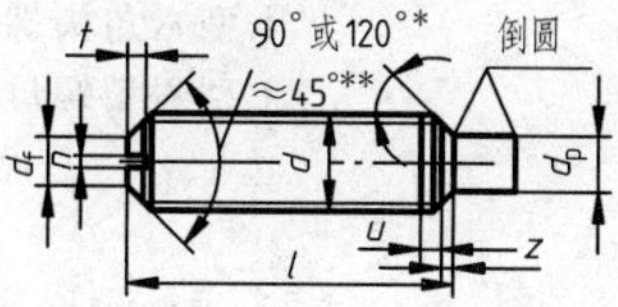

标记示例：

螺纹规格 d = M5、公称长度 l=12mm、性能等级为 14H 级、表面氧化的开槽锥端紧定螺钉的标记为：

螺钉　GB/T 71　M5×12

标记示例：

螺纹规格 d = M5、公称长度 l=12mm、性能等级为 14H 级、表面氧化的开槽平端紧定螺钉的标记为：

螺钉　GB/T 73　M5×12

标记示例：

螺纹规格 d=M5、公称长度 l=12 mm、性能等级为 14H 级、表面氧化的开槽长圆柱端紧定螺钉的标记为：

螺钉　GB/T 75　M5×12

螺纹规格 d		M3	M4	M5	M6	M8	M10	M12
螺　距 P		0.5	0.7	0.8	1	1.25	1.5	1.75
$d_1 \approx$		螺　纹　小　径						
d_1	max	0.3	0.4	0.5	1.5	2	2.5	3
d_p	max	2	2.5	3.5	4	5.5	7	8.5
n	公称	0.4	0.6	0.8	1	1.2	1.6	2
t	min	0.8	1.12	1.28	1.6	2	2.4	2.8
z	max	1.75	2.25	2.75	3.25	4.3	5.3	6.3
不完整螺纹的长度 u		≤2P						
l 范围(商品规格)	GB/T 71	4～16	6～20	8～25	8～30	10～40	12～50	14～60
	GB/T 73	3～16	4～20	5～25	6～30	8～40	10～50	12～60
	GB/T 75	5～16	6～20	8～25	8～30	10～40	12～50	14～60
	短螺钉 GB/T 73	3	4	5	6	—	—	—
	短螺钉 GB/T 75	5	6	8	8、10	10、12、14	12、14、16	14、16、20
公称长度 l 的系列		3、4、5、6、8、10、12、(14)、16、20、25、30、35、40、45、50、(55)、60						

注：(1)尽可能不采用括号内的规格。

(2)表图中，* 公称长度在表中 l 范围内的短螺钉应制成 120°；* * 90°或 120°和 45°仅适用于螺纹小径以内的末端部分。

附录8 1型六角螺母

(mm)

Ⅰ型六角螺母－A 和 B 级(摘自 GB/T 6170—2000)

Ⅰ型六角头螺母－细牙－A 和 B 级(摘自 GB/T 6171—2000)

Ⅰ型六角螺母 C 级(摘自 GB/T 41—2000)

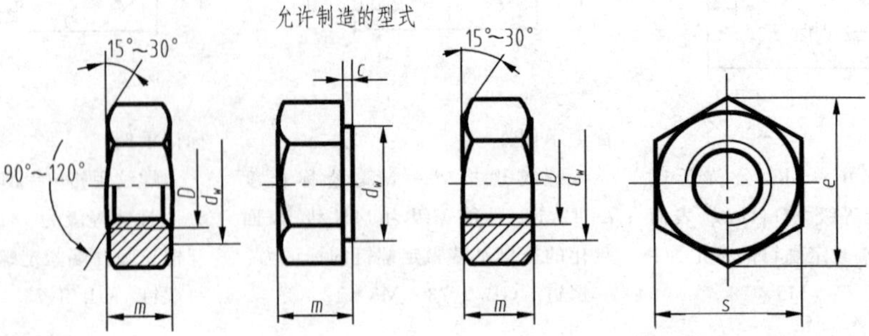

标记示例:

螺母 GB/T 41 M12 (螺纹规格 D=M12、性能等级为 5 级、不经表面处理、C 级的Ⅰ型六角螺母)

螺母 GB/T6171 M24×2 (螺纹规格 D=M24、螺距 P=M24、性能等级为 10 级、不经表面处理、B 级的Ⅰ型细牙六角螺母)

螺纹规格	D	M4	M5	M6	M8	M10	M12	M16	M20	M24	M30	M36	M42	M48
	$D\times P$	—	—	—	M8×1	M10×1	M12×15	M16×15	M20×2	M24×2	M30×2	M36×3	M42×3	M48×3
c		0.4	0.5		0.6				0.8					1
s_{max}		7	8	10	13	16	18	24	30	36	46	55	65	75
e_{min}	A、B 级	7.66	8.79	11.05	14.38	17.77	20.03	26.75	32.95	39.95	50.85	60.79	72.02	82.6
	C 级	—	8.63	10.89	14.2	17.59	19.85	26.17						
m_{max}	A、B 级	3.2	4.7	5.2	6.8	8.4	10.8	14.8	18	21.5	25.6	31	34	38
	C 级	—	5.6	6.1	7.9	9.5	12.2	15.9	18.7	22.3	26.4	31.5	34.9	38.9
d_{wmin}	A、B 级	5.9	6.9	8.9	11.6	14.6	16.6	22.5	27.7	33.7	42.7	51.1	60.6	69.4
	C 级	—	6.9	8.7	11.5	14.5	16.5	22						

注:(1)P——螺距。

(2)A 级用于 $D\leqslant 16$ 的螺母;B 级用于 $D>16$ 的螺母;C 级用于 $D\geqslant 5$ 的螺母。

(3)螺纹公差:A、B 级为 6H,C 级为 7H;机械性能等级:A、B 级为 6,8,10 级,C 级为 4,5 级。

附录 9 垫 圈

(mm)

平垫圈—A 级(摘自 GB/T 97.1—2002)　平垫圈　倒角型—A 级(摘自 GB/T 97.2—2002)

平垫圈—C 级(摘自 GB/T 95—2002)　标准型弹簧垫圈(摘自 GB/T 93—1987)

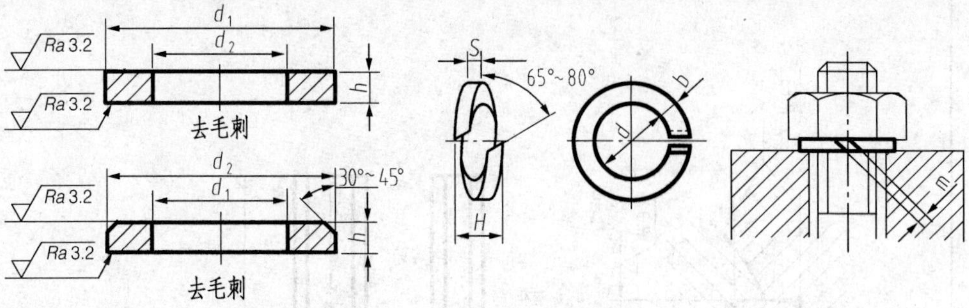

标记示例：

垫圈　GB/T 95　8—100HV(标准系列、公称尺寸 $d=8$、性能等级为 100HV、不经表面处理的平垫圈)

垫圈　GB/T 93　10(规格 10、材料为 65Mn、表面氧化的标准型弹簧垫圈)

公称尺寸 d (螺纹规格)		4	5	6	8	10	12	14	16	20	24	30	36	42	48
GB/T 97.1—1985 (A 级)	d_1	4.3	5.3	6.4	8.4	10.5	13.0	15	17	21	25	31	37	—	—
	d_2	9	10	12	16	20	24	28	30	37	44	56	66	—	—
	h	0.8	1	1.6	1.6	2	2.5	2.5	3	3	4	4	5	—	—
GB/T 97.2—1985 (A 级)	d_1	—	5.3	6.4	8.4	10.5	13	15	17	21	25	31	37	—	—
	d_2	—	10	12	16	20	24	28	30	37	44	56	66	—	—
	h	—	1	1.6	1.6	2	2.5	2.5	3	3	4	4	5	—	—
GB/T 95—1985 (C 级)	d_1	—	5.5	6.6	9	11	13.5	15.5	17.5	22	26	33	39	45	52
	d_2	—	10	12	16	20	24	28	30	37	44	56	66	78	92
	h	—	1	1.6	1.6	2	2.5	2.5	3	3	4	4	5	8	8
GB/T 93—1987	d_1	4.1	5.1	6.1	8.1	10.2	12.2	—	16.2	20.2	24.5	30.5	36.5	42.5	48.5
	$s=b$	1.1	1.3	1.6	2.1	2.6	3.1	—	4.1	5	6	7.5	9	10.5	12
	H	2.8	3.3	4	5.3	6.5	7.8	—	10.3	12.5	15	18.6	22.5	26.3	30

注：(1)A 级适用于精装配系列，C 级适用于中等装配系列。

(2)C 级垫圈没有 $Ra3.2$ 和去毛刺的要求。

附录 10　平键及键槽各部尺寸(摘自 GB/T 1095—2003)

(mm)

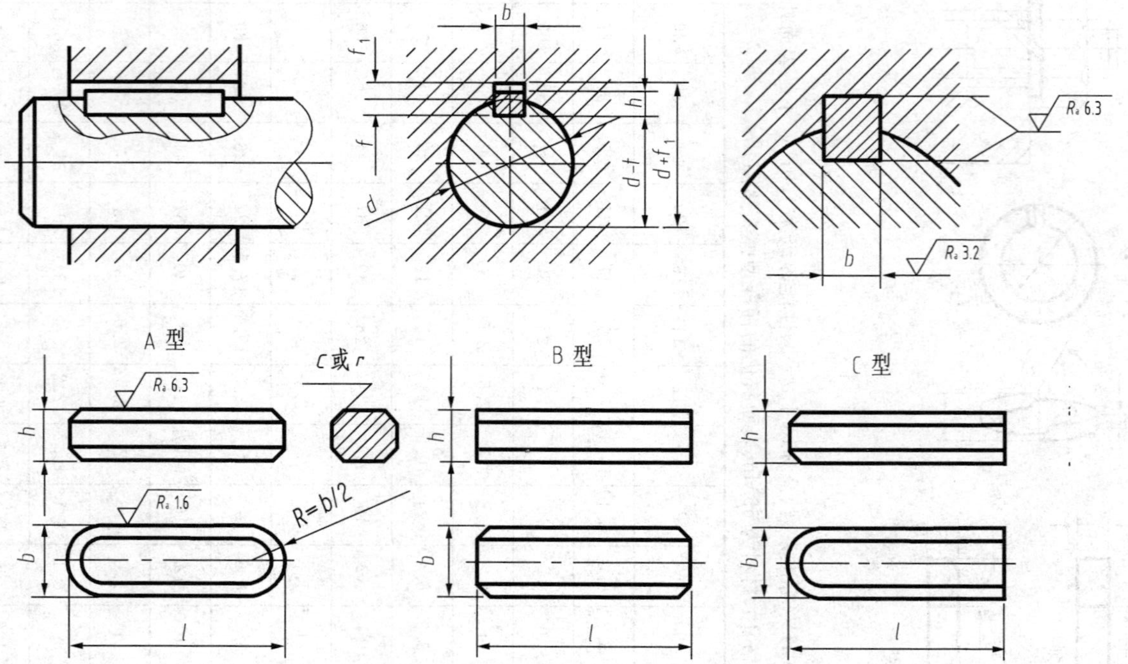

标记示例:

键　16×100　GB/T 1096 (圆头普通平键、$b=16$、$h=10$、$L=100$)

键　B16×100　GB/T 1096 (平头普通平键、$b=16$、$h=10$、$L=100$)

键　C16×100　GB/T 1096 (单圆头普通平键、$b=16$、$h=10$、$L=100$)

（续表）

轴	键		键槽								
公称直径 d	公称尺寸 $b\times h$	长度 L	宽度			深度				半径 r	
			公称尺寸	极限偏差		轴 t		毂 t_1			
				一般键连接							
				轴 N9	毂 JS9	公称尺寸	极限偏差	公称尺寸	极限偏差	最大	最小
>10～12	4×4	8～45	4	0 −0.030	±0.015	2.5	+0.1 0	1.8	+0.1 0	0.08	0.16
>12～17	5×5	10～56	5			3.0		2.3		0.16	0.25
>17～22	6×6	14～70	6			3.5		2.8			
>22～30	8×7	18～90	8	0 −0.036	±0.018	4.0	+0.2 0	3.3	+0.2 0		
>30～38	10×8	22～110	10			5.0		3.3		0.25	0.40
>38～44	12×8	28～140	12	0 −0.043	±0.0215	5.0		3.3			
>44～50	14×9	36～160	14			5.5		3.8			
>50～58	16×10	45～180	16			6.0		4.3			
>58～65	18×11	50～200	18			7.0		4.4			
>65～75	20×12	56～220	20	0 −0.052	±0.026	7.5		4.9		0.40	0.60
>75～85	22×14	63～250	22			9.0		5.4			
>85～95	25×14	70～280	25			9.0		5.4			
>95～110	28×16	80～320	28			10		6.4			
$L_{系列}$	6～22（进位）、25、28、32、36、40、45、50、56、63、70、80、90、100、110、125、140、160、180、200、220、250、280、320、360、400、450、500										

注：(1)$(d-t)$和$(d+t_1)$两组组合尺寸的极限偏差相应的 t 和 t_1 的极限偏差选取，但$(d-t)$极限偏差应取负号（−）。

(2)键 b 的极限偏差为 h9，键 h 的极限偏差为 h11，键长 L 的极限偏差为 h14。

附录 11　圆柱销(摘自 GB/T 119.1—2000)

(mm)

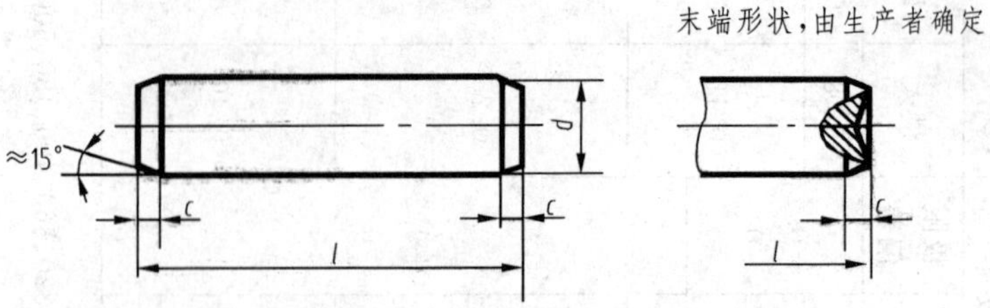

标记示例：

销　GB/T 119.1　6 m6×30　(公称直径 d=6,公差为 m6、公称长度 l=30、材料为钢、不经淬火、不经表面处理的圆柱销)

销　GB/T 119.1　10 m6×30 - Al　(公称直径 d=10、公差为 m6,公称长度 l=30、材料为 Al 组奥氏体不锈钢、表面简单处理的圆柱销)

d(公称) m6/h8	2	3	4	5	6	8	10	12	16	20	25
$c\approx$	0.35	0.5	0.63	0.8	1.2	1.6	2	2.5	3	3.5	4
$l_{范围}$	6～20	8～30	8～40	10～50	12～60	14～80	18～95	22～140	26～180	35～200	50～200
$l_{系列}$(公称)	2、3、4、5、6～32(2 进位)、35～100(5 进位)、120～200(20 进位)										

附录 12　圆锥销(摘自 GB/T 117—2000)

(mm)

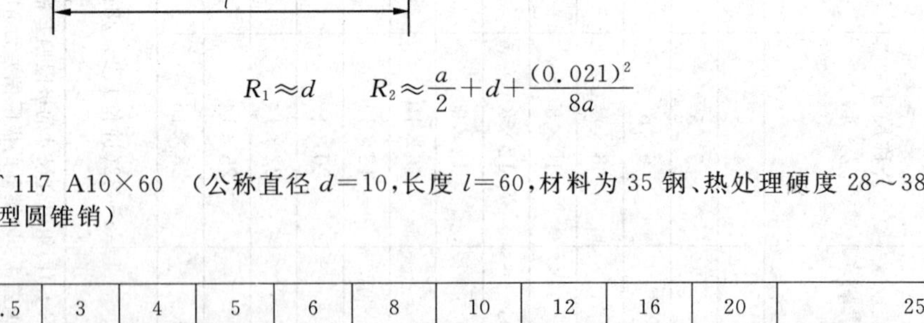

$$R_1 \approx d \qquad R_2 \approx \frac{a}{2} + d + \frac{(0.021)^2}{8a}$$

标记示例：

销　GB/T 117　A10×60　(公称直径 d=10,长度 l=60,材料为 35 钢、热处理硬度 28～38HRC、表面氧化处理的 A 型圆锥销)

$d_{公称}$	2	2.5	3	4	5	6	8	10	12	16	20	25
$a\approx$	0.25	0.3	0.4	0.5	0.63	0.8	1.0	1.2	1.6	2.0	2.5	3.0
$l_{范围}$	10～35	10～35	12～45	14～55	18～60	22～90	22～120	26～160	32～180	40～200	45～200	50～200
$l_{系列}$	2、3、4、5、6～32(2 进位)、35～100(5 进位)、120～200(20 进位)											

附录 13　中心孔(GB/T 145—2001)　(mm)

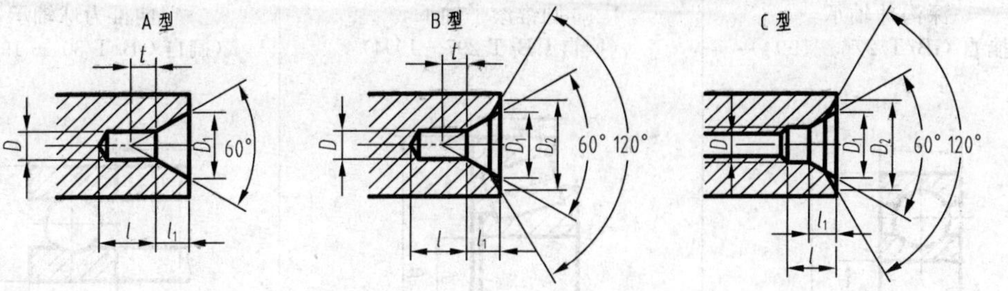

中心孔尺寸

A、B型							C型					选择中心孔参考数据(非标准内容)		
D	A型			B型			D	D_1	D_2	l	参考	原料端部最小直径 D_o	轴状原料最大直径 D_c	工件最大重量 t
	D_1	参考		D_1	参考						l_1			
		l_1	t		l_1	t								
2.00	4.25	1.95	1.8	6.30	2.54	1.8						8	>10～18	0.12
2.50	5.30	2.42	2.2	8.00	3.20	2.2						10	>18～30	0.2
3.15	6.70	3.07	2.8	10.00	4.03	2.8	M3	3.2	5.8	2.6	1.8	12	>30～50	0.5
4.00	8.50	3.90	3.5	12.50	5.05	3.5	M4	4.3	7.4	3.2	2.1	15	>50～80	0.8
(5.00)	10.60	4.85	4.4	16.00	6.41	4.4	M5	5.3	8.8	4.0	2.4	20	>80～120	1
6.30	13.20	5.98	5.5	18.00	7.36	5.5	M6	6.4	10.5	5.0	2.8	25	>120～180	1.5
(8.00)	17.00	7.79	7.0	22.40	9.36	7.0	M8	8.4	13.2	6.0	3.3	30	>180～220	2
10.00	21.20	9.70	8.7	28.00	11.66	8.7	M10	10.5	16.3	7.5	3.8	42	>220～260	3

注:(1)尺寸 l 取决于中心钻的长度,此值不应小于 t 值(对A型、B型)。
(2)括号内的尺寸尽量不采用。
(3)R 型中心孔未列人。

中心孔表示法

要　求	符　号	标注示例	说　明
在完工的零件上要求保留中心孔	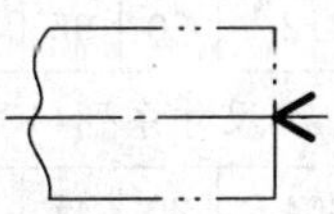	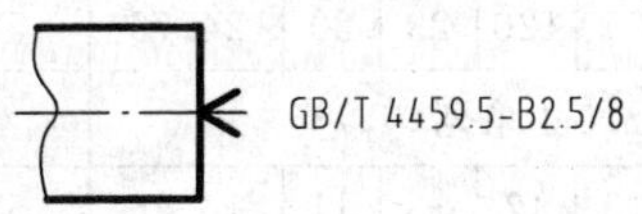	采用B型中心孔 $D=2.5$mm　$D_1=8$mm 在完工的零件上要求保留
在完工的零件上可以保留中心孔	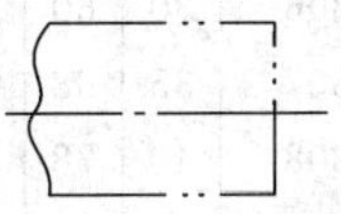	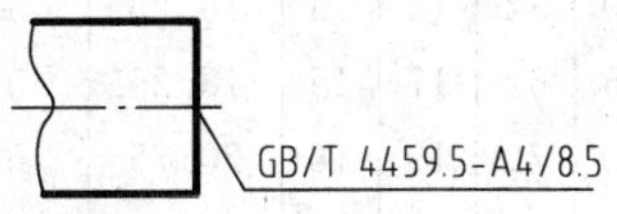	采用A型中心孔 $D=4$mm　$D_1=8.5$mm 在完工的零件上是否保留都可以
在完工的零件上不允许保留中心孔	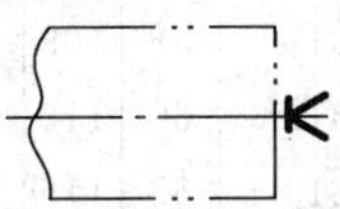		采用A型中心孔 $D=1.6$mm　$D_1=3.35$mm 在完工的零件上不允许保留

附录 14 滚动轴承

深沟球轴承
（摘自 GB/T 276—1994）

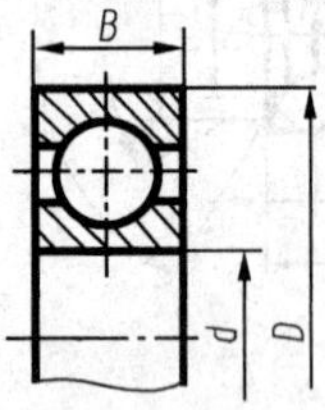

标记示例：
滚动轴承 6310 GB/T 276—1994

轴承型号	尺寸/mm		
	d	D	B
尺寸系列[(0)2]			
6202	15	35	11
6203	17	40	12
6204	20	47	14
6205	25	52	15
6206	30	62	16
6207	35	72	17
6208	40	80	18
6209	45	85	19
6210	50	90	20
6211	55	100	21
6212	60	110	22
尺寸系列[(0)3]			
6302	15	42	13
6303	17	47	14
6304	20	52	15
6305	25	62	17
6306	30	72	19
6307	35	80	21
6308	40	90	23
6309	45	100	25
6310	50	110	27
6311	55	120	29
6312	60	130	31

圆锥滚子轴承
（摘自 GB/T 297—1994）

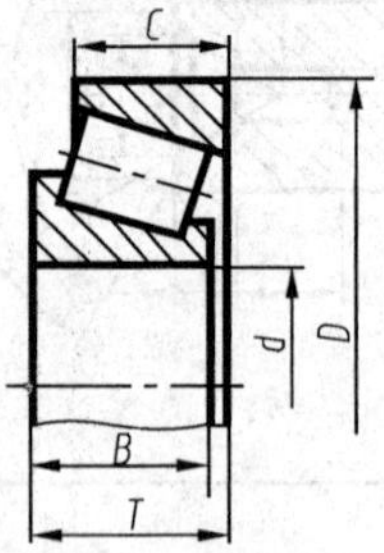

标记示例：
滚动轴承 30212 GB/T 297—1994

轴承型号	尺寸/mm				
	d	D	B	C	T
尺寸系列(02)					
30203	17	40	12	11	13.25
30204	20	47	14	12	15.25
30205	25	52	15	13	16.25
30206	30	62	16	14	17.25
30207	35	72	17	15	18.25
30208	40	80	18	16	19.75
30209	45	85	19	16	20.75
30210	50	90	20	17	21.75
30211	55	100	21	18	22.75
30212	60	110	22	19	23.75
30213	65	120	23	20	24.75
尺寸系列(03)					
30302	15	42	13	11	14.25
30303	17	47	14	12	15.25
30304	20	52	15	13	16.25
30305	25	62	17	15	18.25
30306	30	72	19	16	20.75
30307	35	80	21	18	22.75
30308	40	90	23	20	25.25
30309	45	100	25	22	27.25
30310	50	110	27	23	29.25
30311	55	120	29	25	31.50
30312	60	130	31	26	33.50

单向推力球轴承
（摘自 GB/T 301—1995）

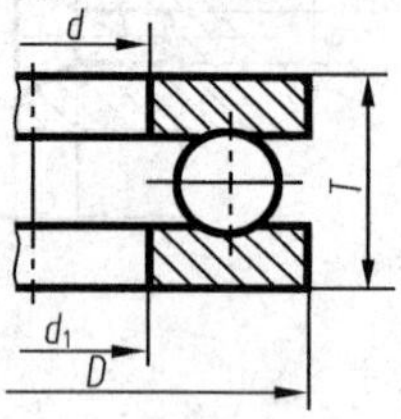

标记示例：
滚动轴承 51305 GB/T 301—1995

轴承型号	尺寸/mm			
	d	D	T	d_1
尺寸系列(12)				
51202	15	32	12	17
51203	17	35	12	19
51204	20	40	14	22
51205	25	47	15	27
51206	30	52	16	32
51207	35	62	18	37
51208	40	68	19	42
51209	45	73	20	47
51210	50	78	22	52
51211	55	90	25	57
51212	60	95	26	62
尺寸系列(13)				
51304	20	47	18	22
51305	25	52	18	27
51306	30	60	21	32
51307	35	68	24	37
51308	40	78	26	42
51309	45	85	28	47
51310	50	95	31	52
51311	55	105	35	57
51312	60	110	35	62
51313	65	115	36	67
51314	70	125	40	72

附录 15 优先配合孔的极限偏差表

(μm)

代号	C	D	E	F	G	H						JS		K		M		N		P		R	S	T	U
基本尺寸/mm	等级																								
	11	10	9	8	7	6	7	8	9	10	11	6	7	6	7	6	7	6	7	6	7	7	7	7	7
≤3	+120 +60	+60 +20	+39 +14	+20 +6	+12 +2	+6 0	+10 0	+14 0	+25 0	+40 0	+60 0	±3	±5	0 −6	0 −10	−2 −8	−2 −12	−4 −10	−4 −14	−6 −12	−6 −16	−10 −20	−14 −24	—	−18 −28
>3～6	+145 +70	+78 +30	+50 +20	+28 +10	+16 +4	+8 0	+12 0	+18 0	+30 0	+48 0	+75 0	±4	±6	+2 −6	+3 −9	−1 −9	0 −12	−5 −13	−4 −16	−9 −17	−8 −20	−11 −23	−15 −27	—	−19 −31
>6～10	+170 +80	+98 +40	+61 +25	+35 +13	+20 +5	+9 0	+15 0	+22 0	+36 0	+58 0	+90 0	±4.5	±7	+2 −7	+5 −10	−3 −12	0 −15	−7 −16	−4 −19	−12 −21	−9 −24	−13 −28	−17 −32	—	−22 −37
>10～18	+205 +95	+120 +50	+75 +32	+43 +16	+24 +6	+11 0	+18 0	+27 0	+43 0	+70 0	+110 0	±5.5	±9	+2 −9	+6 −12	−4 −15	0 −18	−9 −20	−5 −23	−15 −26	−11 −29	−16 −34	−21 −39	—	−26 −44
>18～24	+240 +110	+149 +65	+92 +40	+53 +20	+28 +7	+13 0	+21 0	+33 0	+52 0	+84 0	+130 0	±6.5	±10	+2 −11	+6 −15	−4 −17	0 −21	−11 −24	−7 −28	−18 −31	−14 −35	−20 −41	−27 −48	—	−33 −54
>24～30																								−33 −54	−40 −61
>30～40	+280 +120	+180 +80	+112 +50	+64 +25	+34 +9	+16 0	+25 0	+39 0	+62 0	+100 0	+160 0	±8	±12	+3 −13	+7 −18	−4 −20	0 −25	−12 −28	−8 −33	−21 −37	−17 −42	−25 −50	−34 −59	−39 −64	−51 −76
>40～50	+290 +130																							−45 −70	−61 −86
>50～65	+330 +140	+220 +100	+134 +60	+76 +30	+40 +10	+19 0	+30 0	+46 0	+74 0	+120 0	+190 0	±9.5	±15	+4 −15	+9 −21	−5 −24	0 −30	−14 −33	−9 −39	−26 −45	−21 −51	−30 −60	−42 −72	−55 −85	−76 −106
>65～80	+340 +150																					−32 −62	−48 −78	−64 −94	−91 −121
>80～100	+390 +170	+260 +120	+159 +72	+90 +36	+47 +12	+22 0	+35 0	+54 0	+87 0	+140 0	+220 0	±11	±17	+4 −18	+10 −25	−6 −28	0 −35	−16 −38	−10 −45	−30 −52	−24 −59	−38 −73	−58 −93	−78 −113	−111 −146
>100～120	+400 +180																					−41 −76	−66 −101	−91 −126	−131 −166

附录 16　优先配合轴的极限偏差表

(μm)

代号	c	d	e	f	g	h							js	k	m	n	p	r	s
基本尺寸/mm	11	9	8	7	6	5	6	7	8	9	10	11	6	6	6	6	6	6	6
≤3	−60 −120	−20 −45	−14 −28	−6 −16	−2 −8	0 −4	0 −6	0 −10	0 −14	0 −25	0 −40	0 −60	±3	+6 0	+8 +2	+10 +4	+12 +6	+16 +10	+20 +14
>3～6	−70 −145	−30 −60	−20 −38	−10 −22	−4 −12	0 −5	0 −8	0 −12	0 −18	0 −30	0 −48	0 −75	±4	+9 +1	+12 +4	+16 +8	+20 +12	+23 +15	+27 +19
>6～10	−80 −170	−40 −76	−25 −47	−13 −28	−5 −14	0 −6	0 −9	0 −15	0 −22	0 −36	0 −58	0 −90	±4.5	+10 +1	+15 +6	+19 +10	+24 +15	+28 +19	+32 +23
>10～18	−95 −205	−50 −93	−32 −59	−16 −34	−6 −17	0 −8	0 −11	0 −18	0 −27	0 −43	0 −70	0 −110	±5.5	+12 +1	+18 +7	+23 +12	+29 +18	+34 +23	+39 +28
>18～30	−110 −240	−65 −117	−40 −73	−20 −41	−7 −20	0 −9	0 −13	0 −21	0 −33	0 −52	0 −84	0 −130	±6.5	+15 +2	+21 +8	+28 +15	+35 +22	+41 +28	+48 +35
>30～40	−120 −280	−80 −142	−50 −89	−25 −50	−9 −25	0 −11	0 −16	0 −25	0 −39	0 −62	0 −100	0 −160	±8	+18 +2	+25 +9	+33 +17	+42 +26	+50 +34	+59 +43
>40～50	−130 −290																		
>50～65	−140 −330	−100 −174	−60 −106	−30 −60	−10 −29	0 −13	0 −19	0 −30	0 −46	0 −74	0 −120	0 −190	±9.5	+21 +2	+30 +11	+39 +20	+51 +32	+60 +41	+72 +53
>65～80	−150 −340																	+62 +43	+78 +59
>80～100	−170 −390	−120 −207	−72 −126	−36 −71	−12 −34	0 −15	0 −22	0 −35	0 −54	0 −87	0 −140	0 −220	±11	+25 +3	+35 +13	+45 +23	+59 +37	+73 +51	+93 +71
>100～120	−180 −400																	+76 +54	+101 +79

附录 17 标准公差数值(GB/T 1800.3—1998)

基本尺寸 mm		标准公差级																	
		IT1	IT2	IT3	IT4	IT5	IT6	IT7	IT8	IT9	IT10	IT11	IT12	IT13	IT14	IT15	IT16	IT17	IT18
大于	至	μm											mm						
—	3	0.8	1.2	2	3	4	6	10	14	25	40	60	0.1	0.14	0.25	0.4	0.6	1	1.4
3	6	1	1.5	2.5	4	5	8	12	18	30	48	75	0.12	0.18	0.3	0.48	0.75	1.2	1.8
6	10	1	1.5	2.5	4	6	9	15	22	36	58	90	0.15	0.22	0.36	0.58	0.9	1.5	2.2
10	18	1.2	2	3	5	8	11	18	27	43	70	110	0.18	0.27	0.43	0.7	1.1	1.8	2.7
18	30	1.5	2.5	4	6	9	13	21	33	52	84	130	0.21	0.33	0.52	0.84	1.3	2.1	3.3
30	50	1.5	2.5	4	7	11	16	25	39	62	100	160	0.25	0.39	0.62	1	1.6	2.5	3.9
50	80	2	3	5	8	13	19	30	46	74	120	190	0.3	0.46	0.74	1.2	1.9	3	4.6
80	120	2.5	4	6	10	15	22	35	54	87	140	220	0.35	0.54	0.87	1.4	2.2	3.5	5.4
120	180	3.5	5	8	12	18	25	40	63	100	160	250	0.4	0.63	1	1.6	2.5	4	6.3
180	250	4.5	7	10	14	20	29	46	72	115	185	290	0.46	0.72	1.15	1.85	2.9	4.6	7.2
250	315	6	8	12	16	23	32	52	81	130	210	320	0.52	0.81	1.3	2.1	3.2	5.2	8.1
315	400	7	9	13	18	25	36	57	89	140	230	360	0.57	0.89	1.4	2.3	3.6	5.7	8.9
400	500	8	10	15	20	27	40	63	97	155	250	400	0.63	0.97	1.55	2.5	4	6.3	9.7
500	630	9	11	16	22	32	44	70	110	175	280	440	0.7	1.1	1.75	2.8	4.4	7	11
630	800	10	13	18	25	36	50	80	125	200	320	500	0.8	1.25	2	3.2	5	8	12.5
800	1000	11	15	21	28	40	56	90	140	230	360	560	0.9	1.4	2.3	3.6	5.6	9	14
1000	1250	13	18	24	33	47	66	105	165	260	420	660	1.05	1.65	2.6	4.2	6.6	10.5	16.5
1250	1600	15	21	29	39	55	78	125	195	310	500	780	1.25	1.95	3.1	5	7.8	12.5	19.5
1600	2000	18	25	35	46	65	92	150	230	370	600	920	1.5	2.3	3.7	6	9.2	15	23
2000	2500	22	30	41	55	78	110	175	280	440	700	1100	1.75	2.8	4.4	7	11	17.5	28
2500	3150	26	36	50	68	96	135	210	330	540	860	1350	2.1	3.3	5.4	8.6	13.5	21	33

注:(1)基本尺寸大于 500mm 的 IT1 至 IT5 的标准公差数值为试行的。
(2)基本尺寸小于或等于 1mm 时,无 IT14 至 IT18。

附录 18 常用材料及热处理

1. 常用钢材(GB/T 700、GB/T 699、GB/T 3077、GB/T 11352、GB/T 5676)

名称		钢号	主要用途	说明
碳素结构钢		Q215－A	受力不大的铆钉、螺钉、凸轮、焊件、渗碳件	Q 表示屈服点,数字表示屈服点数值,A、B 等表示质量等级
		Q215－A	螺栓、螺母、拉杆、钩、连杆、楔、轴、焊件	
		Q215－B	金属构造件中一般机件、拉杆、轴、焊件	
		Q215－A	重要的螺钉、拉杆、钩、楔、连杆、轴、销、齿轮	
		Q275	键、牙嵌离合器、链板、闸带、受大静载荷的齿轮轴	
优质碳素结构钢		08F	要求可塑性好的零件:管子、垫片、渗碳件、氰化件	(1) 数字表示钢中平均含碳量的万分数,例如 45 表示平均含碳量为 0.45%; (2) 序号表示抗拉强度、硬度依次增加,延伸率依次降低
		15	渗碳件、紧固件、冲模锻件、化工容器	
		20	杠杆、轴套、钩、螺钉、渗碳件与氰化件	
		25	轴、辊子、连接器,紧固件中的螺栓、螺母	
		30	曲轴、转轴、摇杆、拉杆、横梁、星轮	
		35	曲轴、摇杆、拉杆、键、销、螺栓、转轴	
		40	齿轮、齿条、链轮、凸轮、轧辊、曲柄轴	
		45	齿轮、轴、联轴器、衬套、活塞销、链轮	
		50	活塞杆、齿轮、不重要的弹簧	
		55	齿轮、连杆、扁弹簧、轧辊、偏心轮、轮圈、轮缘	
		60	叶片、弹簧	
		30Mn	螺栓、杠杆、制动板	含锰量 0.7%～1.2%的优质碳素钢
		40Mn	用于承受疲劳载荷零件:轴、曲轴、万向联轴器	
		50Mn	用于高负荷下耐磨的热处理零件:齿轮、摩擦片	
		60Mn	弹簧、发条	
合金结构钢	铬钢	15Cr	渗碳齿轮、凸轮、活塞销、离合器	(1) 合金结构钢前面两位数字表示钢中含碳量的万分数; (2) 合金元素以化学符号表示; (3) 合金元素含量小于 1.5%时,仅注出元素符号
		20Cr	较重要的渗碳件	
		30Cr	重要的调质零件:轮轴、齿轮、摇杆、重要的螺栓、滚子	
		40Cr	较重要的调质零件:齿轮、进气阀、辊子、轴	
		45Cr	强度及耐磨性高的轴、齿轮、螺栓	
	铬锰钛钢	20CrMnTi	汽车上的重要渗碳齿轮	
		30CrMnTi	汽车、拖拉机上强度高的渗碳齿轮	
铸钢		ZG230－450	机座、箱体、支架	ZG 表示铸钢、数字表示屈服点及抗拉强度(MPa)
		ZG310－570	齿轮、飞轮、机架	

2. 常用铸铁(GB/T 9469、GB/T 1348、GB/T 9400)

名称	牌　号	硬度(HB)	主要用途	说　明
灰铸铁	HT100	114～173	机床中受轻负荷,磨损无关紧要的铸件,如托盘、把手、手轮等	HT是灰铸铁代号,其后数字表示抗拉强度(MPa)
	HT150	132～197	承受中等弯曲应力,摩擦面间压强高于500MPa的铸件,如机床底工作台、汽车变速箱、泵体、阀体、阀盖等	
	HT200	151～229	承受较大弯曲应力,要求保持气密性的铸件,如机床立柱、刀架、齿轮箱体、床身、油缸、泵体、阀体、皮带轮、轴承盖和架等	
	HT250	180～269	承受较大弯曲应力,要求保持气密性的铸件,如气缸套、齿轮、机床床身、立柱、齿轮箱体、油缸、泵体、阀体等	
	HT300	207～313	承受弯由应力、拉应力、要求高度气密性的铸件,如高压油缸、泵体、阀体、汽轮机隔板等	
	HT	238～357	轧钢、辊子、炼焦柱等	
球墨铸铁	QT400－15 QT400－18	130～180 130～180	韧性高、低温性能好、且有一定的耐蚀性,用于制作汽车、拖拉机中的轮毂、壳体、离合器拔叉等	QT为球墨铸铁代号,其后第一组数字表示抗拉强度(MPa),第二组数字表示延伸率(%)
	QT500－7 QT450－10 QT600－3	170～230 160～210 190～270	具有中等强度和韧性,用于制作内燃机中油泵齿轮、汽轮机的中温气缸隔板、水轮机阀门体等	
可锻铸铁	KTH300－06 KTH350－10 KTZ450－06 KTB400－05	≤150 ≤150 150～200 ≤200	用于承受冲击、振动等零件,如汽车零件、机床附件、各种管接头、低压阀门、曲轴和连杆等	KTH、KTZ、KTB分别为黑心球光体、白心可锻铸铁代号,其后第一组数字表示抗拉强度(MPa),第二组数字表示延伸率(%)

3. 常用有色金属及其合金(GB/T 1176、GB/T 3190)

名称或代号	牌 号	主要用途	说 明
普通黄铜	H62	散热器、垫圈、弹簧、各种网、螺钉及其他零件	H 表示黄铜,字母后的数字表示含铜的平均百分数
40－2 锰黄铜	ZCuZn40Mn2	轴瓦、衬套及其他减磨零件	Z 表示铸造,字母后的数字表示含铜、锰、锌的平均分数
5－5－5 锡青铜	ZCuSn5PbZb5	在较高负荷和中等滑动速度下工作的耐磨、耐蚀零件	字母后的数字表示含锡、铅、锌的平均百分数
9－2 铝青铜 10－3 铝青铜	ZCuA19Mn2 ZCuAl10Fe3	耐蚀、耐磨零件,要求气密性高的铸件,高强度、耐磨、耐蚀零件及 250 ℃以下工作的管配件	字母后的数字表示含铝、锰或铁的平均百分数
17－4－4 铅青铜	ZCuPb17Sn4ZnA	高滑动速度的轴承和一般耐磨件等	字母后的数字表示含铝、锡或锌的平均百分数
ZL201 (铝铜合金) ZL301 (铝铜合金)	ZA1Cu5Mn ZA1CuMg10	用于铸造形状较简单的零件,如支臂、挂架梁等 用于铸造小型零件,如海轮配件、航空配件等	
硬 铝	LY12	高强度硬铝,适用于制造高负荷零件及构件,但不包括冲压件和锻压件,如飞机骨架等	LY 表示硬铝,数字表示顺序号

4. 常用非金属材料

材料名称及标准号		牌 号	主要用途	说 明
工业用橡胶板	耐酸橡胶板 (GB/T 55747)	2807 2709	具有耐酸碱性能,用作冲制密封性能较好的垫圈	较高硬度 中等硬度
	耐油橡胶板 (GB/T 55747)	3707 3709	可在一定温度的油中工作,适用冲制各种形状的垫圈	较高硬度
	耐热橡胶板 (GB/T 55747)	4708 4710	可在热空气、蒸汽(100℃)中工作,用作冲制各种垫圈和隔热垫板	较高硬度 中等硬度
尼龙	尼龙 66 尼龙 100		用于制作齿轮等传动零件,有良好的消音性,运转时噪声小	具有高抗拉强度和冲击韧性,耐热(>100℃)、耐弱酸、耐弱碱、耐油性好
耐油橡胶石棉板 (GB/T 539)			供航空发动机的煤油、润滑油及冷气系统结合处的密封垫材料	有厚度 0.4～3.0 的十种规格
毛 毡 (FJ/T 314)			用作密封、防漏油、防震、缓冲衬垫等,按需选用细毛、半粗毛、粗毛	厚度为 1～30
有机玻璃板 (HG/T 2－343)			适用于耐腐蚀和需要透明的零件,如油标、油杯、透明管道等	耐盐酸、硫酸、草酸、烧酸和纯碱等一般碱性及二氧化碳、臭氧等腐蚀

5. 常用热处理及表面处理

名词		代号及标注示例	说明	应用
退火		Th	将钢件加热到临界温度以上（一般是 710℃～715℃，个别合金钢 800℃～900℃）30℃～50℃，保温一段时间，然后缓慢冷却	用来消除铸、锻、焊零件的内应力、降低硬度、便于切削加工，细化金属晶粒，改善组织、增加韧性
正火		Z	将钢件加热到临界温度以上，保温一段时间，然后用空气冷却，冷却速度比退火快	用来处理低碳和中碳结构钢及渗碳零件，使其组织细化，增加强度与韧性，减少内应力，改善切削性能
淬火		C C48：淬火回火至 45～50HRC	将钢件加热到临界温度以上，保温一段时间，然后在水、盐水或油中急速冷却，使其得到高硬度	用来提高钢的硬度和强度极限，但淬火会引起内应力使钢变脆，所以淬火后必须回火
回火		回火	回火是将淬硬的钢件加热到临界点以下的温度，保温一段时间，然后在空气中或油中冷却下来	用来消除淬火后的脆性和内应力，提高钢的塑性和冲击韧性
调质		T T235：调质处理到 220～250HB	淬火后在 450℃～650℃进行高温回火，称为调质	用来使钢获得高的韧性和足够的强度，重要的齿轮、轴及丝杆等零件需经调质处理
表面淬火	火焰淬火	H54：火焰淬火后，回火到 50～55HRC	用火焰或高频电流，将零件表面迅速加热至临界温度以上，急速冷却	使零件表面获得高硬度，而心部保持一定的韧性，使零件既耐磨又能承受冲击，表面淬火常用来处理齿轮等
	高频淬火	G52：高频淬火后，回火到 50～55HRC		
渗碳淬火		S0.5－C59：渗碳层深 0.5，淬火硬度 56～62HRC	在渗碳剂中将钢件加热到 900℃～950℃，停留一定时间，将碳渗入钢表面，深度约为 0.5～2，再淬火后回火	增加钢件的耐磨性能、表面硬度、抗拉强度和疲劳极限，适用于低碳、中碳（含量＜0.40%）结构钢的中小型零件

（续表）

名词	代号及标注示例	说明	应用
氮化	D0.3－900：氮化层深度0.3，硬度大于850HV	氮化是在500℃～600℃通入氮的炉子内加热，向钢的表面渗入氮原子的过程，氮化层为0.025～0.8，氮化时间需40～50小时	增加钢件的耐磨性能、表面硬度、疲劳极限和抗蚀能力，适用于低碳、中碳（含量<0.40%）结构钢的中小型零件
氰化	Q59：氰化淬火后，回火至56～62HRC	在820℃～860℃炉内通入碳和氮，保温1～2小时，使钢件的表面同时渗入碳、氮原子，可得到0.2～0.5的氰化层	增加表面硬度，耐磨性、疲劳强度和耐蚀性，用于要求硬度高、耐磨的中、小型及薄片零件和刀具等
时效	时效处理	低温回火后、精加工之前，加热到100℃～160℃，保持10～40小时，对铸件也可用天然时效（放在露天中一年以上）	使工件消除内应力和稳定形状，用于量具、精密丝杆、床身导轨、床身等
发蓝发黑	发蓝或发黑	将金属零件放在很浓的碱和氧化剂溶液中加热氧化，使金属表面形成一层氧化铁所组成的保护性薄膜	美观，防腐蚀，用于一般连接的标准件和其他电子类零件
硬度	HB（布氏硬度）	材料抵抗硬的物体压入其表面的能力称硬度，根据则定的方法不同，可分布氏硬度、洛氏硬度和维氏硬度 硬度的测定是检验材料经热处理后的机械性能	用于退火、正火、调质的零件及铸件的硬度检验
	HRC（洛氏硬度）		用于经淬火、回火、调质的零件及铸件的硬度检验
	HV（维氏硬度）		用于薄层硬化零件的硬度检验

参考文献

[1] 赵大兴,高成慧,谭跃进. 现代工程图学教程[M]. 武汉:湖北科学技术出版社,2009.

[2] 金大鹰. 机械制图[M]. 北京:机械工业出版社,2009.

[3] 陆载涵,张向华,罗昕. 工程制图[M]. 北京:北京理工大学出版社,2010.

[4] 王愧德. 机械制图新旧标准代换教程[M]. 北京:中国标准出版社,2004.

[5] 焦永和,张京英,徐昌贵柱. 工程制图[M]. 北京:高等教育出版社,2008.

[6] 合肥工业大学. 工程制图[M]. 北京:机械工业出版社,1996.

[7] 邹宜厚. 机械制图[M]. 北京:清华大学出版社,2001.